中華傳統文化核心讀本

余龍曲題

传承中华文化精髓

建构国人精神家园

管子

精粹

注译 刘銮娇
主编 唐 品

天地出版社 | TIANDI PRESS

图书在版编目（CIP）数据

管子精粹/唐品主编.—成都：天地出版社，2017.4（2019年重印）

（中华传统文化核心读本）

ISBN 978-7-5455-2391-1

Ⅰ.①管… Ⅱ.①唐… Ⅲ.①法家 ②《管子》—通俗读物 Ⅳ.①B823.1-49

中国版本图书馆CIP数据核字（2016）第283082号

管子精粹

出品人	杨政
主编	唐品
责任编辑	陈文龙　刘倩
封面设计	思想工社
电脑制作	思想工社
责任印制	葛红梅

出版发行	天地出版社
	（成都市槐树街2号　邮政编码：610014）
网址	http://www.tiandiph.com
	http://www.天地出版社.com
电子邮箱	tiandicbs@vip.163.com
经销	新华文轩出版传媒股份有限公司
印刷	河北鹏润印刷有限公司
版次	2017年4月第1版
印次	2019年5月第3次印刷
成品尺寸	170mm×230mm　1/16
印张	23.75
字数	401千字
定价	39.80元
书号	ISBN 978-7-5455-2391-1

版权所有◆违者必究

咨询电话：（028）87734639（总编室）
购书热线：（010）67693207（市场部）

本版图书凡印刷、装订错误，可及时向我社发行部调换

序言

　　上下五千年悠久而漫长的历史，积淀了中华民族独具魅力且博大精深的文化。中华传统文化是中华民族无数古圣先贤、风流人物、仁人志士对自然、人生、社会的思索、探求与总结，而且一路下来，薪火相传，因时损益。它不仅是中华民族智慧的凝结，更是我们道德规范、价值取向、行为准则的集中再现。千百年来，中华传统文化融入每一个炎黄子孙的血液，铸成了我们民族的品格，书写了辉煌灿烂的历史。

　　中华传统文化与西方世界的文明并峙鼎立，成为人类文明的一个不可或缺的组成部分。中华民族之所以历经磨难而不衰，其重要一点是，源于由中华传统文化而产生的民族向心力和人文精神。可以说，中华民族之所以是中华民族，主要原因之一乃是因为其有异于其他民族的传统文化！

　　概而言之，中华传统文化包括经史子集、十家九流。它以先秦经典及诸子之学为根基，涵盖两汉经学、魏晋玄学、隋唐佛学、宋明理学和同时期的汉赋、六朝骈文、唐诗宋词、元曲与明清小说并历代史学等一套特有而完整的文化、学术体系。观其构成，足见中华传统文化之广博与深厚。可以这么说，中华传统文化是华夏文明之根，炎黄儿女之魂。

　　从大的方面来讲，一个没有自己文化的国家，可能会成为一个大国甚至富国，但绝对不会成为一个强国；也许它会强盛一时，但绝不能永远屹立于世界强国之林！而一个国家若想健康持续地发展，则必然有其凝聚民众的国民精神，且这种国民精神也必然是在自身漫长的历史发展中由本国人民创造形成的。中华民族的伟大复兴，中华巨龙的跃起腾飞，离不开中华传统文化的滋养。从小处而言，继承与发扬中华传统文化对每一个炎黄子孙来说同样举足轻重，迫在眉睫。中华传统文化之用，在于"无用"之"大用"。一个人的成败很大程度上取决于他的思维方式，而一个人的思维能力的成熟亦绝非先天注定，它是在一定的文化氛围中形成的。中华传统文化作为涵盖经史子集的庞大思想知识体系，恰好能为我们提供一种氛围、一个平台。潜心于中华传统文化的学习，人们就会发现其蕴含的无穷尽的智慧，并从中领略到恒久的治世之道与管理之智，也可以体悟到超脱的人生哲学与立身之术。在现今社会，崇尚中华传统文化，学习中华传统文化，更是提高个人道德水准和构建正确价值观念的重要途径。

近年来，学习中华传统文化的热潮正在我们身边悄然兴起，令人欣慰。欣喜之余，我们同时也对中国现今的文化断层现象充满了担忧。我们注意到，现今的青少年对好莱坞大片趋之若鹜时却不知道屈原、司马迁为何许人；新世纪的大学生能考出令人咋舌的托福高分，但却看不懂简单的文言文……这些现象一再折射出一个信号：我们现代人的中华传统文化知识十分匮乏。在西方大搞强势文化和学术壁垒的同时，国人偏离自己的民族文化越来越远。弘扬中华传统文化教育，重拾中华传统文化经典，已迫在眉睫。

本套"中华传统文化核心读本"的问世，也正是为弘扬中华传统文化而添砖加瓦并略尽绵薄之力。为了完成此丛书，我们从搜集整理到评点注译，历时数载，花费了一定的心血。这套丛书涵盖了读者应知必知的中华传统文化经典，尽量把艰难晦涩的传统文化予以通俗化、现实化的解读和点评，并以大量精彩案例解析深刻的文化内核，力图使中华传统文化的现实意义更易彰显，使读者阅读起来能轻松愉悦并饶有趣味，能古今结合并学以致用。虽然整套书尚存瑕疵，但仍可以负责任地说，我们是怀着对中华传统文化的深情厚谊和治学者应有的严谨态度来完成该丛书的。希望读者能感受到我们的良苦用心。

前言

管仲（约前723或前716—前645），名夷吾，又名敬仲，字仲，谥号"敬"，史称"管子"，春秋时齐国著名的政治家、军事家，齐国颍上（今安徽颍上）人，据称是周穆王的庶出后裔。管仲少年丧父，为赡养老母亲，他先是从军，后又与友人鲍叔牙合伙经商，几经周折，经鲍叔牙举荐，成为齐国的上卿。后辅佐齐桓公成为春秋第一霸主，因而也被称为"春秋第一相"。其言论多见于《国语·齐语》。

管仲注重农商，反对空谈，主张改革以富国强兵。他说："国多财则远者来，地辟举则民留处；仓廪实则知礼节，衣食足则知荣辱。"齐桓公尊管仲为"仲父"，授权让他主持一系列政治和经济改革：在全国划分行政区，改革军队编制，设立官吏选拔制度；按土地等级征税，禁止贵族掠夺私产；发展盐铁业，铸造货币，调节物价等。经过一系列的改革，齐国由此国力大振。

对外，管仲则打出"尊王攘夷"的旗号。一方面他积极联合北方诸侯国，抵抗山戎南侵；另一方面，他协助齐桓公多次以诸侯长的身份，挟天子以伐不敬。在这一系列的外交策略下，齐国一跃而为东方头号诸侯国，华夷五方，莫不威服。

《管子》一书虽托名管仲所作，实则系管仲及管仲学派的言论汇编，是一部博采众家之长的论文集。该书成书年代可能始于春秋晚期，直至秦汉时期方才完全定型。《国语·齐语》

和《汉书·艺文志》多载有该书的篇目。西汉刘向编定该书时，共拟定86篇，今本实存76篇，其余10篇仅存目录。

今本《管子》76篇，可分为8类：《经言》9篇，《外言》8篇，《内言》7篇，《短语》17篇，《区言》5篇，《杂篇》10篇，《管子解》4篇，《管子轻重》16篇。其中，《韩非子》、贾谊《新书》和《史记》所引《牧民》《山高》《乘马》诸篇，学术界认为当是管仲的遗说；《立政》《幼官》《枢言》《大匡》《中匡》《小匡》《水地》等篇，学术界认为是记述管仲言行的著述；《心术》上下、《白心》、《内业》等篇另成体系，当是管仲学派以及齐国法家人物对管仲思想的发挥和发展。

《管子》的言论思想比较庞杂，甚至多处出现前后矛盾的现象。在刘向编定该书之前，韩非、贾谊、司马迁等人都认为它有一个中心思想，即礼法并重，主张法治的同时也提倡用道德教化来进行统治。所以有人推测这是齐国学者结合本国特点，托名管仲提出的一种新学说。

例如，《水地》篇提出"水"是万物本原，学术界有人认为这是管仲的思想，也有人认为是齐国稷下唯物学派的思想反映。《心术》上下、《白心》、《内业》中则提出"精气"为万物本原，认为精气是构成万物的最小颗粒，又是构成无限宇宙的实体，万物以及人都产生于精气，表现出一定的唯物主义思想。

《管子》的"精气论"在我国唯物主义宇宙观发展史上有重要意义，对我国唯物主义的发展产生过深远影响，后来的王充、柳宗元等人，都受过它的影响。总之，《管子》在诸子百家学说中占有十分重要的地位，是研究我国古代政治、经济、法律等各方面思想的珍贵资料。

目录

- 牧民第一 ……………… 001
- 形势第二 ……………… 007
- 权修第三 ……………… 013
- 立政第四 ……………… 023
- 七法第五 ……………… 033
- 五辅第六 ……………… 043
- 枢言第七 ……………… 052
- 法禁第八 ……………… 062
- 重令第九 ……………… 072
- 法法第十 ……………… 079
- 兵法第十一 …………… 096
- 匡君大匡第十二 ……… 103
- 匡君中匡第十三 ……… 123
- 霸形第十四 …………… 127
- 霸言第十五 …………… 133
- 戒第十六 ……………… 142
- 参患第十七 …………… 150
- 制分第十八 …………… 154
- 君臣上第十九 ………… 157
- 君臣下第二十 ………… 169
- 心术上第二十一 ……… 182
- 心术下第二十二 ……… 191
- 白心第二十三 ………… 197
- 五行第二十四 ………… 206
- 任法第二十五 ………… 213
- 明法第二十六 ………… 222
- 内业第二十七 ………… 225
- 禁藏第二十八 ………… 236
- 桓公问第二十九 ……… 245
- 立政九败解第三十 …… 247
- 臣乘马第三十一 ……… 253
- 乘马数第三十二 ……… 256
- 事语第三十三 ………… 260
- 国蓄第三十四 ………… 263
- 山国轨第三十五 ……… 272
- 地数第三十六 ………… 279
- 揆度第三十七 ………… 285
- 国准第三十八 ………… 298
- 轻重甲第三十九 ……… 301
- 轻重乙第四十 ………… 319
- 轻重丁第四十一 ……… 332
- 轻重戊第四十二 ……… 347
- 轻重己第四十三 ……… 356

01

牧民第一

【题解】

牧民就是治理人民的意思。本篇阐述的是治理国家和统治百姓的原则和理论，主要包括"国颂""四维""四顺""士经""六亲五法"五节。"国颂"主要阐述了治国的原则在于"张四维"，而"张四维"的前提在于"仓廪实""衣食足"；"四维"主要阐述四维的含义和其所蕴含的意义；"四顺"主要阐述治理人民的原则在于"顺民心"，并且还阐述了百姓的"四欲"和"四恶"；"士经"当作"十一经"，阐述治理人民的十一项经常性措施；"六亲五法"则阐述了君主治国的一系列原则。

【原文】

凡有地牧民者，务在四时，守在仓廪。国多财则远者来，地辟举则民留处；仓廪实则知礼节，衣食足则知荣辱；上服度则六亲固，四维张则君令行。故省刑之要，在禁文巧，守国之度，在饰四维①，顺民之经，在明鬼神，祇山川，敬宗庙，恭祖旧。不务天时，则财不生；不务地利，则仓廪不盈；野芜旷，则民乃菅；上无量，则民乃妄。文巧②不禁，则民乃淫；不璋两原③，则刑乃繁。不明鬼神，则陋民不悟；不祇山川，则威令不闻；不敬宗庙，则民乃上校④；不恭祖旧，则孝悌不备。四维不张，国乃灭亡。

【注释】

①四维：指礼、义、廉、耻。②文巧：华丽的服饰、精巧的玩物，指奢侈品。③不璋两原：璋，同"障"。原，同"源"。不堵塞胡作非为和骄奢淫逸这两个源头。④上校：校，亢也。即抗上。

【译文】

　　但凡一个拥有封地、治理人民的君主，必须要致力于四季的农事，拥有足够的粮食储备。国家财力充足，远方的人们就能自动迁来，荒地开发得好，本国的人民就能安心留住。粮食富足，人们就知道礼节；衣食丰足，人们就懂得荣辱。君主的服用合乎法度，六亲就可以相安无事；四维发扬，君令就可以贯彻推行。因此，减少刑罚的关键，在于禁止奢侈；巩固国家的准则，在于整饬四维；教化人民的根本办法，则在于：尊敬鬼神、祭祀山川、敬重祖宗和宗亲故旧。不注意天时，财富就不能增长；不注意地利，粮食就不会充足。田野荒芜废弃，人民也将由此而惰怠；君主挥霍无度，则人民胡作非为；不注意禁止奢侈，则人民放纵无度；不堵塞这两个根源；犯罪者就会大量增多。不尊鬼神，小民就不能感悟；不祭山川，威令就不能远播；不敬祖宗，老百姓就会犯上；不尊重宗亲故旧，孝悌就不完备。如果不遵循礼、义、廉、耻，国家就会灭亡。

【原文】

　　国有四维，一维绝则倾，二维绝则危，三维绝则覆，四维绝则灭。倾可正也，危可安也，覆可起也，灭不可复错也。何谓四维？一曰礼、二曰义、三曰廉、四曰耻。礼不逾节①，义不自进②。廉不蔽恶，耻不从枉③。故不逾节，则上位安；不自进，则民无巧诈；不蔽恶，则行自全④；不从枉，则邪事不生。

【注释】

　　①礼不逾节：遵守礼，就不会超越规范。②自进：指自行钻营取巧。③耻不从枉：懂得廉耻，就不会追随邪恶。④自全：比喻自我完善。

【译文】

　　治理国家的根本在于四维。缺少一维，国家就会倾斜；缺少两维，国家就会危险；缺了三维，国家就会颠覆；缺了四维，国家就会灭亡。倾斜可以扶正，危险可以挽救，颠覆可以再起，只有灭亡了，那就不可收拾了。什么是四维呢？一是礼，二是义，三是廉，四是耻。有礼，人们就不会超越应守的规范；有义，就不会妄自求进；有廉，就不会掩饰过错；有耻，就不会趋从坏人。因此人们不越出应守的规范，为君者的地位就安定；不妄自求进，百姓就不会投机取巧；不掩饰过错，行为就自然端正；不屈服邪恶，恶的事情就不会发生了。

【原文】

政之所兴①，在顺民心；政之所废，在逆民心。民恶忧劳，我佚乐之；民恶贫贱，我富贵之；民恶危坠，我存安之；民恶灭绝，我生育之。能佚乐之，则民为之忧劳；能富贵之，则民为之贫贱；能存安之，则民为之危坠；能生育之，则民为之灭绝。故刑罚不足以畏其意，杀戮不足以服其心。故刑罚繁而意不恐，则令不行矣；杀戮众而心不服，则上位危矣。故从其四欲，则远者自亲；行其四恶，则近者叛之，故知"予之为取者，政之宝也"②。

【注释】

①兴：形容茂盛繁荣的样子。②予之为取者，政之宝也：给予就是取得，这就是治国的法宝。

【译文】

政令所以能推行，在于符合百姓的意愿；政令所以废弛，在于违背民心。人民怕忧劳，我便使他安乐；人民怕贫贱，我便使他富贵；人民怕危难，我便使他安定；人民怕灭绝，我便使他生育繁息。因为我能使人民安乐，他们就可以为我承受忧劳；我能使人民富贵，他们就可以为我忍受贫贱；我能使人民安定，他们就可以为我承担危难；我能使人民生育繁息，他们也就不惜为我而牺牲了。单靠刑罚不足以使人民真正害怕，仅凭杀戮不足以使人民心悦诚服。刑罚繁重而人心不惧，法令就无法推行了；杀戮多行而人心不服，为君者的地位就危险了。因此，满足上述四种人民的愿望，疏远的自会亲近；推行上述四种人民厌恶的事情，亲近的也会叛离。可见，给予就是取得，这就是治国的法宝。

【原文】

错①国于不倾之地，积于不涸之仓，藏于不竭之府，下令于流水之原，使民于不争之官，明必死之路，开必得之门。不为不可成，不求不可得，不处不可久，不行不可复。错国于不倾之地者，授有德也；积于不涸之仓者，务五谷也；藏于不竭之府者，养桑麻育六畜也；下令于流水之原者，令顺民心也；使民于不争之官者，使各为其所长也；明必死之路者，严刑罚也；开必得之门者，信庆赏也；不为不可成者，量民力也；不求不可得者，不强民以其所恶也；不处不可久者，不偷取一世也；不行不可复者，不欺其民也。故授有德，则国安；务五谷，则食足；养桑麻，育六畜，则民富；令顺民心，则威令行；使民各为其所长，则用备；严刑罚，则民远邪；信庆赏，则民轻难②；量民力，则事无不成；不强民③以其所恶，则诈伪④不生；不偷取一世，则民无怨心；不欺其民，则下亲其上。

【注释】

①错：同"措"，放置，这里指建立。②轻难：不怕死难。③不强民：不控制百姓。④诈伪：巧诈虚伪。

【译文】

如果把国家建立在稳固的基础上，把粮食积存在取之不尽的粮仓里，把财货贮藏在用之不竭的府库里，把政令下达在流水源头上，把人民使用在互不相争的岗位上，向人们指出犯罪必死的道路，向人们敞开立功必赏的大门，不强迫百姓做办不到的事，不追求得不到的利，不可立足于难得持久的地位，不去做不可重复的事情。所谓把国家建立在稳固的基础上，就是把政权交给有道德的人。所谓把粮食积存在取之不尽的粮仓里，就是要努力从事粮食生产。所谓把财富贮藏在用之不竭的府库里，就是要种植桑麻、饲养六畜。所谓把政令下达在流水源头上，就是要使政令顺应民心。所谓把人民使用在互不相争的岗位上，就是要尽其所长。所谓向人民指出犯罪必死的道路，就是刑罚严厉。所谓向人民敞开立功必赏的大门，就是奖赏信实。所谓不强迫做办不到的事，就是要度量民力。所谓不追求得不到的利，就是不强迫人民去做他们厌恶的事情。所谓不可立足于难得持久的地位，就是不贪图一时侥幸。所谓不去做不可再行的事情，就是不欺骗人民。这样，把政权交给有道德的人，国家就能安定。努力从事粮食生产，民食就会充足。种植桑麻、饲养六畜，人民就可以富裕。能做到使政令顺应民心，威令就可以贯彻。使人民各尽所长，用品就能齐备。刑罚严厉，人民就不去干坏事。奖赏信实，人民就不怕死难。量民力而行事，就可以事无不成。不勉强百姓去做他们所厌恶的事情，百姓就没有怨恨之心；不欺骗自己的百姓，百姓就会与君主更加亲近。

【原文】

以家为乡，乡不可为①也；以乡为国，国不可为也；以国为天下，天下不可为也。以家为家，以乡为乡，以国为国，以天下为天下。毋②曰不同生，远者不听；毋曰不同乡，远者不行；毋曰不同国，远者不从。如地如天，何私何亲？如月如日，唯君之节③。

【注释】

①为：治理。②毋：不要。③唯君之节：节，气度，君主的气度。

【译文】

按照治家的要求治理乡，乡不能治好；按照治乡的要求治理国，国不能治好；按照治国的要求治理天下，天下不可能治好。应该按照治家的要求治家，按照治乡的要求治乡，按照治国的要求治国，按照治天下的要求治理天下。不要说不同姓，就不听取外姓人的意见；不要说不同乡，就不采纳外乡人的办法；诸侯国不要因为不同国，而不听从别国人的主张。像天地对待万物，哪里有什么偏私偏爱呢？像日月普照一切，才算得上君主的气度。

【原文】

御民之辔①，在上之所贵；道②民之门，在上之所先；召民之路③，在上之所好恶。故君求之，则臣得之；君嗜之，则臣食之；君好之，则臣服之；君恶之，则臣匿之。毋蔽汝恶，毋异汝度④，贤者将不汝助。言室满室，言堂满堂，是谓圣王。城郭沟渠，不足以固守；兵甲强力⑤，不足以应敌；博地多财，不足以有众。惟有道者，能备患于未形也，故祸不萌。

【注释】

①辔：缰绳。这里指政策措施。②道：同"导"。③召民之路：号召人民的途径。④毋异汝度：异，改变。度，法度。不要擅改你的法度。⑤强力：武力和装备。

牧民第一

【译文】

　　驾驭人民的关键，在于君主重视什么；引导人民的门径，在于君主提倡什么；号召人民的方法，在于君主的好恶是什么。因此，君主追求的东西，臣下就想得到；君主爱吃的东西，臣下就想尝试；君主喜欢的事情，臣下就想实行；君主厌恶的事情，臣下就想规避。因此，不要掩蔽你的过错，不要擅改你的法度；否则，贤者将无法帮助你。在室内讲话，要使全室的人知道；在堂上讲话，要使满堂的人知道。这样开诚布公，才称得上圣明的君主。单靠城郭沟渠，不一定能固守；仅有强大的武力和装备，不一定能御敌；地大物博，群众不一定就拥护。只有有道的君主，能做到防患于未然，才可避免灾祸的发生。

【原文】

　　天下不患无臣，患无君以使之；天下不患无财，患无人以分①之。故知时者，可立以为长。无私者，可置以为政。审于时而察于用，而能备官者，可奉以为君也。缓者后于事。吝于财者失所亲，信小人者失士。

【注释】

　　①分：指合理分配。

【译文】

　　天下不怕没有能臣，只怕没有贤明的君主任用他们；天下不怕没有财富，怕的是无人去分配它们。所以，审明时势的，可以任用为官长；没有私心的，可以安排做官吏；审明时势，善于用财，而又能任用官吏的，就可以奉为君主了。处事迟钝的人，总是落后于形势；吝啬财物的人，往往失去亲信；偏信小人的人，总是失掉贤能的人才。

形势第二

【题解】

"形势"所指的是事物存在的形态和发展的趋势。本篇主要探讨事物的形态和趋势之间的因果关系，也就是事物所具有的规律性，也就是我们常说的"道"。"道"即自然界事物发展的客观规律。天道是不可违的，但是天道又是可以被人们认识的。如果君王在治理国家的时候，能够谨慎地遵循天道，就能拥有辉煌的政绩。本篇从"天道"论到"君道"，重点探讨了后者，也就是探讨君王治理国家应该遵循的规律。

【原文】

山高而不崩，则祈羊①至矣；渊深而不涸，则沉玉②极矣，天不变其常，地不易其则，春秋冬夏，不更其节③，古今一也。蛟龙得水，而神可立也；虎豹得幽④，而威可载也。风雨无乡⑤，而怨怒不及也。贵⑥有以行令，贱有以忘卑，寿夭贫富，无徒归也。

【注释】

①祈羊：指祭祀所用之羊。②沉玉：指祭祀河川用的玉器。③节：指四季对于物候的调节。④得幽：得，借助。幽，幽深，指深山丛林。⑤无乡：乡，同"向"。没有固定的方向。⑥贵：尊贵，这里指君主。

【译文】

山高而不崩颓，就有人用羊祭祀；水潭幽深而不干涸，就有人投玉求神。天不改变它的常规，地不改变它的法则，春秋冬夏不改变它的节令，从古到今都是一样的。蛟龙得水，才可以树立神灵；虎豹凭借深山幽谷，才可以保持威力。风雨没有既定的方向，谁也不会埋怨它。君王能够推行利于百姓的政令，低贱的人能够不计较自己的卑微，那么人民有的长寿，有的短命，有的贫穷，有的富贵，这些就不会凭白无故而来。

【原文】

衔命①者，君之尊也。受辞②者，名之运也。上无事，则民自试。抱蜀不言③，而庙堂既修。鸿鹄锵锵，唯民歌之。济济多士，殷民化之，纣之失也。飞蓬之问，不在所宾；燕雀之集，道行不顾。牺牷圭璧，不足以飨④鬼神。主功有素，宝币奚为？羿之道，非射也；造父之术，非驭也；奚仲之巧，非斫削⑤也。召远者使无为焉，亲近者言无事焉，唯夜行者独有也。

【注释】

①衔命：奉行命令。②辞：言辞。此谓君主的指示。③抱蜀不言：蜀，祭器。手执祭器不说话。④飨：同"享"，享用。⑤斫削：砍。

【译文】

百姓能奉行命令，是君主地位威严的体现；百姓接受指示，是由于君臣名分的作用。君主不亲自过问，人民就会自己去做事；手执祭器不说话，祭祖的祠庙就能得到整治。天鹅发出动听的声音，人们会齐声赞美；西周人才济济，殷遗民也会被感化，这是纣王所缺失的。对于没有根据的言论，不必听从；对于燕雀聚集的小事，行道者不屑一顾。用牛羊玉器来供奉鬼神，不一定得到鬼神的保佑。只要君主的功业有根基，何必使用珍贵的祭品？后羿射箭的功夫，不在射箭的表面动作；造父驾车的技术，不在驾车的表面动作；奚仲的技巧，也不在木材的砍削上。招徕远方的人，单靠使者是没有用的；亲近国内的人，光说空话也无济于事。只有认真践行德行之道的君主，才能够获得百姓的拥戴。

【原文】

平原之隰①，奚有于高？大山之隈②，奚有于深？讆譌之人③，勿与任大。譕臣④者可以远举。顾忧者可与致道。其计也速而忧在近者，往而勿召也。举长者可远见也，裁大者众之所比也。美人之怀，定服而勿厌也。必得之事，不足赖也；必诺之言，不足信也。小谨者不大立，訾食者不肥体；有无弃之言者，必参于天地也。坠岸三仞，人之所大难也，而猿猱饮焉，故曰伐矜好专⑤，举事之祸也。不行其野，不违其马；能予而无取者，天地之配也。

【注释】

①隰：低湿之地。②隈：山凹，小坑。③訾謷：诽谤贤人，吹捧恶人。④譕臣：譕，古谟字，指谋略。臣当作巨，巨，远大。⑤伐矜好专：自以为是，独断专行。

【译文】

平原上的洼地，怎么能够算高？大山上的小沟，怎么能算深？专门诽谤贤人、吹捧恶人的人，是不能委以重任的。谋虑远大的人，可以同他共图大事；见识高超的人，可以同他共行治国之道。但是，对于那种贪图速效而只顾眼前利害的人，走开了就不要召他回来；注重长远利益的人，见识也就深远；材器伟大的人，会得到众人的依赖；要人们感怀自己，一定要行德而不可厌倦。不应得而求必得的事情，是靠不住的；不应承诺而完全承诺的语言，是信不得的。谨小慎微也不能成大事，就好比挑拣食物不能使身体胖起来一样。能够不放弃以上这些格言的，就能与天地媲美了。从三仞高的崖岸上跳下来，人是很难做到的，但猴子却毫不在乎地跳下来喝水。所以说，骄傲自大，独断专行，乃是行事的祸患。虽不到野外跑路，也不要把马丢掉。能够做到只给人们好处而不向人们索取报酬的，那就同天地一样伟大了。

【原文】

怠倦者不及，无广者疑神，神者在内，不及者在门，在内者将假①，在门者将待②。曙戒③勿怠，后稚④逢殃。朝忘其事，夕失其功。邪气入内，正色乃衰。君不君，则臣不臣。父不父，则子不子。上失其位，则下逾其节。上下不和，令乃不行。衣冠不正，则宾者不肃；进退⑤无仪，则政令不行。且怀且威，则君道备矣。莫乐之，则莫哀之。莫生之，则莫死之。往者不至，来者不极。

【注释】

①在内者将假：假，同"暇"，悠闲自得。进入室内的人悠然自得。②在门

者将待：待，同"殆"，疲惫不堪。在门外的人疲惫不堪。③曙戒：早晨。④后稚：晚上。⑤进退：举止行为。

【译文】

懒惰消极的人总是落于人后，勤奋努力的人，办事利落。如果说，办事神速的已经进入室内，那么，落后的还在门外。进入室内的人可以从容不迫，在门外的人必将疲惫不堪。所以，黎明时玩忽怠惰，日暮时就要遭殃。早上忘掉了应做的事情，晚上就什么成果也没有。一个人邪气侵袭到体内，正色就要衰退。君主不像君主的样子，臣子当然就不像臣子；父亲不像父亲的样子，儿子当然就不像儿子。君主不按照他的身份办事，臣子就会超越应守的规范。上下不和，政令就无法推行。君主的衣冠不端正，礼宾的官吏就不会严肃。君主的举动不合乎仪式，政策法令就不容易贯彻。一方面关怀臣民，另一方面再有威严，为君之道，才算完备。君主不能使臣民安乐，臣民也就不会为君主分忧；君主不能使臣民生长繁息，臣民也就不会为君主牺牲生命。君主不懂得回报百姓，那么百姓就不会忠于君主。

【原文】

道之所言①者一也，而用之者异。有闻道②而好为家者，一家之人③也；有闻道而好为乡者，一乡之人也；有闻道而好为国者，一国之人也；有闻道而好为天下者，天下之人也；有闻道而好定万物者，天下之配也。道往者，其人莫来；道来者，其人莫往；道之所设，身之化也。持满④者与天，安危者与人。失天之度，虽满必涸。上下不和，虽安必危。欲王天下，而失天之道，天下不可得而王也。得天之道。其事若自然。失天之道，虽立不安。其道既得，莫知其为之。其功既成，莫知其释之。藏之无形，天之道也。疑今者，察之古不知来者，视之往，万事之生也，异趣而同归，古今一也。

【注释】

①道之所言：指道的基本内容。②闻道：认识了道。③一家之人：治家的人才。④持满：保持强盛。

【译文】

　　道的理论是一致的，但运用起来则存在差异。有的人懂得道而能治家，他便是治家的人才；有的人懂得道而能治乡，他便是一乡的人才；有的人懂得道而能治国，他便是一国的人才；有的人懂得道而能治天下，他便是天下的人才；有的人懂得道而能使万物各得其所，那便和天地一样伟大了。失道者，人民不肯来投；得道者，人民不肯离去。道之所在，自身就应该与之同化。凡是始终保持强盛的，就因为顺从天道；凡是能安危存亡的，就因为顺从人心。违背天的法则，虽然暂时丰满，最终必然枯竭；上下不和，虽然暂时安定，最终也必然危亡。想要统一天下而违背天道，天下就不可能被他统一起来。掌握了天道，成事就很自然；违背了天道，虽然成功也不能保持。已经得道的，往往不觉察自己是怎样做的；已经成功了，往往又不觉察道是怎样离开的。就好像隐藏起来而没有形体，这就是"天道"。但是，对当今有怀疑则可以考察古代，对未来不了解则可以查阅历史。万事万物的发展过程虽然不同，但是规律却相同，从古到今都是一样。

【原文】

　　生栋①覆屋。怨怒不及；弱子下瓦②，慈母操箠。天道之极，远者自亲。人事③之起，近亲造怨。万物之于人也，无私近也，无私远也；巧者有余，而拙者不足；其功顺天者天助之，其功逆天者天违之；天之所助，虽小必大；天之所违，虽成必败；顺天者有其功，逆天者怀其凶④，不可复振也。

【注释】

　　①生栋：新伐的木头。②弱子下瓦：小孩子从房上拆瓦。③人事：违背天道的私心。④怀其凶：怀，招致。招致凶兆。

【译文】

　　用新伐的木材做屋柱而房子倒坍，人们不会抱怨木材；小孩子把屋瓦拆下来，慈母也不会鞭打他。顺天道去做，远者都会来亲近；事起于人为，近亲也要怨恨。万物之于人，是没有远近亲疏之分的。高明的人用起来就有余，愚笨的人用起来就不足。顺乎天道去做，天就帮助他；反乎天道去做，天就违背他。天之所助，弱小可以变得强大；天之所弃，成功可以变为失败。顺应天道的君主，就能成就伟业；违背天道的君主，就要招致祸患，且无可挽救。

【原文】

乌鸟之狡①，虽善不亲。不重②之结，虽固必解；道之用也，贵其重也。毋与不可③，毋强不能④，毋告不知；与不可，强不能，告不知，谓之劳而无功。见与之交，几于不亲；见哀之役，几于不结；见施之德，几于不报；四方所归，心行者也。独王之国，劳而多祸；独国之君，卑而不威；自媒⑤之女，丑而不信，未之见而亲焉，可以往矣；久而不忘焉，可以来矣。日月不明，天不易也；山高而不见，地不易也。言而不可复者，君不言也；行而不可再者，君不行也。凡言而不可复，行而不可再者，有国者之大禁也。

【注释】

①狡：同"交"。交结。②不重：不慎重，轻率。③毋与不可：不要结交不该交往的人。④毋强不能：强，勉强。不勉强能力不够的人。⑤自媒：指自己做媒。

【译文】

乌鸦般聚集在一起，其实并不亲密；不重合的绳结，即使坚固，也一定松脱开解。所以，道在实际运用的时候，贵在慎重。不要交与不可靠的人，不要强给做不到的人，不要告知不明事理的人。交与不可靠的、强予做不到的、告知不明事理的人，就叫作劳而无功。表面上显示友好的朋友，也就接近于不亲密了；表面上显示亲爱的交谊，也就接近于不结好了；表面上显示慷慨的恩赐，也就接近于不得所报了。只有内心里认真行德，四面八方才会归附。独断专横的国家，必然疲于奔命而祸事多端；独断专横国家的君主，必然卑鄙而没有威望。这就好比独自议定婚姻的妇女，一定名声不好而没有信誉。但对于尚未见面就令人仰慕的君主，应该去投奔；对于久别而令人难忘的君主，应该来辅佐。日月有不明的时候，但天不会变；山高有看不见的时候，但地不会变。说起话来，那种只说一次而不可再说的错话，人君就不应该说；做起事来，那种只做一次而不可再做的错事，人君就不应该做。凡是不能重复的话、不能重复的行为，都是君主最大的禁忌。

权修第三

【题解】

　　权修即修权,指巩固国家的统治权利。本篇着重讲述"操民之命,朝不可以无政",全篇围绕这个主题次第展开,分别阐述了在政治方面、经济方面、农作方面、法制方面、教化方面的一系列措施。在政治方面,主张"察能授官,班禄赐予",经济方面,主张"取民有度,用之有止",农业方面,主张重本业,法制方面,强调赏罚分明,教化方面,提出了培育人才的重要性。

【原文】

　　万乘之国,兵不可以无主;土地博大,野不可以无吏;百姓殷众①,官不可以无长;操民之命,朝不可以无政②。

【注释】

　　①殷众:众多②政:政令。

【译文】

　　万辆兵车的大国,军队不可以没有统帅;领土广阔,农村不可以没有官吏;人口众多,官府不可无长官;掌握人民命运,朝廷不可无政令。

【原文】

　　地博而国贫者,野不辟也;民众而兵弱者,民无取也①。故末产不禁,则野不辟②。赏罚不信,则民无取。野不辟,民无取,外不可以应敌,内不可以固守,故曰有万乘之号,而无千乘之用,而求权之无轻③,不可得也。

【注释】

①民无取也：何如璋云：取读如督趣之趣。人民缺乏督促。②野不辟：土地得不到开辟。③无轻：没有削弱。

【译文】

地大而国家贫穷，是因为土地没有开辟；人多而兵力薄弱，是因为人民缺乏督促。所以，不禁止奢侈品的工商业，土地就不得开辟；赏罚不信实，人民就缺乏督促。土地没有开辟，人民缺乏督促，对外就不能抵御敌人，对内就不能固守国土。所以说，空有万辆兵车的大国虚名，而没有千辆兵车的实力，还想君主权力不被削弱，那是办不到的。

【原文】

地辟而国贫者，舟舆饰，台榭广也①。赏罚信而兵弱者，轻用众②，使民劳也。舟车饰，台榭广，则赋敛厚③矣。轻用众，使民劳，则民力竭矣。赋敛厚，则下怨上矣。民力竭，则令不行矣。下怨上，令不行，而求敌之勿谋己，不可得也。

【注释】

①台榭广也：形容楼台殿阁多。②轻用众：轻易动用百姓。③赋敛厚：杂税繁重。

【译文】

土地开辟了，而国家仍然贫穷，那是君主的舟车过于豪华、楼台亭阁过多的缘故。赏罚信实而兵力仍然薄弱，那是轻易兴师动众、使民过劳的缘故。因为，舟车豪华，楼台亭阁过多，就会使赋税繁重；轻易兴师动众，使民过劳，就造成民力枯竭。赋税繁重则人民怨恨朝廷，民力枯竭则政令无法推行。人民怨恨，政令不行，而求敌国不来侵略，那是办不到的。

【原文】

欲为天下者，必重用其国①；欲为其国者，必重用其民；欲为其民者，必重尽其民力。无以畜之②，则往而不可止也；无以牧之，则处③而不可使也；

远人至而不去，则有以畜之也；民众而可一，则有以牧之也。见其可也，喜之有征；④见其不可也，恶之有刑。赏罚信于其所见，虽其所不见，其敢为之乎？见其可也，喜之无征；见其不可也，恶之无刑。赏罚不信于其所见，而求其所不见之为之化⑤，不可得也。厚爱利，足以亲之。明智礼，足以教之。上身服以先之，审度量以闲之，乡置师以说道之，然后申之以宪令，劝之以庆赏，振之以刑罚，故百姓皆说为善，则暴乱之行无由至矣。

【注释】

①重用其国：慎重地使用自己的国力。②畜之：容留，留住。③处：留住，居住。④见其可也，喜之有征：见到符合政令的，要及时加以奖赏。⑤化：感化。

【译文】

要想治好天下，必须慎重地使用本国国力；想要治好国家，必须珍惜国内人民；想要治好人民，必须珍惜民力之耗尽。没有办法养活人民，人们就要外逃而不能阻止；没有办法治理人民，即使留下来也不能使用。远地的人们来而不走，是因为有效地养活了他们；人口众多而可以统一号令，是因为有效地治理了他们。见到人们做好事，喜悦而要有实际奖赏；见到人们做坏事，厌恶而要有具体惩罚。赏功罚过，确实兑现在亲身经历的人们身上，那么，没有亲身经历的也就不敢胡作非为了。如果见到人们做好事，空自喜悦而没有实际奖赏；见到人们做坏事，空自厌恶而没有具体惩罚；赏功罚过，没有兑现在亲身经历的人们身上，要指望没有经历的人们为之感化，那是办不到的。君主能够给予厚爱和厚利，就可以亲近人民。申明知识和礼节，就可以教育人民。要以身作则来引导人民，审定规章制度来防范人民，在乡里设置官吏来指导人民，然后再用法令加以约束，用奖赏加以鼓励，用刑罚加以威慑。这样，百姓就都愿意做好事，暴乱的行为便会终止。

【原文】

地之生财有时，民之用力有倦，而人君之欲无穷，以有时与有倦，养无穷之君，而度量不生于其间，则上下相疾①也。是以臣有杀其君，子有杀其父者矣。故取于民有度，用之有止②，国虽小必安；取于民无度，用之不止，国虽大必危。

【注释】

①相疾：相互仇恨。②止：止境。

【译文】

土地产出财物，受季节的限制；人民花费劳力，有疲倦的时候；但是人君的欲望则是无止境的。以"生财有时"的土地和"用力有倦"的人民来供养欲望无穷的君主，这中间若没有一个合理的限度，上下之间就会互相怨恨，于是臣杀其君、子杀其父的现象产生了。因此，对人民征收有度，耗费有节制的，国家虽小也一定安宁；对人民征收无度，耗费没有节制的，国家再大也会灭亡。

【原文】

地之不辟者，非吾地也；民之不牧者，非吾民也。凡牧民者，以其所积①者食之，不可不审也。其积多者其食多，其积寡者其食寡，无积者不食。或有积而不食者，则民离上②；有积多而食寡者，则民不力；有积寡而食多者，则民多诈；有无积而徒食者，则民偷幸③。故离上不力，多诈偷幸，举事不成，应敌不用。故曰：察能授官，班禄赐予④，使民之机⑤也。

【注释】

①积：同"绩"，劳绩。②离上：与君主离心。③偷幸：暗自庆幸。④察能授官，班禄赐予：察，考察。班禄，俸禄。根据人的能力授予官职，按照劳绩差别赐予禄赏。⑤机：枢纽，关键。

【译文】

没开辟的土地，不能算作自己的土地；有人民而不治理，等于不是自己的人民。凡是治理人民，对于按劳绩给予禄赏的问题，不可不审慎从事。劳绩多的禄赏多，劳绩少的禄赏少，没有劳绩的就不给予禄赏。如果有劳绩而没有禄赏，人们就离心离德；劳绩多而禄赏少，人们就不努力工作；劳绩少而禄赏多，人们就弄虚作假；无劳绩而空得禄赏，人们就贪图侥幸。凡是离心离德、工作不力、弄虚作假、贪图侥幸的，举办大事不会成功，对敌作战也不会尽力。所以说，根据人的能力授予官职，按照劳绩差别赐予禄赏，这是治理国家的关键。

【原文】

野与市争民①。家与府争货②，金与粟争贵③，乡与朝争治④。故野不积草，农事先也；府不积货，藏于民也；市不成肆⑤，家用足也；朝不合众，乡分治也。故野不积草，府不积货，市不成肆，朝不合众，治之至也。

【注释】

①争民：争夺劳力。②争货：争夺财物。③争贵：争夺富贵。④争治：争夺治理权限。⑤肆：指集市中排列的货摊。

【译文】

农田与市场往往争劳力，民家与官府往往争财货，货币与粮食往往争贵贱，地方与朝廷往往争治理权限。所以，让田野不积杂草，就应把农业放在首位；让官府不积财货，就应把财富藏于民间；让市场店铺不成行列，就需要做到家用自足；让朝廷不聚众议事，就需要做到分权到乡。田野无杂草，官府无积货，市场店铺不成行列，朝廷不聚众议事，这些都是治国的最高水平。

【原文】

人情不二①，故民情可得而御②也。审其所好恶，则其长短可知也；观其交游，则其贤不肖可察也；二者不失，则民能可得而官也。

【注释】

①不二：二，不同。没有什么两样。②御：掌握，驾驭。

【译文】

人的本性没有什么两样，所以，人的思想性情是可以掌握的。了解他喜欢什么和厌恶什么，就可以知道他的长处和短处；观察他同什么样的人交往，就能判断他是好人还是坏人。把握住这两点，就能够对人民进行管理了。

【原文】

地之守在城，城之守在兵，兵之守在人，人之守在粟；故地不辟，则城不固。有身不治，奚待于人？①有人不治，奚待于家？有家不治，奚待于乡？有乡不治，奚待于国？有国不治，奚待于天下？天下者，国之本也；国者，乡之本也；乡者，家之本也；家者，人之本也；人者，身之本也；身者，治之本也。故上不好本事，则末产不禁；末产不禁，则民缓于时事而轻地利②；轻地利，而求田野之辟，仓廪之实，不可得也。

【注释】

①有身不治，奚待于人：自身尚且不能治理好，又何谈治理别人。②民缓于时事而轻地利：人民就会延误农时农事而轻忽土地之利。

【译文】

守卫国家的保障在于城池，城池的保障在于军队，军队的保障在于人民，而人民的保障在于粮食。因此，土地不开辟，就会造成城池不巩固。君主不能治理自身，怎么能治理别人？不能治人，怎能治家？不能治家，怎能治乡？不能治乡，怎能治国？不能治国，怎能治理天下？而天下又是以国为根本，国以乡为根本，乡以家为根本，家以人为根本，人以自身为根本，自身又以治世之道为根本。所以，君主若不重视农业，就不肯禁止工商业，不禁止工商业，人们就会延误农时农事而轻忽土地之利。在轻忽地利的情况下，还指望田野开辟、仓廪充实，那是无法实现的。

【原文】

商贾在朝，则货财上流①；妇言人事，则赏罚不信；男女无别，则民无廉耻；货财上流，赏罚不信，民无廉耻，而求百姓之安难②，兵士之死节③，不可得也。朝廷不肃，贵贱不明，长幼不分，度量不审，衣服无等，上下凌节④，而求百姓之尊主政令，不可得也。上好诈谋闲欺，臣下赋敛竞得，使民偷一⑤，则百姓疾怨，而求下之亲上，不可得也。有地不务本事，君国不能一民⑥，而求宗庙社稷之无危，不可得也。上恃龟筮，好用巫医，则鬼神骤祟。故功之不立，名之不章，为之患者三：有独王者、有贫贱者、有日不足者。

【注释】

①货财上流：指财货通过贿赂流往上层。②安难：安于危难。③死节：为国家而死。④凌节：超越规范 ⑤偷一：偷取一时之快。⑥一民：使民众一致。

【译文】

商人进入朝廷中，财货就流往上层；妇人参与政事，赏功罚过就不能准确；男女没有界限，人民就不知廉耻。在货财上流、赏罚不信、民无廉耻的情况下，要求百姓为国家甘冒危难，兵士为国家献身死节，是办不到的。朝廷不整肃，贵贱无区别，长幼不分，制度不明，服制没有等级，君臣都超越应守的规范，这样，要求百姓尊重君主的政令，是办不到的。君主好搞阴谋欺诈，官吏争收苛捐杂税，使役人民只偷取一时之快，以致百姓怨恨，这样，要求人民亲近君主，是办不到的。拥有土地而不注重农业，统治国家而不能统一号令人民，这样，要求国家不发生危机，是办不到的。君主行事依靠求神问卜，好用巫医，这样，鬼神反而会经常作起怪来。总之，功业不成，名声不显，将产生三种祸患：一是养成独断专横的君主；二是成为贫穷卑贱的君主；三是成为政务混乱、每况愈下的君主。

【原文】

一年之计，莫如树谷；十年之计，莫如树木；终身之计，莫如树人。一树一获者，谷也；一树十获者，木也；一树百获者，人也。我苟种之①，如神用之，举事如神，唯王之门②。

【注释】

①苟种之：如果培育人才。②唯王之门：这就是称王天下的必经途径。

【译文】

做一年的打算，种好五谷是最关键的；做十年的打算，最好是种植树木；做终身的打算，最好是培育人才。种谷，是一种一收；种树，是一种十收；培育人才，则是一种百收的事情。如果我们注重培养人才，其效用将是神奇的；而如此举事收得神效，这是称王天下的关键。

【原文】

凡牧民者，使士无邪行①，女无淫事。士无邪行，教也。女无淫事，训也。教训成俗而刑罚省，数也。凡牧民者，欲民之正②也；欲民之正，则微邪不可不禁也；微邪者，大邪之所生也；微邪不禁③，而求大邪之无伤国，不可得也。

【注释】

①无邪行：没有邪恶的行为。②正：指走正道。③微邪不禁：不禁止小的邪恶。

【译文】

治理百姓，应该使男人没有邪僻行为，使女人没有淫乱的事情。使男人不行邪僻，要靠教育；使女人不淫乱，要靠训诲。教训形成风气，刑罚就会减少，这是很自然的道理。凡是治理人民的，都要求人民走正道。要求人民走正道，就不能不禁止小的邪恶。因为，小的邪恶是大的邪恶产生的根源。不禁止小的邪恶而想要大邪恶不危害国家，是不可能的。

【原文】

凡牧民者，欲民之有礼①也；欲民之有礼，则小礼不可不谨②也；小礼不谨于国，而求百姓之行大礼，不可得也。凡牧民者，欲民之有义也；欲民之有义，则小义不可不行；小义不行于国，而求百姓之行大义，不可得也。

【注释】

①礼：礼貌。②谨：慎重。

【译文】

统治百姓，都要求人民有礼。要求有礼，就不可不讲究小礼。因为，在朝廷不讲究小礼，而要求百姓能行大礼，是办不到的。凡是治理人民的，都要求人民有义。要求有义，就不可不实行小义。因为，在朝廷不行小义，而要求百姓能行大义，是不可能的。

【原文】

凡牧民者，欲民之有廉①也；欲民之有廉，则小廉不可不修②也；小廉不修于国，而求百姓之行大廉，不可得也。凡牧民者，欲民之有耻也，欲民之有耻，则小耻不可不饰也。小耻不饰于国，而求百姓之行大耻，不可得也。凡牧民者，欲民之修小礼、行小义、饰小廉、谨小耻、禁微邪，此厉民③之道也。民之修小礼、行小义、饰小廉、谨小耻、禁微邪，治之本也。

【注释】

①廉：清廉。②修：修治。③厉民：厉，同"励"，砥砺，这里指教育。

【译文】

治理百姓，都要求人民有廉。要求有廉，就不可以不修治小廉。因为，在朝廷不修治小廉，而要求百姓能行大廉，是办不到的。凡是治理人民的，都要求人民有耻。要求有耻，就不可不整顿小耻。因为，在朝廷不整顿小耻，而要求百姓能行大耻，是办不到的。凡治理人民，要求人民谨小礼、行小义、修小廉、饬小耻、禁止小的坏事，这都是训练人民的办法。而人民能够谨小礼、行小义、修小廉、饬小耻并禁止小的坏事，才是治国之本。

【原文】

凡牧民者，欲民之可御也；欲民之可御，则法不可不审①；法者，将立朝廷者也；将立朝廷者，则爵服不可不贵也。爵服加于不义，则民贱其爵服②；民贱其爵服，则人主不尊；人主不尊，则令不行矣。法者，将用民力者也；将用民力者，则禄赏不可不重也。禄赏加于无功，则民轻其禄赏；民轻其禄赏，则上无以劝民；上无以劝民，则令不行③矣。法者，将用民能者也；将用民能者，则授官不可不审也。授官不审，则民闲其治；民闲其治，则理不上通；理不上通，则下怨其上；下怨其上，则令不行矣。法者，将用民之死命者也；用民之死命者，则刑罚不可不审。刑罚不审，则有辟就④；有辟就，则杀不辜而赦有罪；杀不辜而赦有罪，则国不免于贼臣矣。故夫爵服贱、禄赏轻、民闲其治、贼臣首难，此谓败国之教也。

【注释】

①审：本作"重"，重视。②爵服：爵位服饰。③令不行：政令就无法推行。④辟就：辟，包庇坏人。就，冤枉好人。

【译文】

统治百姓，都要求人民服从驱使。要人民服从驱使，就不可不重视法的作用。法，是用来建立朝廷权威的。要建立朝廷权威，就不可不重视爵位。如果把爵位授给不义的人，人民就轻视爵位；人民轻视爵位，君主就没有威信；君主没有威信，命令就不能推行了。法，是用来驱使人民出力的。驱使人民出力，就不可不重视禄赏。如果把禄赏授给无功的人，人民就轻视禄赏；人民轻视禄赏，君主就无法劝勉人民；君主无法劝勉人民，命令也就无法推行了。法，是用来发挥人民才能的。发挥人民才能，就不可不慎重地委派官职。如果委派官职不慎重，人民就背离其治理；人民背离治理，则下情不能上达；下情不能上达，人民就怨恨君主；人民怨恨君主，命令也就无法推行了。法，是用来决定人民生死的。决定人民生死，就不可不审慎地使用刑罚。如果刑罚不审慎，就会使坏人逃罪而好人蒙冤；坏人逃罪而好人蒙冤，就会出现杀无辜而赦有罪的事情；杀无辜而赦有罪，国家就难免被贼臣篡夺了。所以，爵位被鄙视，禄赏被轻视，人民背离统治，贼臣发动叛乱，这就是国家衰败的征兆。

立政第四

【题解】

"立政"在本章指君主临朝治国。本章主要阐述了君主临政的一套完整的纲领和措施。本章主要分为九节。"三本"指用人方面的三项基本原则;"四固"指鉴别人才的四项政策。"五事"指经济方面的五件大事。"首宪"阐述了国家的行政组织结构和法令颁布、传达、执行的程序。"首事"指办事的规则。"省官"列举了各类官员的职责。"服制"阐述了君主臣民服饰的制度。"九败"指使国家灭亡的九种错误的思想观念。"七观"主要阐述了治国的远景。

【原文】

国之所以治乱者三,杀戮刑罚,不足用也。国之所以安危者四,城郭险阻,不足守也。国之所以富贫者五,轻税租,薄赋敛①,不足恃②也。治国有三本,而安国有四固,而富国有五事。五事,五经也。

【注释】

①轻税租,薄赋敛:轻收税租,薄收赋敛。②不足恃:不能依靠。

【译文】

决定国家混乱与否,取决于三个条件,只有杀戮刑罚是不够用的。国家之所以或安或危,取决于四个条件,只靠城郭险阻是不能固守的。国家之所以或贫或富,取决于五个条件,只用轻收租税、薄取赋敛的办法是靠不住的。这就是说,治理国家有"三本",安定国家有"四固",而富国则有"五事"——这五事乃是五项纲领性措施。

【原文】

君之所审①者三：一曰德不当②其位；二曰功不当其禄；三曰能不当其官。此三本者，治乱之原也；故国有德义未明于朝者，则不可加以尊位；功力未见于国者，则不可授与重禄；临事不信于民者，则不可使任大官。故德厚而位卑者谓之过；德薄而位尊者谓之失。宁过于君子，而毋失于小人。过于君子，其为怨浅；失于小人，其为祸深。是故国有德义未明于朝而处尊位者，则良臣不进③；有功力未见于国而有重禄者，则劳臣不劝④；有临事不信于民而任大官者，则材臣不用。三本者审，则下不敢求；三本者不审，则邪臣上通，而便辟制威；如此，则明塞于上，而治壅于下⑤，正道捐弃，而邪事日长。三本者审，则便辟无威于国，道涂无行禽，疏远无蔽狱⑥，孤寡无隐治，故曰："刑省治寡，朝不合众"。

【注释】

①审：审慎，注意。②不当：不，必。当，相称。③良臣不进：优良的大臣得不到引荐。④劳臣不劝：勤奋的大臣得不到勉励。⑤治壅于下：政令不能向下推行。⑥蔽狱：冤狱。

【译文】

君主用人必须注意三个问题：一是大臣的品德与其地位要相称，二是大臣的功劳与其俸禄要相称，三是大臣的能力与其官职要相称。这三个根本问题是国家治乱的根源。所以。在一个国家里，对于德义没有显著于朝廷的人，不可授予高贵的爵位；对于功业没有表现于全国的人，不可给予优厚的俸禄；对于主事没有取信于人民的人，就不能让他做大官。所以德行深厚而授爵低微，叫作有过；德行浅薄而授爵尊高，叫作有失。宁可有过于君子，而不可有失于小人。因为，有过于君子，带来的怨恨浅；有失于小人，带来的祸乱深。因此，在一个国家里，如果有德义不显于朝廷而身居高位的人，贤良的大臣就得不到进用；如果有功劳不著于全国而享有重禄的人，有功劳的大臣就得不到鼓励；如果有主事并未取信于人民而做了大官的人，有才能的大臣就不会得到重用。只有把这三个根本问题审查清楚了，臣下才不敢妄求官禄；如果对这三个根本问题不加审查，奸臣就会与君主接近，君侧小臣就会专权。这样，在上面君主耳目闭塞，在下面政令不通，正道被抛弃，坏事就要一天天地多起来。而若审查好这三个根本问题，君主左右那些受宠的小臣就不会专权，道路上看不到在押的犯人，与官方疏远的人们不受冤狱之害，孤寡无亲的人们，也都没有不白之冤了。因此说："刑罚减少，政事减少，朝廷就不用经常召集群臣议事。"

【原文】

君之所慎者四：一曰大德不至仁，不可以授国柄①；二曰见贤不能让，不可与尊位；三曰罚避亲贵②，不可使主兵；四曰不好本事③，不务地利而轻赋敛，不可与都邑。此四务者，安危之本也。故曰："卿相不得众，国之危也；大臣不和同，国之危也；兵主不足畏，国之危也；民不怀其产，国之危也。"故大德至仁，则操国得众；见贤能让，则大臣和同；罚不避亲贵，则威行于邻敌；好本事，务地利，重赋敛，则民怀其产④。

【注释】

①国柄：国家大权。②罚避亲贵：对亲戚该罚不罚。③本事：生产活动。④怀其产：怀恋自己的产业。

【译文】

君主应该重视四个问题：一是对于提倡道德而不真正做到仁的人，不可以授予国家大权；二是对于见到贤能而不让的人，不可以授予高贵的爵位；三是对于对亲戚该罚不罚的人，不可以让他统帅军队；四是对于那种不重视农业，不注重地利，而轻易课取赋税的人，不可以让他做都邑的官。这四条巩固国家的原则是国家安危的根本。应该说，卿相得不到众人拥护，是国家的危险；大臣不协力同心，是国家的危险；军中统帅不足以令人畏惧，是国家的危险；人民不怀恋自己的田产，是国家的危险。因此，只有提倡道德而能真正做到仁，才可以胜任国事而众人拥护；只有见到贤能就进行推让，才能使大臣们协力同心；只有掌握刑罚不避亲贵，才能够威震邻敌；只有重视农业、注重地利，而不轻易课税，才能使人民怀恋自己的田产。

【原文】

君之所务者五：一曰山泽不救于火，草木不植成①，国之贫也；二曰沟渎不遂于隘，鄣水不安其藏，国之贫也；三曰桑麻不植于野，五谷不宜其地，国之贫也；四曰六畜不育于家，瓜瓠荤菜百果不备具，国之贫也；五曰工事竞于刻镂，女事繁于文章，国之贫也。故曰："山泽救于火，草木植成，国之富也；沟渎遂于隘②，鄣水安其藏，国之富也；桑麻植于野，五谷宜其地，国之富也；六畜育于家，瓜瓠荤菜百果备具，国之富也；工事无刻镂，女事无文章，国之富也。"

【注释】

①植成：繁殖成熟。②沟渎遂于隘：遂，畅通。沟渠在狭窄之地也很畅通。

【译文】

君主必须重视的问题有五个：一是山泽如果不能免于火灾，草木就不能繁殖成长，国家就会贫穷；二是沟渠如果不能全线通畅，则堤坝中的水漫溢成灾，国家就会贫穷；三是如果田野不生长桑麻，五谷种植没有因地制宜，国家就会贫穷；四是农家如果不养六畜，蔬菜瓜果不齐备，国家就会贫穷；五是工匠如果追逐刻木镂金，女红也广求采花文饰，国家就会贫穷。这就是说，山泽能够免于火灾，草木繁殖成长，国家就会富足；使沟渠全线通畅，堤坝中的水没有漫溢，国家就会富足；田野生长桑麻，五谷种植能因地制宜，国家就会富足；农家饲养六畜，蔬菜瓜果能齐备，国家就会富足；工匠不进行刻木镂金，女红也不求文采花饰，国家就会富足。

【原文】

分国以为五乡①，乡为之师②；分乡以为五州，州为之长；分州以为十里，里为之尉；分里以为十游，游为之宗。十家为什，五家为伍，什伍皆有长焉。筑障塞匿，一道路，博出入③，审闾閈④，慎筦键⑤，筦藏于里尉。置闾有司，以时开闭。闾有司观出入者，以复于里尉。凡出入不时，衣服不中，圈属群徒，不顺于常者，闾有司见之，复无时。若在长家子弟臣妾属役宾客，则里尉以谯于游宗⑥，游宗以谯于什伍，什伍以谯于长家，谯敬而勿复。一再则宥，三则不赦。凡孝悌忠信、贤良俊材，若在长家子弟臣妾属役宾客，则什伍以复于游宗，游宗以复于里尉，里尉以复于州长，州长以计于乡师，乡师以著于士师。凡过党，其在家属，及于长家；其在长家，及于什伍之长；其在什伍之长，及于游宗。其在游宗，及于里尉；其在里尉，及于州长；其在州长，及于乡师，其在乡师，及于士师。三月一复，六月一计，十二月一著。凡上贤不过等，使能不兼官，罚有罪不独及⑦，赏有功不专与⑧。

【注释】

①乡：行政单位。②师：乡的领导者。③博出入：博，统一。统一道路。④审闾闬：闾闬（hàn），里门。按时开闭里门。⑤慎筦键：筦键，钥匙。重视关锁。⑥谯于游宗：谯，同"诮"。责备。⑦不独及：不独罚犯罪者自身。⑧不专与：不专给。

【译文】

把都城地区分为五个乡，乡设乡师。把乡分为五个州，州设州长。把州分成十个里，里设里尉。把里分为十个游，游设游宗。十家为一什，五家为一伍，什和伍都设什长和伍长。要修筑围墙，堵塞缺口，只定一条进出的道路，只设一个进出的门户。要细心看管里门，注意关锁，钥匙由里尉掌管。任命"司闾者"，按时开闭里门。司闾者要负责观察出入的人们，向里尉报告情况。凡是进出不遵守时间，穿戴不合规矩，家眷亲属及其他人中有行迹异常的，司闾者发现，就随时上报。如果问题出在本里家长的子弟、臣妾、属役和宾客身上，那么，里尉要训斥游宗，游宗要训斥什长、伍长，什长、伍长要训斥家长。只给训斥和警告而不必上报，初犯、再犯可以宽恕，第三次就不赦免了。凡发现孝悌、忠信、贤良和优秀人才，如果出在本里家长的子弟、臣妾、仆役和宾客中，那么，就要逐级由什长、伍长上报游宗，游宗上报里尉，里尉上报州长，州长再汇总上报于乡师，乡师最后登记上报到士师那里去。凡责罚与犯罪有牵连的人，问题出在家属的，应连带及于家长；出在家长的，应连带及什长、伍长；出在什长、伍长的，连带游宗；出在游宗的，连带里尉；出在里尉的，连带州长；出在州长的，连带乡师；出在乡师的，也要连带于士师。每年三个月一上报，六个月一汇总，十二个月一次登记举报。凡推举贤才都不可越级，使用能臣都不可兼职；惩罚有罪，不独罚犯罪者自身；赏赐有功，奖赏功臣不只专给本人。

【原文】

孟春之朝①，君自听朝，论爵赏校官，终五日。季冬之夕，君自听朝，论罚罪刑杀，亦终五日。正月之朔，百吏在朝，君乃出令布宪②于国，五乡之师，五属大夫，皆受宪于太史。大朝之日，五乡之师，五属大夫，皆身习宪于君前。太史既布宪，入籍于太府。宪籍分于君前。五乡之师出朝，遂于乡官致于乡属，及于游宗③，皆受宪。宪既布，乃反致令焉，然后敢就舍；宪未布，令未致，不敢就舍。就舍，谓之留令。罪死不赦。五属大夫，皆以行车朝，出朝不敢就舍，遂行至都之日。遂于庙致属吏，皆受宪。宪既布，乃发使者致令以布宪之日蚤晏④之时，宪既布，使者以发，然后敢就舍；宪未布，使者未发，不敢就舍。就舍，谓之留令，罪死不赦。宪既布，有不行宪者，谓之不从令，罪死不赦。考宪而有不合于太府之籍者，侈曰专制，不足曰亏令，罪死不赦。首宪既布，然后可以布宪。

【注释】

①孟春之朝：正月月初。②布宪：公布法令。③宗：宗庙。④蚤晏：早晚。

【译文】

正月初起，国君要亲自临朝听政，评定爵赏，考核官吏，一共用五天时间。腊月末尾，国君也要临朝听政，论定罚罪刑杀，也用五天。正月初一，百官在朝，国君向全国发布法令，五乡乡师和五属大夫都在太史那里领受法令典籍。又当全体官吏会集在朝之日，五乡乡师和五属大夫都要在国君面前学习法令。太史宣布法令后，底册存入太府，就在国君面前把法令和简册分发下去。五乡乡师出朝以后，就到乡办事处召集本乡所属官吏，直至游宗，同来领受法令。法令公布完毕，要及时回报，然后回到任处。法令没有公布，报告没有交回，不敢到住处休息。否则，叫作"留令"，那是死罪不赦的。五属大夫，都是乘车来朝的，但出朝也不能到任处休息，需要立即出发。到达都邑的当天，就在祖庙里召集所属官吏，同来领受法令。法令公布后，便派遣使者回报。遣使应在公布法令的当天，不论早晚。法令公布完，使者派出去，然后才敢到住所休息。法令没有公布，使者没有派出，不能到住所休息。否则，也叫"留令"，死罪不赦。法令公布后，有不执行的，叫作"不从令"，死罪不赦。检查法令文件，有与太府所存不符的，多了叫作"专制"，少了叫作"亏令"，也是死罪不赦。这个根本的法令公布以后，然后可以遵照执行。

【原文】

凡将举事，令必先出，曰①事将为。其赏罚之数，必先明之，立事者，谨守令以行赏罚，计事致令②，复赏罚之所加，有不合于令之所谓者，虽有功利，则谓之专制，罪死不赦。首事既布，然后可以举事。

【注释】

①曰：语气助词。②致令：（向君主）回复命令。

【译文】

凡是准备兴办事情，必先出台有关法令，这表明有事情将办。其赏罚办法必须明示于前，负责人总是要严守法令以实行赏罚，检查工作并向君主上报的时候，也必须报告执行赏罚的情况。如果办事不合于法令的意旨，即使事有成效，也叫"专制"，那是死罪不赦的。颁布于事前的根本法令一经发布，然后就可以照此办事。

【原文】

修火宪①，敬山泽，林薮积草②，夫财之所出，以时禁发焉。使民足于宫室之用，薪蒸之所积，虞师之事也。决水潦③，通沟渎，修障防，安水藏，使时水虽过度，无害于五谷。岁虽凶旱，有所秎获，司空之事也。相高下，视肥硗，观地宜，明诏期，前后农夫，以时均修焉，使五谷桑麻，皆安其处，由田之事也。行乡里，视宫室，观树艺，简六畜，以时钩修④焉。劝勉百姓，使力作毋偷。怀乐家室，重去乡里，乡师之事也。论百工，审时事，辨功苦，上完利，监壹五乡，以时钩修焉。使刻镂文采⑤，毋敢造于乡，工师之事也。

【注释】

①火宪：防火法令。②林薮积草：分别指山林、沼泽、湖泊、草甸。③水潦（lǎo）：积水。④时钩修：到了调节、治理的时候。⑤刻镂文采：生产讲究雕刻

装饰的东西。

【译文】

　　制定防火的法令，戒止山泽林薮之处堆积枯草，对自然资源的出产，要按时封禁和开放，以使人民有充足的房屋建筑用材和柴草储备。这是虞师的职责。排泄积水，疏通沟渠，修整堤坝，以保持蓄水池的安全，做到雨水过多时无害于五谷，年景干旱时，也有收成。这是司空的职责。观测地势高下，分析土质肥瘠，查明土地宜于何种作物的生长，明定农民应召服役的日期，对农民生产、服役的先后，按时做全面安排，使五谷桑麻的种植，各得其适。这是司田的职责。巡行乡里，察看房屋，观察树木、庄稼的生长，视查六畜的状况，并能按时做全面安排，做到劝勉百姓，使他们努力耕作而不偷闲，留恋家室而不轻离乡里，这是乡师的职责。考核各种工匠，审定各个时节的作业项目，分辨产品质量的优劣，提倡产品坚固和适用，统一管理五乡，按时做全面安排，使那种刻木、镂金、文采之类的奢侈品工艺，不敢在各乡作业，这是工师的职责。

【原文】

　　度爵①而制服，量禄②而用财，饮食有量，衣服有制，宫室有度，六畜人徒有数，舟车陈器有禁，修生则有轩冕服位谷禄田宅之分，死则有棺椁绞衾圹垄之度③。虽有贤身贵体，毋其爵，不敢服其服。虽有富家多资，毋其禄，不敢用其财。天子服文有章，而夫人不敢以燕以飨庙，将军大夫不敢以朝，官吏以命，士止于带缘，散民不敢服杂采，百工商贾不得服长鬈貂，刑余戮民不敢服绔④，不敢畜连乘车。

【注释】

　　①度爵：根据爵位。②量禄：按照俸禄。③有棺椁绞衾圹垄之度：棺椁，棺材。绞衾，衣被。圹垄，坟墓。度，规定。④服绔：丝织的衣服。

【译文】

　　按照爵位制定享用等级，根据俸禄规定花费标准。饮食有一定标准，衣服有一定制度，房屋有一定限度，六畜和奴仆有一定数目，车船和陈设也都有一定的限制。活着的时候，在乘车、戴帽、职位、俸禄、田宅等方面，有所分别；死了的时候，在棺木、衣被、坟墓等方面，也有所规定。即使是身份高贵，没有那样的爵位也不敢穿那样的衣服；即使是家富钱多，没有那样的俸禄也不敢做那样的花费。天子衣服的花纹样式有明文规定，夫人不能穿常服祭祀宗庙，将军大夫穿朝服，一般官吏穿命服，士只在衣带边缘上有所标志。平民不敢穿杂有文彩的衣服，工匠、商人不得穿羔皮和貂皮的衣服，受过刑和正在服刑的人不能穿丝料的衣服，也不敢备车和坐车。

【原文】

寝兵①之说胜，则险阻不守。兼爱②之说胜，则士卒不战。全生③之说胜，则廉耻不立。私议自贵④之说胜，则上令不行。群徒比周⑤之说胜，则贤不肖不分。金玉货财之说胜，则爵服下流。观乐玩好之说胜，则奸民在上位。请谒任举之说胜，则绳墨不正。谄谀饰过之说胜，则巧佞者用。

【注释】

①寝兵：停止作战。②兼爱：彼此相爱，泛爱。③全生：保全生命。④私议自贵：私自立说，自命不凡。⑤比周：结党营私。

【译文】

废止军备的理论占优势，险阻就不能固守。泛爱人类的理论占优势，士卒就不肯作战。全生保命的议论占优势，廉耻之风就不能建立。私立异说、清高自贵的理论占优势，君主政令就无法推行。结交朋党的理论占优势，好人、坏人就不易分清。金玉财货的理论占优势，官爵就会落到下面的小人身上。观乐玩好的理论占优势，奸邪之辈就攀援到上位。托拜保举的理论占优势，用人标准就不会止确。阿谀奉承、文过饰非的理论占优势，巧言而奸佞的人就会出来干事了。

【原文】

期而致①，使而往，百姓舍己以上为心②者，教之所期也。始于不足见，终于不可及③，一人服之，万人从之，训之所期也。未之令而为，未之使而往，上不加勉，而民自尽竭，俗之所期也。好恶形于心，百姓化于下④，罚未行而民畏恐，赏未加而民劝勉，诚信之所期也。为而无害，成而不议，得而莫之能争，天道之所期也。为之而成，求之而得，上之所欲，小大必举，事之所期也。令则行，禁则止，宪之所及，俗之所被，如百体之从心⑤，政之所期也。

【注释】

①期而致：被征召的期限到来。②以上为心：以君王之心为主宰。③始于不足见，终于不可及：起初还看不出迹象，最后功效显著。④好恶形于心，百姓化于下：君主的好恶才在心里形成，百姓就化为行动。⑤百体之从心：人体各部分服从内心。

【译文】

当征召的命令来到的时候，就立即前往，老百姓舍弃自己愿望而以君上之心为心，这是教化所期望的结果。起初还看不出迹象，最后则成效不可比拟，君主一人行事，臣民万人随从，这是训练所期望的结果。不加命令而主动办事，不加派遣而主动前往，不用上面劝勉，而人民自己就能够尽心竭力，这是树立风俗所期望的结果。君主的好恶才在心里形成，百姓就化为行动，刑罚未施行而人民知道恐惧，奖赏未发而人民得到劝勉，这是实行诚信所期望的结果。做事不产生恶果，成事之后也没有失败，得到的成果没有人能够争夺，这是遵守天道所期望的结果。行事即成，有求即得，君主所要求的，大小事情都能实现，这是办事所期望的结果。有令则行，有禁则止，凡是法令所及和风俗所影响到的地方，就像四肢百骸服从内心一样，这是为政所期望的成效。

七法第五

【题解】

七法指治国、治军的七项基本原则，主要从分析政治和军事的关系入手，着重阐述了较为系统的军事思想，分为七法、四伤、为兵之术、选陈共四节。"七法"节首先提出，"治民"是"为兵"的前提，"为兵"直接为"胜敌国""正天下"的政治目的服务；接着详述七法的具体内容和不明七法的后果。全篇以论兵为核心，是全书中一篇重要的军事论文。

【原文】

言是而不能立，言非而不能废；有功而不能赏，有罪而不能诛①。若是而能治民者，未之有也。是必立，非必废，有功必赏，有罪必诛，若是安治矣？未也，是何也？曰：形势器械②未具，犹之不治也。形势器械具四者备，治矣。不能治其民，而能强其兵者，未之有也。能治其民矣，而不明于为兵之数③，犹之不可。不能强④其兵，而能必胜敌国者，未之有也；能强其兵，而不明于胜敌国之理，犹之不胜也。兵不必胜敌国，而能正天下者，未之有也。兵必胜敌国矣，而不明正天下之分，犹之不可，故曰：治民有器⑤，为兵有数，胜敌国有理，正天下有分。

【注释】

①诛：惩处。②形势器械：形势，指治理百姓各方面的客观形势。器械，工具。指治理百姓的具体设施。③数：方法。④强：强化。⑤器：指上述形势、器械等治民的条件。

【译文】

正确的主张不能用，错误的主张不能废，有功而不能赏，有罪而不能罚；像这样而能治理好人民的，从来没有过。正确的坚决采用，错误的坚决废止，有功必赏，有罪必罚，这就可以治理好了吗？还不能。为什么？因为，不具备客观形势和军事器械，仍然不能治理好。具备了客观形势和军事器械以后，再具备上述四项，那就可以治理好了。不能治理好人民而能强大其军队的事情，从来没有；能治其民而不懂用兵的策略，仍然不行。不能强大其军队而能必胜敌国的事情，从来没有；能够强大其军队而不明胜敌国之理，仍然不能打胜。兵力没有必胜敌国的把握而能够征服天下的事情，从来没有；兵力有了必胜的把握而不明征服天下的纲领，仍然是不行的。所以说，治民要有军备，用兵要有策略，战胜敌国要有理，匡正天下要有纲领。

【原文】

则、象、法、化、决塞、心术、计数①，根②天地之气，寒暑之和，水土之性，人民鸟兽草木之生物，虽不甚多，皆均有焉，而未尝变也，谓之则③。义也、名也、时也、似也、类也、比也、状也，谓之象④。尺寸也、绳墨也、规矩也、衡石也、斗斛也、角量也，谓之法⑤。渐也、顺也、靡也、久也、服也、习也，谓之化⑥。予夺也、险易也、利害也、难易也、开闭也、杀生也，谓之决塞⑦。实也、诚也、厚也、施也、度也、恕也，谓之心术。刚柔也、轻重也、大小也、实虚也、远近也、多少也，谓之计数。

【注释】

①计数：计算、筹划。②根：寻根、探索。③则：法则。④象：表象，情况。⑤法：法度，标准。⑥化：变化，教化。⑦决塞：打开或者堵塞，引申为对事物的判断或者权衡。

【译文】

关于规律、形象、规范、教化、决塞、心术和计数：探索天地的元气，寒暑的协调，水土的性质以及人类、鸟兽、草木的生长繁殖，事物虽多，但都有一个共同性，而且是不变的，这就叫作规律。事物的外形、名称、年代、相似、类属、依次、状态等等，叫作形象。尺寸、绳墨、规矩、衡石、斗斛、角量等等，叫作规范。渐进、驯服、磨炼、熏陶、适应、习惯等等，叫作教化。予与夺、险与易、利与害、难与易、开与闭、死与生等等，叫作决塞。老实、忠诚、宽厚、施舍、度量、容让等等，叫作心术。刚柔、轻重、大小、虚实、远近、多少等等，叫作计数。

【原文】

不明于则，而欲出号令，犹立朝夕于运均①之上，檐竿而欲定其末②。不明于象，而欲论材审用，犹绝长以为短，续短以为长。不明于法，而欲治民一众，犹左书而右息③之。不明于化，而欲变俗易教，犹朝揉轮④而夕欲乘车。不明于决塞，而欲驱众移民，犹使水逆流。不明于心术，而欲行令于人，犹倍招⑤而必拘之。不明于计数，而欲举大事，犹无舟楫而欲经于水险⑥也。故曰：错仪画制⑦，不知则不可；论材审用，不知象不可；和民一众，不知法不可；变俗易教，不知化不可；驱众移民，不知决塞不可；布令必行，不知心术不可；举事必成，不知计数不可。

【注释】

①运均：测日影的标杆。②定其末：固定竹竿的末端。③右息：用右手阻止。④揉轮：弯木制造车轮。⑤倍招：倍，同"背"。背离目标。⑥水险：水上的险要之处。⑦错仪画制：制定法令制度。

【译文】

不懂得规律，却想要立法定制，就好比把测时的标杆插在转动者的陶轮上，摇动竹竿而妄想稳定它的末端一样。不了解形象，而想量才用人，就好比把长材短用，短材长用一样。不了解事物的规范，而想治理人民，统一群众，就好比用左手写字，而闲着右手一样。不明白教化而想移风易俗，就好比早上刚制造车轮，晚上就要乘车一样。不了解决塞之术而想驱使和调遣人民，就好比使水倒流一样；不了解心术而想对人们发号施令，就好比背着靶子射箭而一定希图命中一样；不了解计数而想要举办大事，就好比没有舟楫想渡过水上的险要之处一样；所以说，立法定制，不了解规律不行；量才用人，不了解形象不行；治理人民统一群众，不了解规范不行；移风易俗，不了解教化不行；驱使和调遣人民，不了解决塞不行；发布命令保证必行，不了解心术不行；举办大事保证必成，不精于计算不行。

【原文】

百匿①伤上威，奸吏伤官法，奸民伤俗教，贼盗伤国众。威伤，则重在下；法伤，则货上流；教伤，则从令者不辑②；众伤，则百姓不安其居。重在下，则令不行。货上流，则官徒毁。从令者不辑，则百事无功。百姓不安其居，则轻民处而重民散，轻民③处，重民散，则地不辟；地不辟，则六畜不育；六畜不育，则国贫而用不足；国贫而用不足，则兵弱而士不厉④；兵弱而士不厉，则战不胜而守不固；战不胜而守不固，则国不安矣。故曰：常令不审⑤，则百匿胜；官爵不审，则奸吏胜；符籍不审，则奸民胜；刑法不审，则盗贼胜；国之四经败，人君泄见危，人君泄，则言实之士不进；言实之士不进，则国之情伪不竭于上⑥。

【注释】

①百匿：指各种奸邪之人。②辑：和睦团结。③轻民：指从事工商业和游手好闲的人。④不厉：不勇猛。⑤令不审：国家法令不严格。⑥竭于上：向皇上进谏。

【译文】

朝廷中坏人当政，就会破坏君主的权威，奸民伤害风俗和教化，贼盗伤害国内的民众。权威被伤害，君权就会往下移；法制被伤害，财货就会通过贿赂往上流；教化被伤害，臣民就不会和睦；民众被伤害，百姓就不得安居。君权下移，政令便无法推行；财货上流，官德就必然败坏；臣民不和，百事都无功效；百姓不得安居，就会造成为盗者留而务农者离散的局面。为盗者留、务农者散的结果就是土地不得开辟，土地不开辟则六畜不能繁育，六畜不育则国贫而财用不足，国贫而财用不足则兵弱而士气不振，兵弱而士气不振，则战不能胜、守不能固，战不胜而守不固，国家就不会安定了。所以说，国家大法不严明，国君左右的坏人就得逞；官爵制度不严明，奸邪的官吏就得逞；符籍制度不严明，奸民就得逞；刑法制度不严明，盗贼就得逞。一国的四经：大法、官爵、符籍、刑法败坏了，君主又不重视，危亡就会出现。这是因为人君不重视，说真话的人就不肯进言；说真话的人不进言，国家的真实情况君主就不能掌握了。

【原文】

世主所贵者宝也，所亲者戚也，所爱者民也，所重者爵禄也。亡君则不然，致①所贵非宝也，致所亲非戚也，致所爱非民也，致所重非爵禄也。故不为重宝亏其命②，故曰"令贵于宝"；不为爱亲危其社稷，故曰"社稷戚于亲"；不为爱人枉其法，故曰"法爱于人"；不为重爵禄分其威，故曰"威重于爵禄"。不通此四者，则反③于无有。故曰：治人如治水潦，养人如养六畜，用人如用草木。居身论道行理，则群臣服教，百吏严断，莫敢开私④焉。论功计劳，未尝失法律也。便辟、左右、大族、尊贵、大臣、不得增其功焉。疏远、卑贱、隐不知之人、不忘其劳。故有罪者不怨上，爱赏者无贪心，则列陈之士，皆轻其死而安难⑤，以要上事，本兵之极也。

【注释】

①致：最。②亏其命：亏，损害。命，政令。③反：同"返"。④开私：指枉法。⑤安难：不怕危难。

【译文】

当今一般君主，所重视的是珍宝，所亲近的是亲戚，所珍爱的是属民，所重惜的是爵禄。英明的君主则不是这样。他最重视的不是珍宝，最亲近的不是亲戚，最珍惜的不是属民，最看重的不是爵禄。所以，他不会为重宝损害政令，就是说"令贵于宝"；不会为亲戚危害国家，就是说"社稷重于亲戚"；不会为爱其属民而违反法律，就是说"爱法高于爱人"；不会为重惜爵禄而削弱威信，就是说"威信重于爵禄"。君主如不懂得这四条，就会一无所得。所以说，治人如治水，养人如养六畜，用人如用草木。君主自身能按理办事，群臣就服从政令，百官就断事严明，谁也不敢循私了。在评计功劳的时候，不能离开法令规定。宠臣、侍从、大族、权贵和大臣们，不得凭特权加功。关系远的、地位低的、不知名的，有功也不得埋没。这样，犯罪受刑的人不会抱怨君上，有功受赏的人也不会滋长贪心，于是临阵的将士们都将不怕牺牲而赴难，以求为国立功，这是治军的根本原则。

【原文】

为兵之数，存乎聚财，而财无敌①；存乎论工②，而工无敌；存乎制器，而器无敌；存乎选士，而士无敌；存乎政教，而政教③无敌；存乎服习④，而服习无敌；存乎遍知天下，而遍知天下无敌；存乎明于机数⑤，而明于机数无敌。故兵未出境，而无敌者八。是以欲正天下，财不盖天下，不能正天下；财盖天下，而工不盖天下，不能正天下；工盖天下，而器不盖天下，不能正天下；器盖天下，而士不盖天下，不能正天下；士盖天下，而教不盖天下，不能正天下；教盖天下，而习不盖天下，不能正天下；习盖天下，而不遍知天下，不能正天下；遍知天下，而不明于机数，不能正天下。故明于机数者，用兵之势也。

【注释】

①财无敌：指使财富的数量无敌于天下。②论工：考论工匠的技巧，指选择工匠。③政教：指加强军队的管理教育。④服习：操练，指军事训练。⑤明于机数：指懂得把握时机和策略。

【译文】

用兵的方法，一在于积聚财富，要使财富无敌；二在于考究军事工艺，要使工艺无敌；三在于制造兵器，要使兵器无敌；四在于选择战士，要使战士无敌；五在于管理教育，要使管教工作无敌；六在于军事训练，要使训练工作无敌；七在于调查各国情况，要使调查工作无敌；八在于明察战机和策略，要使明察战机和策略无敌。这就是说，军队没有调出国境，就已经保证八个方面无可匹敌了。因此，要征服天下，财力不压倒天下，不能征服；财力压倒天下，而工艺不压倒天下，不能征服；工艺压倒天下，而兵器不压倒天下，不能征服；兵器压倒天下，而战士不压倒天下，不能征服；战士压倒天下，而管理教育工作不压倒天下，不能征服；管教工作压倒天下，而军事训练不压倒天下，不能征服；军事训练压倒天下，而不普遍了解天下的情况，不能征服；普遍了解天下情况，而不明察战机和策略，还是不能征服天下。所以，明察战机和策略是用兵的关键。

【原文】

大者时也，小者计也①。王道非废也，而天下莫敢窥者，王者之正也。衡库②者，天子之礼也。是故器成卒选，则士知胜矣。遍知天下，审御机数③，则独行而无敌矣。所爱之国，而独利之；所恶之国，而独害之。则令行禁止，是以圣王贵之。胜一而服百，则天下畏之矣。立少而观多，则天下怀之矣。罚有罪，赏有功，则天下从之矣。故聚天下之精财，论百工之锐器，春秋角试④，以练精锐为右。成器不课不用⑤，不试不藏。收天下之豪杰，有天下之骏雄。故举之如飞鸟，动之如雷电，发之如风雨，莫当其前，莫害其后，独出独入，莫敢禁圉。成功立事，必顺于礼义，故不礼不胜天下，不义不胜人。故贤知之君，必立于胜地，故正天下而莫之敢御也。

【注释】

①大者时也，小者计也：首要的是掌握作战时机，其次是作战计划。②衡库：衡量天下的利害得失。③审御机数：善用时机策略。④角试：比较检验。⑤不课不用：课，检查。不经过检查，不能使用。

【译文】

首要的是掌握作战时机，其次是作战计划。所以，兵器制成，士兵选定，勇士就有了取胜的信心。普遍了解天下的情况，精心掌握战机与策略，那就可以所向无敌了。对于友好的国家，要给予特殊扶持；对于敌对国家，要给予特殊惩罚。这样就发令能行，言禁能止。因此，英明的君主很重视这种做法。战胜一国而威服百国，天下都会畏惧；持植少数而影响多数，天下都会怀德；惩罚有罪，赏赐有功，天下也都跟着服从了。因此，要聚集天下最好的物材，研究各种工匠的兵器；春秋两季进行比试，精锐的列为上等。制成的武器，不经检查不使用，不试验合格不入库。再聚集天下的豪杰，拥有天下的勇将。这样就可以做到举兵如飞鸟，动兵如雷电，发兵如风雨，无人能在前面阻挡，无人能从后面伤害，独出独入，无人敢于限制了。但是，成功立事，一定要合乎礼节与正义。无礼的战争不能取胜于天下，不义的战争不能战胜他人。贤明智慧的君主，总是站在必胜的立场，所以能征服天下而无人敢于抗拒。

【原文】

若夫曲制时举①，不失天时，毋圹地利②。其数多少，其要必出于计数。故凡攻伐之为道也，计必先定于内，然后兵出乎境；计未定于内，而兵出乎境，是则战之自胜，攻之自毁也。是故张军③而不能战。围邑而不能攻，得地而不能实④，三者见一焉，则可破毁也。故不明于敌人之政，不能加也；不明于敌人之情，不可约也；不明于敌人之将，不先军也；不明于敌人之士，不先陈也。是故以众击寡，以治击乱，以富击贫，以能击不能，以教卒练士击敺众白徒，故十战十胜，百战百胜。

【注释】

①曲制时举：曲，按照。根据有利时机发兵。②毋圹地利：圹，同"旷"，荒废。不要浪费地利。③张军：摆开阵势。④实：巩固。

【译文】

关于军队利用时机发兵进攻，不要丧失有利的时机和地利。军事上数字的多少，其主要项目一定要根据计划。所以，凡是攻战的原则，都要求计划必须先定于国内，然后再举兵出境。计划没有事前确定于国内而举兵出境，这是战之自败，攻之自毁的。因此，摆开阵势还没有确定打仗，包围城邑还不能确定攻取，得了土地还不能确定据守，三种情况有一种，就是要被毁灭的。所以，事前不明了敌人的政治，不能进行战争；不明了敌人的军情，不能约定战争；不明了敌人的将领，不要采取军事行动；不明了敌人的士兵，不先摆列阵势。只有保证以众击寡，以治击乱，以富击贫，以能用兵的将帅击不能用兵的将帅，以经过教练的士卒打击临时征集的乌合之众，才可以十战十胜，百战百胜。

【原文】

故事无备，兵无主，则不蚤知①；野不辟，地无吏，则无蓄积；官无常②，下怨上，而器械不功③；朝无政，则赏罚不明；赏罚不明，则民幸生④。故蚤知敌人如独行，有蓄积则久而不匮。器械功则伐而不费。赏罚明，则人不幸，人不幸则勇士劝之。故兵也者，审于地图，谋十官，日量蓄积，齐勇士，遍知天下，审御机数，兵主之事也。

【注释】

①蚤知：早知道。②官无常：管理手工业的官府没有常规。③器械不功：兵器不精良。④民幸生：百姓侥幸偷生。

【译文】

所以，战事没有准备，部队又没有主事的统帅，那就不可能预先掌握敌情；荒地没有开发，农业又没有专管的官吏，那就不可能积蓄粮草；官府没有常规，工匠抱怨上级；武器就不会精良；朝廷没有政令，赏罚很不分明，民众就侥幸偷生。因此，先知敌情，才能够所向无敌；积蓄粮草，才能够久战而不贫困；武器精良，打起仗来才能顺利；赏罚严明，人们才不会侥幸偷生；而人们都不侥幸偷生，勇士也就努力了。所以，用兵这件事情，一定要详审地理情况，选取人才，计算军需贮备，教练勇士，普遍掌握天下的情况，认真抓好战机和运用策略，而这些也正是统帅的本职。

【原文】

故有风雨之行①，故能不远道里矣；有飞鸟之举，故能不险山河矣；有雷电之战，故能独行而无敌矣；有水旱之功②，故能攻国救邑；有金城之守，故能定宗庙，育男女矣；有一体之治，故能出号令，明宪法矣。风雨之行者，速也；飞鸟之举者，轻也；雷电之战者，士不齐也；水旱之功者，野不收，耕不获也；金城之守者，用货财，设耳目也；一体之治者③，去奇说，禁雕俗④也。不远道里，故能威绝域之民；不险山河，故能服恃固之国⑤；独行无敌，故令行而禁止。故攻国救邑，不恃权与之国，故所指必听。定宗庙，育男女，天下莫之能伤，然后可以有国。制仪法，出号令，莫不向应，然后可以治民一众矣。

【注释】

①风雨之行：如同风雨般行进。②水旱之功：如同水灾旱灾般的破坏力。③一体之治：像一个人的身体般协调统一。④雕俗：指崇尚奢侈的风俗。⑤恃固之国：凭借天险的国家。

【译文】

军队有像风雨一般的行进，就不怕路途遥远；有像飞鸟一般的举动，就不怕山河险阻；有像雷电一般的进攻，就所向无敌；有像水旱灾一般的摧毁效果，就能够攻人之国，救人之城；有像金城一般的设防固守，就能够安定宗庙，繁育人口；再有浑为一体的统一政治，就能够发布号令，明定法制了。这是因为：风雨一般的行进，就是要做到快速；飞鸟一般的举动，就是要做到轻捷；雷电一般的进攻，就是使敌兵不及布阵；水旱一般的摧毁效果，就是使敌方土地无收、耕种无获；金城一般的据守，就是要收买敌人，派出间谍；浑为一体的政治，就是要禁止邪说和奢侈风俗。而军队不怕路途遥远，就能够威慑远地的臣民；不怕山河之阻，就能够征服依险固守的敌国；所向无敌，就必然令行禁止。攻人之国，救人之邑，又不依靠盟国，就必然是军队指向哪里，哪里就得听从。安定宗庙，繁育儿女，天下无人敢于伤害，然后就可以巩固政权。立法定制，发号施令，无人不来响应，然后就可以治理人民和统一百姓行动了。

五辅第六

【题解】

　　五辅，指德、义、礼、法、权五种治国措施。本篇开篇提出君主要功名显耀于天下。必须"得人"，而"得人之道，莫如利之；利之道，莫如教之以政"。政之成败直接关系到功名的成败。本篇着重论述德、义、礼、法、权的具体措施，即所谓德有六兴、利有七体、礼有八经，法有五务，权有三度。六兴是为了让百姓满足生活的欲望，七体是为了使百姓公正，八经是为了使百姓之礼恭敬，五务是为了使人们一心一意地从事本务，三度是为了使百姓举措得宜。

【原文】

　　古之圣王，所以取明名广誉[1]，厚功大业，显于天下，不忘于后世，非得人者，未之尝闻。暴王之所以失国家，危社稷，覆宗庙，灭于天下[2]，非失人者，未之尝闻。今有土之君，皆处欲安，动欲威，战欲胜，守欲固，大者欲王天下，小者欲霸诸侯，而不务得人。是以小者兵挫而地削[3]，大者身死而国亡，故曰：人不可不务也。此天下之极也。

【注释】

　　[1]明名广誉：取得广大的名声和广泛的荣誉。[2]灭于天下：丧失国家。[3]兵挫而地削：兵败而丧失封地。

【译文】

　　古代的圣王，所以能取得盛名广誉，丰功伟业，显赫于天下，为后世所不忘，不是得到人们拥护的，从来没有听说过。暴君之所以丧失国家，危及社稷，宗庙颠覆，湮没无闻，不是由于失掉人们拥护的，也从来没有听说过。现今拥有国土的君主，都希望生活安定，办事有威信，战争胜利，防务巩固，大的想统一天下，小的要称霸诸侯，却不重视争取人心，所以，弄得小则兵败而地削，大则身死而国灭。所以说，"人"是不可不重视的，这是天下顶重要的问题。

【原文】

曰：然则得人之道，莫如利之①。利之之道，莫如教之以政②。故善为政者，田畴垦而国邑实，朝廷闲而官府治，公法行而私曲止③，仓廪实而囹圄空④，贤人进而奸民退。其君子上中正而下谄谀，其士民贵武勇而贱得利，其庶人好耕农而恶饮食。于是财用足，而饮食薪菜饶。是故上必宽裕，而有解舍，下必听从，而不疾怨。上下和同，而有礼义。故处安而动威，战胜而守固，是以一战而正诸侯。不能为政者，田畴荒而国邑虚，朝廷凶而官府乱，公法废而私曲行，仓廪虚而囹圄实，贤人退而奸民进。其君子上谄谀而下中正，其士民贵得利而贱武勇，其庶人好饮食而恶耕农。于是财用匮而食饮薪菜乏，上弥残苟，而无解舍⑤，下愈覆鸷而不听从，上下交引而不和同，故处不安而动不威，战不胜而守不固，是以小者兵挫而地削，大者身死而国亡。故以此观之，则政不可不慎也。

【注释】

①莫如利之：不如使百姓得到利益。②教之以政：教导百姓政事。③私曲止：邪道恶行废止。④囹圄空：囹圄，监狱。形容政治清明，监狱空虚。⑤无解舍：没有减免。

【译文】

管子说：争取人心的方法，不如给人以利益。而给人以利益的方法，不如用实际政绩来证明。所以，善于为政的，总是田地开垦而城邑殷实，朝廷安闲而官府清廉，公法通行而邪道废止，仓库充实而监狱空虚，贤人得用而奸臣罢退。上层人士总是崇尚公正而鄙视阿谀之风，士民总是重视勇武而鄙视财利，平民总是爱农耕而厌恶大吃大喝，从而财用充足而日常生活富裕。所以，君主要宽厚而有所减免，人民要听从而无所怨恨，上下协调而有礼仪，这才会生活安定而办事有威信，战争胜利而防务巩固，而一战而征服诸侯。不善于为政的，总是田地荒芜而城邑空虚，朝廷惊扰而官府混乱，公法废弃而邪道风行，仓库空虚而监狱人满，贤臣罢退而奸臣得用。上层人士总是谄谀成风鄙视公正，士民总是重视财利而轻视勇武，民众总是喜好吃喝而厌恶耕作。于是财用缺而日常生活困难，君主非常残暴苛刻而赋役无减免，人民特别固执凶顽而不肯服从，上下互相争利而不协调，所以生活不安定而办事无威信，战争不胜而防守不固，于是小则兵败而地削，大则身死而国灭。由此看来，为政就不可不谨慎对待这些问题了。

【原文】

德有六兴，义有七体，礼有八经，法有五务，权有三度，所谓六兴者何？曰：辟田畴，利坛宅①，修树艺，劝士民，勉稼穑，修墙屋，此谓厚其生。发伏利，输滞积，修道途，便关市，慎将宿②，此谓输之以财。道水潦，利陂沟，决潘渚，溃泥滞，通郁闭，慎津梁，此谓遗之以利③。薄征敛，轻征赋，弛刑罚，赦罪戾，宥小过，此谓宽其政。养长老，慈幼孤，恤鳏寡，问疾病，吊祸丧，此谓匡其急。衣冻寒，食饥渴，匡贫窭④，振罢露⑤，资乏绝，此谓振其穷。凡此六者，德之兴也。六者既布，则民之所欲，无不得矣。夫民必得其所欲，然后听上；听上，然后政可善为也。故曰：德不可不兴也。

【注释】

①利坛宅：建造民房。②慎将宿：将宿，送迎客商。慎重送营客商。③遗之以利：遗（wèi），赠送。赠送利益给他们。④匡贫窭：救助贫陋。⑤振罢露：振，同"赈"，救济。罢露，疲惫与衰败。

【译文】

德有六兴，义有七体，礼有八经，法有五务，权有三度。什么叫六兴呢？回答是：开辟田野，建造住宅，讲求种植，劝勉士民，鼓励耕作，修缮房屋，这叫作改善人们生活。开发潜在的财源，疏通积滞的物产，修筑道路，便利贸易，注意送往迎来，这叫给人们输送财货。疏浚积水，修通水沟，挖通回流浅滩，清除泥沙淤滞，打通河道堵塞，注意渡口桥梁，这叫作给人们提供便利。薄收租税，轻征捐赋，宽减刑罚，赦免罪犯，宽恕小过，这叫作实施宽大的政治。敬养老人，慈恤幼孤，救济鳏寡，关心疾病，吊慰祸丧，这叫作救人之危急。给寒冷的人以衣服，给饥渴的人以饮食，救助贫陋，赈济破败人家，资助赤贫，这叫作救人之穷困。这六个方面，都属于兴举德政。这六项若能实行，人民所要求的，就没有得不到的了。人民的欲望必须得到满足，然后才能够听从上面；听从上面，然后政事才能办好。所以说，德政是不可不兴的。

【原文】

曰：民知德矣，而未知义，然后明行以导之义①，义有七体，七体者何？曰：孝悌慈惠，以养亲戚；恭敬忠信，以事君上；中正比宜②，以行礼节；整齐撙诎，以辟刑僇；纤啬省用，以备饥馑；敦懞纯固③，以备祸乱；和协辑睦，以备寇戎。凡此七者，义之体也。夫民必知义然后中正，中正然后和调④，和调乃能处安，处安然后动威⑤，动威乃可以战胜而守固，故曰：义不可不行也。

【注释】

①以导之义：教化百姓懂得民义。②中正比宜：公正合宜。③敦懞纯固：敦厚朴实，专心一意。④和调：生活安定。⑤动威：使用威信。

【译文】

管子说：人民知道了德，而未必懂得义，然后就应该以身作则以教民行义。义有七体。什么叫七体呢？回答是：用孝悌慈惠来奉养亲属；用恭敬忠信来事奉君上；用公正合宜来推行礼节；用端正克制来避免犯罪；用节约省用来防备饥荒；用敦厚朴实来戒备祸乱；用和睦协调来防止敌寇。这七个方面，都是义的实体。人民必须知义然后才能中正，中正然后和睦团结，和睦团结才能生活安定，生活安定然后办事才有威信，有威信才可以战争胜利而防务巩固。所以说，义是不可不行的。

【原文】

曰：民知义矣，而未知礼，然后饰八经以导之礼①。所谓八经者何？曰：上下有义②，贵贱有分，长幼有等，贫富有度。凡此八者，礼之经也。故上下无义则乱，贵贱无分则争，长幼无等则倍③，贫富无度则失。上下乱，贵贱争，长幼倍，贫富失，而国不乱者，未之尝闻也。是故圣王饬此八礼，以导其民。八者各得其义，则为人君者，中正而无私；为人臣者，忠信而不党；为人父者，慈惠以教；为人子者，孝悌以肃④；为人兄者，宽裕以诲；为人弟者，比顺以敬；为人夫者，敦懞以固；为人妻者，劝勉以贞。夫然则下不倍上⑤，臣不杀君，贱不逾贵，少不陵长，远不间亲，新不间旧，小不加大，淫不破义。凡此八者，礼之经也。夫人必知礼然后恭敬，恭敬然后尊让，尊让然后少长贵贱不相逾越，少长贵贱不相逾越，故乱不生而患不作，故曰：礼不可不谨也。

【注释】

①以导之礼：引导百姓懂得礼。②上下有义：从君臣到百姓皆懂得义。③倍：通"背"，背弃。④孝悌以肃：以孝顺恭敬的态度侍奉父母。⑤下不倍上：百姓与臣子不叛乱犯上。

【译文】

管子说：人民知道义，而未必懂得礼。然后就应该整顿八经以教民行礼。什么是八经呢？回答是：上与下都有礼仪，贵与贱都有本分，长与幼都守次序，贫与富都守法度。这八个方面是礼的纲领。所以，上与下没有礼仪就要乱，贵与贱不守本分就要争，长与幼没有等次就要叛离，贫与富不依法度就失其节制。上下乱，贵贱争，长幼叛离，贫富失其节制，而国家还不陷于混乱，是没有听说过的。因此，圣明君主总是整顿这八礼以教导人民。八方面都各得其宜，做君主的就公正而不偏私，做臣子的就忠信而不结党，做父母的以教育实现慈惠，做子女的以恭顺实现孝悌，做兄长的以教诲实现宽厚，做弟弟的以恭敬实现和顺，做丈夫的以专一实现敦厚，做人妻的以贞节进行劝勉。能这样，就可以做到：下不叛上，臣不杀君，贱不越贵，少不欺长，疏不间亲，新不间旧，小不越大，放荡不破毁正义。这八项是礼的常规。所以，人必先知礼然后才能恭敬，恭敬然后才能尊让，尊让然后才能做到少长贵贱不相逾越，少长贵贱不相逾越，乱事就不会产生而祸患也不会兴起了。因此说，礼是不可不重视的。

【原文】

曰：民知礼矣，而未知务①，然后布法以任力，任力有五务，五务者何？曰：君择臣而任官，大夫任官辩事②，官长任事守职，士修身功材③，庶人耕农树艺。君择臣而任官，则事不烦乱；大夫任官辩事，则举措时；官长任事守职，则动作和；士修身功材，则贤良发④；庶人耕农树艺，则财用足。故曰：凡此五者，力之务也⑤。夫民必知务，然后心一，心一然后意专，心一而意专，然后功足观也。故曰：力不可不务也。

【注释】

①知务：务，礼法。懂得礼法。②辩事：治理事物。③修身功材：修养品德而攻治才艺。④贤良发：贤良的人才就能够出现。⑤力之务也：人们的专务。

【译文】

管子说：人民知道礼，而未必懂得务，然后就该依法令安排人力。安排人力有"五务"。什么是五务呢？回答说：君主择臣任官，大夫任官治事，官长负责其事而严守职责，士人修养品德而攻治才艺，平民则从事农耕种植。君主能够择臣而任官，政事就不紊乱；大夫任官办事，措施就可以及时；官长分工任事而严守职责，行动就可以协调；士人能够修身学艺，贤良人才就可以出现；平民从事农耕种植，财用就可以充足了。所以说，这五方面，就是人力的各有专务。人民必须认识这些专务，然后才能思想统一，思想统一然后才能专心致志，思想统一而专心致志，然后功业就可观了。所以说，安排人力是不可不有所专务的。

【原文】

曰：民知务矣，而未知权，然后考三度以动之。所谓三度者何？曰：上度之天祥，下度之地宜，中度之人顺，此所谓三度。故曰：天时不祥，则有水旱；地道不宜，则有饥馑；人道不顺，则有祸乱。此三者之来也，政召①之。曰：审时以举事，以事动民，以民动国，以国动天下②。天下动，然后功名可成也，故民必知权然后举错得③，举错得则民和辑④，民和辑则功名立矣，故曰：权不可不度也。

【注释】

①召：招致，导致。②国动天下：以国家的名义动员天下。③举错得：措施得宜。④民和辑：百姓和睦。

【译文】

管子说：人民知道务，还未必懂得权，然后就该考究三度来行动。什么是三度呢？回答说：上考度天时，下考度地利，中考度人和，这就是所谓三度。所以说，天时不祥，则有水旱；地利不宜，则有饥荒；人道不和，则有祸患。这三者的到来，都是政事不好招致的。所以说，要审度时机来举办大事，用举事发动人民，用人民发动国力，用一国发动天下。天下动员起来了，然后功业就可以有成。所以，人民必须懂得权衡轻重，然后才能举措得当；举措得当，则人民和睦；人民和睦，则功名就建立起来了。因此说：权衡轻重这一点，不可不善加考度。

【原文】

故曰：五经既布①，然后逐奸民，诘轴伪②，屏谗慝③，而毋听淫辞，毋作淫巧。若民有淫行邪性，树为淫辞，作为淫巧，以上谄君上，而下惑百姓，移国动众，以害民务者，其刑死流④，故曰：凡人君之所以内失百姓，外失诸侯，兵挫而地削，名卑而国亏，社稷灭覆，身体危殆，非生于谄淫者未之尝闻也。何以知其然也？曰：淫声谄耳，淫观谄目，耳目之所好谄心，心之所好伤民，民伤而身不危者，未之尝闻也。曰：实圹虚⑤，垦田畴，修墙屋，则国家富；节饮食，撙衣服⑥，则财用足；举贤良，务功劳，布德惠，则贤人进；逐奸人，诘诈伪，去谗慝，则奸人止；修饥馑，救灾害，振罢露，则国家定。

【注释】

①五经既布：布，颁布。五项纲领措施既已施行。②诘轴伪：查究伪诈。③屏谗慝：排除谗言邪恶之徒。④其刑死流：处以死刑或流放之刑。⑤实圹虚：移民垦荒。⑥撙（zǔn）衣服：撙，消减。节约衣服。

【译文】

五项纲领措施既已施行，然后就要驱逐奸民，查究伪诈，排除谗言邪恶之徒，而且不准听淫乱言词，不准造淫奢物品。如果人们有淫行邪性，传播淫乱言词，制造淫奢物品，用以取悦君主，惑乱百姓，改变风俗，动摇人心，以扰害人民务正业的，要处以死刑或流刑。所以说，凡人君内失百姓，外失诸侯，兵败而国土被削，名卑而国家受害，社稷覆灭，自身危险的，没有不是由于对淫乱的喜悦而引起的。为什么这样说呢？回答是：淫乱的声音悦其耳，淫乱的观赏悦其目。耳目之所好悦其心，放任内心之所好就伤害人民。伤害了人民而自身不危亡的事，是从来没有听到过的。我们说：移民垦荒，开垦农田，修筑房屋，国家就能富裕；节约饮食，节省衣服，财用就会充足；推举贤良，注重功绩，广布德惠，贤人就得到进用；驱逐奸人，查究伪诈，排除逸言邪恶之徒，奸人就销声匿迹；防备饥荒，救助灾害，贩济破败人家，国家就会安定。

【原文】

明王之务，在于强本事，去无用①，然后民可使富。论贤人②，用有能，而民可使治。薄税敛，毋苟于民③，待以忠爱，而民可使亲。三者，霸王之事也。事有本，而仁义其要也。今工以巧矣，而民不足于备用者，其悦在玩好；农以劳矣，而天下饥者，其悦在珍怪，方丈陈于前；女以巧矣，而天下寒者，其悦在文绣。是故博带梨④，大袂列，文绣染，刻镂削，雕琢采。关几而不征，市鄽而不税。是故古之良工，不劳其知巧以为玩好⑤，无用之物，守法者不失。

【注释】

①去无用：废除无用之物的生产。②论贤人：论，选拔。选拔贤才。③苟于民：苟，同"苛"。不苛求于民。④梨：同"剺"，割开，划破。⑤玩好：珍奇物品。

【译文】

英明君主的急务，在于加强农业，废除无用之物的生产，然后使人民富裕；选拔贤才，任用能臣，人民就可以得到治理；减轻赋税，不苛求于民，并以忠爱相待，就可以使人民亲近。这三项都是成就王霸之业的大事。事物都有根本，而仁义是其关键。现在，工匠是够巧的了，然而人民需用的东西得不到满足，就是因为君主过于喜欢玩好的器物；农民是够劳苦的了，然而天下还无粮挨饿，就是因为君主过于喜欢珍奇的食品；妇女也是够巧妙的了，然而人们却在无衣挨冻，就是因为君主过分喜欢华丽的服饰。所以，这就需要把宽大的带子裁成窄小的，把肥大的袖子变成窄瘦的，把华丽的服饰染成单色，把刻楼的图案削掉，把雕琢的花纹磨平。关卡上只稽查而不征捐，市场上只存放货物而不收税。古代的优良工匠，不运用他的智巧来做玩好的东西。所以，无用之物，守法者从不生产。

枢言第七

【题解】

"枢言",指重要的言论,意同格言。本篇以治国治天下为中心,广泛地论述天道、君道、臣道,涉及国家的政治、财务、外交等各方面。重视百姓,重视农业,提倡仁爱诚信,戒骄戒躁,推崇先代帝王,这是本篇的特色。本篇论述每节文字不多,转换较快,语言精辟,多用比喻,概括面广,含义深刻,富有哲理。

【原文】

管子曰:"道之在天者日也,其在人者心也。"故曰:"有气①则生,无气则死,生者以其气;有名②则治,无名则乱,治者以其名。"枢言曰:爱之,利之,益③之,安之,四者道之出。帝王者用之而天下治矣。

【注释】

①气:生命的气息。②名:名分。③益:使百姓得益。

【译文】

管子说:"道在天上,好比太阳,它在人体,就好比心了。"所以说,有气则生,无气则死。生命就是依靠气;有名分则治,无名分则乱,统治就是依靠名分的。枢言指出:爱民、利民、益民、安民,四者都是从道产生的,帝王运用它们,天下便得治了。

【原文】

帝王者,审所先所后。先民与地,则得矣;先贵与骄①,则失矣。是故先王慎贵在所先所后。人主不可以不慎贵,不可以不慎民,不可以不慎富。慎贵在举贤,慎民在置官,慎富在务地。故人主之卑尊轻重,在此三者,不可不慎。

【注释】

①贵与骄:高贵与骄傲。

【译文】

帝王,就是要分清什么事情应当放在前面,什么事应当放在后头。把人民和土地放在前面就对了,把高贵和骄傲放在前面就错了。所以,先代圣王总是慎重地处理何者为先、何者为后的问题。人君不可不慎重地对待贵的问题,不可不慎重地对待人民的问题,不可不慎重地对待富的问题。慎重对待贵,在于如何举用贤人;慎重对待人民,在于如何设置官吏;慎重对待富,在于如何注重农业。所以,人君的高低轻重决定在这三个方面,不可以不慎重对待。

【原文】

国有宝,有器,有用。城郭、险阻、蓄藏,宝①也;圣智,器②也;珠玉,末用也。先王重其宝器,而轻其末用③,故能为天下生而不死者二。立而不立者四:喜也者、怒也者、恶也者、欲也者,天下之败也,而贤者宝之。为善者,非善也,故善无以为也。故先王贵善。王主积于民,霸主积于将战士,衰主积于贵人,亡主积于妇女珠玉,故先王慎其所积。疾之疾之④,万物之师也;为之为之,万物之时也;强之强之,万物之指⑤也。

【注释】

①宝:宝物。②器:器物。③末用:无足轻重之物。④疾之:快速。⑤指:同"旨",要旨。

【译文】

一个国家,都有宝、有器、有用。内城外郭、山川险地、粮食贮备,这些都是宝;圣明、智谋,算作器;珠玉,居末位,算作财用。先代圣王看重宝与器而看轻财用,所以能治天下。生存而不至于死灭的事物有两种:气与名。

亡国而不利于立国的因素则有四个：喜、怒、厌恶与嗜好，四者都可导致天下的败亡，但贤者却很少有这些毛病。伪善，不是善。善是无法做假的。所以先代圣王注重善。成王业的国君积聚人民，成霸业的国君积聚武将和战士，衰败的国君积聚官僚贵族，亡国之君则积聚珠玉与妇女。所以，先代圣王总是慎重地处理积聚什么的问题。要加快进行探索，因为万物是众多的；要努力进行探索，因为万物是随时流逝的；要加强进行探索，因为万物是意旨精深的。

【原文】

凡国有三制，有制人者，有为人之所制者，有不能制人，人亦不能制者。何以知其然？德盛义尊，而不好加名于人；人众兵强，而不以其国造难生患。天下有大事，而好以其国后，如此者，制人者也。德不盛，义不尊，而好加名于人；人不众，兵不强，而好以其国造难生患；恃与国①，幸名利②，如此者，人之所制③也。人进亦进，人退亦退；人劳亦劳，人佚亦佚，进退劳佚④，与人相荀，如此者，不能制人，人亦不能制也。

【注释】

①恃与国：与国，盟国。依仗盟国。②幸名利：幸，欢喜。以得到名利而欢喜。③制：控制。④劳佚：佚，同"逸"。指劳逸。

【译文】

一个国家有三种情况的控制：有控制别人的，有被别人控制的，有不能控制别人、别人也不能加以控制的。为什么是这样的呢？德盛义高，而不好把自己的名位强加于他人；人众兵强，而不用本国的实力制造危难和祸患；天下有大的事变，而愿意使本国走在后面，这样的国家，必然是控制别人的。德不盛，义不高，而好把自己的名位强加于他人；人不多，兵不强，而好用本国的实力制造危难和祸患；依仗同盟，偷取名利，这样的国家，必然是被人控制的。人进亦进，人退亦退，人劳亦劳，人逸亦逸，进退劳逸，与人相从，这样的国家，不能控制他人，他人也是不能控制的。

【原文】

爱人甚而不能利也，憎人甚而不能害①也。故先王贵当，贵周②。周者不出于口，不见于色，一龙一蛇③，一日五化之谓周，故先王不以一过二④。先王不独举⑤，不擅功。

【注释】

①害：损害。②贵周：周，机密。看重机密。③一龙一蛇：像龙蛇那样变化。④以一过二：言不夸大。⑤举：行动。

【译文】

爱人过了头，反而不能有利于其人；恨人过了头，反而不能加害于其人。所以，先王总是注重分寸适当，也注重保持机密。机密，就是不可说出口，不可形于色，就像龙、蛇一天五变而无人察觉一样，才叫作保持机密。所以，先王总是不肯夸大其辞，先王也不肯独自包办事业或独自居功。

【原文】

先王不约束①，不结纽，约束则解，结纽则绝。故亲不在约束结纽。先王不货交②，不列地，以为天下。天下不可改也，而可以鞭棰③使也。时也利也。出为之也。余目不明，余耳不聪，是以能继天子之容。官职亦然。时者得天，义者得人，既时且义④，故能得天与人。先王不以勇猛为边竟，则边竟安。边竟安，则邻国亲。邻国亲，则举当矣。人故相憎也，人之心悍，故为之法。法出于礼，礼出于治，治礼道也，万物待治礼而后定。

【注释】

①约束：指结党结盟。②货交：用财货建立邦交。③鞭棰：鞭子，比喻武力。④既时且义：既合乎时宜又合乎道义。

【译文】

先王在处理国家关系时，既不结党，也不结盟。结党结盟就必然解散，结成绳扣就必然折断。所以，国家亲善不在于结党和结盟。先王也不用以"货交"和"裂地"的办法来治理天下。因为天下各国的既成关系不可轻易改变，只可以用威力统一驾驭。合于天时，合于正义，都要去做。此外，虽有多余的视力也不看，多余的耳力也不听，这才能保持天子的圣德。官吏的职责也同样如此。合于天时则得到自然优势，合于正义则得到人的拥护。既占天时，又合正义，这就能把天与人的力量一并掌握起来了。先王不采用武力解决边境问题，这样，边境就会安定；边境安定，则邻国亲善；邻国亲善，问题就可以处理得当了。人们本来是相互憎恶的，人心凶悍，所以要颁布法律。法出于礼，礼出于理论。理论与礼都是道。万物的关系都是根据理论和礼的出现而后才确定下来的。

【原文】

凡万物，阴阳两生而参视，先王因其参而慎所入所出。以卑为卑，卑不可得；以尊为尊，尊不可得。桀舜是也，先王之所以最重也。得之必生，失之必死者，何也？唯无得之①，尧舜禹汤文武孝，已斯待以成，天下必待以生，故先王重之。一日不食，比岁歉②。三日不食，比岁饥。五日不食，比岁荒③。七日不食，无国土。十日不食，无畴类④，尽死矣。

【注释】

①唯无得之：指粮食。②比岁歉：比，类似。好比过了歉收的年份。③比岁荒：好比过了饥荒的年份。④无畴类：畴，同"俦"。同类，伴侣。

【译文】

万物都是由于阴阳两者相生而形成第三个事物，先王就是根据这三种现象而慎重掌握正反两方面。以卑下断定卑下，找不到卑下；用高尚断定高尚，得不到高尚。比如桀、舜两位帝王，就是先王最重视相反相成道理的原因。得之必生，失之必死的东西是什么呢？唯有粮食。得到它，尧、舜、禹、汤、文、武，才赖以成功，天下人也必须靠它才可以生存。一天断了食，等于过歉年；三天断了食，等于过饥年；五天断了食，等于过荒年；七天断了食，国土就保不住；十天断了食，同类皆无，全部都将死掉。

【原文】

先王贵诚信，诚信者，天下之结①也。贤大夫不恃宗至②，士不恃外权。坦坦之利③不以功，坦坦之备不为用。故存国家，定社稷，在卒谋之间④耳。

【注释】

①天下之结：天下各国相友好。②宗至：宗室门第。③坦坦之利：坦坦，意指平平。平常的小利。④卒谋之间：卒，同"猝"，突然，短暂。

【译文】

先王最重视诚信，有了诚信，天下各国就友好了。贤大夫不依靠宗室门第，士不依靠别国同盟，取得平平的小利不视为功，面对平平小富不为所用。所以，存国家、定社稷的大事就在短暂的谋划当中解决了。

【原文】

圣人用其心，沌沌乎①博而圜②，豚豚乎③莫得其门，纷纷乎若乱丝，遗遗乎④若有从治⑤。故曰：欲知者知之，欲利者利之，欲勇者勇之，欲贵者贵之。彼欲贵，我贵之，人谓我有礼；彼欲勇，我勇之，人谓我恭；彼欲利，我利之，人谓我仁；彼欲知，我知之，人谓我憖⑥。戒之戒之，微而异之⑦。动作必思之，无令人识之，卒来者必备之，信之者仁也，不可欺者智也。既智且仁，是谓成人。

【注释】

①沌沌乎：混沌无知的样子。②博而圜：博，应作"抟"。圜，同"圆"。指原地打转。③豚豚乎：指隐隐地，暗自。④遗遗乎：指有次序的样子。⑤从治：理出头绪。⑥憖（mǐn）：同"敏"，聪明。⑦微而异之：隐微而庇翼自己。

【译文】

圣人运用心思时，好像混混沌沌地原地打转，又隐隐地使人找不到门，纷纷然好像乱丝，又像有次序地可以梳理。就是说，人们想要求知的就让他求知，想要求利的就让他求利，想要求勇的就让他求勇，想要求地位的就让他求地位。他想求地位，我就许他求地位，人家会说我有礼；他想求勇，我就许他求勇，人家会说我恭；他想求利，我就许他求利，人家会说我仁；他想求知，我就许他求知，人家会说我聪敏。但是要注意戒备，隐微而庇翼自己，动作一定要深思，不要被人识透。对于突然到来的事件，必须有防备。对人有诚信叫作仁，不被欺瞒叫作智。既智且仁，就可以说是成熟的人了。

【原文】

贱固^①事贵，不肖固事贤。贵之所以能成其贵者，以其贵而事贱也；贤之所以能成其贤者，以其贤而事不肖也。恶者美之充^②也，卑者尊之充也，贱者贵之充也，故先王贵之。天以时使，地以材使，人以德使，鬼神以祥使，禽兽以力使。所谓德者，先之之谓也，故德莫如先^③，应适莫如后。先王用一阴二阳者霸，尽以阳者王，以一阳二阴者削，尽以阴者亡。量之不以少多，称之不以轻重，度之不以短长，不审此三者，不可举大事。能戒乎？能敕^④乎？能隐而伏^⑤乎？能而稷^⑥乎？能而麦^⑦乎？春不生而夏无得乎？众人之用其心也，爱者憎之始也，德者怨之本也，唯贤者不然。

【注释】

①固：固然。②充：同"统"，根本。③先：率先。④敕：同"饬"，整饬。⑤隐而伏：保持隐伏而不锋芒外露。⑥稷：种谷得谷。⑦麦：种麦得麦。

【译文】

卑贱者固然应当事奉高贵者，不肖者固然应当事奉贤者。但高贵者之所以能高贵，正因为他能够做到以贵事贱；贤者之所以贤，正因为他能够做到以贤事不肖。粗恶是精美的根本，卑下是尊高的根本，低贱是高贵的根本。所以先王很重视它们。天通过时令发挥作用，地通过物材发挥作用，人通过行德发挥作用，鬼神通过赐福发挥作用，禽兽通过力气发挥作用。所谓德，就是率先行德的意思，所以，行德最好是走在前头，它不像应敌打仗那样以后发制人为好。先王举事，占有一个不利条件两个有利条件的，可成霸业；完全是有利条件的，可成王业；占有一个有利条件两个不利条件的，必然削弱；完全是不利条件的，必然败亡。计量以后，不讲求多少；称量以后，不讲求轻重；度量以后，不讲求短长，不讲求这三者，不可以举大事。能够保持戒惧么？能够保持谨慎么？能够保持隐伏而不锋芒外露么？能做到种谷得谷么？能做到种麦得麦么？能设想春日不生长，夏日也无所得么？众人的心理规律是，爱是憎恨的开始，德是怨恨的基础，只有贤良的人不是这样。

【原文】

先王事以合交^①，德以合人^②，二者不合，则无成矣，无亲矣。凡国之亡也，以其长者也；人之自失也，以其所长者也，故善游者死于梁池③，善射者死于中野。命属于食，治属于事。无善事而有善治者，自古及今，未尝之有也。众胜寡，疾胜徐，勇胜怯，智胜愚，善胜恶，有义胜无义，有天道胜无天道，凡此七胜者贵众，用之终身者众矣。人主好佚欲④，亡其身失其国者，殆；其德不足以怀其民者，殆；明其刑而贱其士者，殆；诸侯假之威久而不知极已者，殆；身弥⑤老不知敬其适子者，殆；蓄藏积陈朽腐，不以与人者，殆。

【注释】

①合交：聚合友谊。②合人：聚合国人。③梁池：指水池边。④佚欲：放纵欲望。⑤弥：已经。

【译文】

先王用做事来聚合友谊，用道德来聚合国人。两者都无所聚合，那就没有成就，也没有亲近的人了。凡国家的败亡，原因往往在它的长处；人的自我失误，也往往因其所长。所以，善于游泳者死于梁池，善于射猎者常死在荒野之中。生命从属于粮食，言辞从属于实事。无好事而有好的言辞表达的，自古及今，不曾存在。多胜少，快胜慢，勇胜怯，智胜愚，善胜恶，有义胜无义，有天道胜无天道。凡此七个胜利条件贵在有其多数，而终身运用就将具备其多数了。人君好放荡纵欲，忘其身而失其国者，必然失败；其德望不足以感怀其民众者，必然失败；盛其刑罚而残害士人者，必然失败；诸侯给予权威，但时间长而不知停止者，必然失败；自身已经很老而不知尊重嫡子者，必然失败；贮蓄积藏的物资，陈列腐朽的粮食，而不肯施与他人者，也必然失败。

【原文】

凡人之名三，有治①也者，有耻②也者，有事③也者。事之名二：正之，察之。五者而天下治矣。名正则治，名倚则乱，无名则死，故先王贵名。先王取天下，远者以礼，近者以体。体、礼者，所以取天下；远、近④者，所以殊天下之际。日益之而患少者，惟忠；日损之而患多者，惟欲。多忠少欲，智也，为人臣者之广道也。为人臣者，非有功劳于国也，家富而国贫，为人臣者之大罪也。为人臣者，非有功劳于国也，爵尊而主卑，为人臣者之大罪也。无功劳于国而贵富者,其唯尚贤乎?众人之用其心也,爱者憎之始也,德者怨之本也。生其事亲⑤也,妻子具,则孝衰矣。其事君也,有好业,家室富足,则行衰矣。爵禄满,则忠衰矣,唯贤者不然,故先王不满也。

【注释】

①治:治理。②耻:督促。③事:服务。④远近:远的和近的国家。⑤事亲:侍奉双亲。

【译文】

人的名分有三:有治理的,有督促的,有服务的。事的名分有二:有纠正于事前的,有察明于事后的。五者完善,天下就得治了。名分正则天下治,名分不正则天下乱,没有名分则死灭。所以先王很注重名分。先王谋取天下,对远的国家用礼,对近的国家用亲。所谓亲和礼,是用来谋取天下的手段;所谓远和近,是就区分天下各国边际而言的。每天都有增长而唯恐太少的,是忠心;每天都有减少而唯恐太多的,是欲望。多忠少欲,是明智的表现,是做人臣的宽广道路。作为人臣,无功于国,而造成家富国贫的局面,就是人臣的大罪;作为人臣,无功于国,而造成爵尊主卑的局面,也是人臣的大罪。对国家没有功劳尚可以赢得富贵,谁还去推崇贤人呢?普通人的心理活动,爱往往是憎的开始,恩德往往成为怨恨的出发点。他们事奉双亲,有了妻子,孝行就衰退了。他们事奉国君,有了产业,家室富足,德行就衰退了。爵禄满足,忠心就衰退了。只有少数贤人不这样而已,所以先王总是不使人们爵禄太满了。

【原文】

人主操逆①,人臣操顺②。先王重荣辱,荣辱在为。天下无私爱也,无私憎也,为善者有福,为不善者有祸,祸福在为,故先王重为。明赏不费,明③刑不暴④,赏罚明,则德之至者也,故先王贵明。

【注释】

①逆:指不加封官爵。②顺:指大臣忠心耿耿。③不费明:公开行赏,节约费用。④刑不暴:公开处刑,减少刑杀。

【译文】

人君不加封官爵,人臣反而会忠心耿耿。先王重视荣辱,荣辱决定于实际行动。天地没有私爱和私恨,实际行善者有福,实际行不善者有祸,祸福都在实际行动,故先王重视实际行动。公开行赏,节约费用;公开处刑,减少刑杀。赏罚公开是德政的最高体现,所以先王重视公开。

【原文】

天道大而帝王者用,爱恶①爱恶,天下可祕②,爱恶重,闭必固。釜鼓③满,则人概④之;人满,则天概之。故先王不满也。先王之书,心之敬执⑤也,而众人不知也。故有事,事也;毋事,亦事也。吾畏事,不欲为事;吾畏言,不欲为言,故行年六十而老吃也。

【注释】

①爱恶:喜欢与讨厌。②祕:指牢固。③釜鼓:古代量器。④概:刮平或削平。⑤敬执:执,爱。敬爱。

【译文】

天道伟大而帝王应当运用爱憎,爱天下之所爱,恶天下之所恶,天下就可以全面控制,全面控制则必然巩固。釜鼓之类的量器装满了,人们就要刮平;人满了,天就要来平。所以先王不使人们爵禄太满。先王的书,我内心是敬爱的,不过一般人并不了解它。所以,有事的时候,要敬读它;无事的时候,也要敬读它。我是怕事的,所以不喜欢做事;我也是怕讲话的,所以不喜欢发言。因此行年六十而年老口吃。

法禁第八

【题解】

"法禁"指需要依法禁止的。本篇论述君主需要维护法制,依法禁止违法的行为。开篇提出维护统一的重要性,只要统一立法,国家的各方面就会"不强而治矣"。如果不统一立法,"国家之危必自始矣"。所以先朝的君王都是严禁违法的行为来统一民心的。本篇的重点是具体地论述共计十八种应该依法禁止的行为。这十八种"圣王之禁"大到擅权专国、改变国家常法,小到沽名钓誉、奇谈怪论,本篇对于这些行为做了严肃批判。最后要求治国君主必须坚定地立法,对于违法的人和事要严加禁绝,使其无利可图。

【原文】

法制不议,则民不相私①;刑杀毋赦,则民不偷于为善②;爵禄毋假③。则下不乱其上。三者藏于官则为法,施于国则成俗,其余不强而治矣。

【注释】

①私:营私舞弊。②为善:行善。③爵禄毋假:爵位和官禄不随便赐予。

【译文】

法制不容私议,人们就不敢相互营私;刑杀不容宽赦,人们就不敢忽视为善;授爵赐禄的大权不假于人,臣下就不会作乱于人君。这三件事掌握在官府手里,就是法,推行到全国民众中,就成其为俗,其他事情不用费力就可以安定国家了。

【原文】

君一置则仪①，则百官守其法；上明陈其制，则下皆会其度②矣。君之置其仪也不一，则下之倍法而立私理者必多矣。是以人用其私③，废上之制，而道其所闻。故下与官列法，而上与君分威。国家之危，必自此始矣。昔者圣王之治其民也不然，废上之法制者，必负以耻④。财厚博惠，以私亲于民者，正经而自正矣。乱国之道，易国之常，赐赏恣于己者，圣王之禁也。圣王既殁，受之者衰，君人而不能知立君之道，以为国本，则大臣之赘下而射人心⑤者必多矣。君不能审立其法以为下制，则百姓之立私理而径于利者必众矣。

【注释】

①仪：法度，准则。②会其度：领会君主制定的制度。③用其私：从自己的私利出发。④负以耻：蒙受耻辱。⑤赘下而射人心：赘，通"缀"，连缀，连缀部下。射人心，收买人心。

【译文】

国君统一立法，百官就都能守法；上面把制度公开，下面行事就都能合于制度。如果国君立法不能统一，下面违背公法而另立私理的人就必然增多。这样人人都行其私理，不行上面法制而宣传个人的主张。所以，百姓与官法对立，大臣与君主争权，国家的危险，一定从这里开始。从前，圣王治理人民就不是这样，对于不执行君主公法的，一定给予惩处。这样做，用大量钱财和施惠来收揽人心的人，因整顿公法就自然纠正过来了。使国家动乱的方法，就在于改变国家的基本法，随心所欲地赏罚，是帝王的禁忌。圣王既死，后继者就差多了。统治人民而不懂立君之道，并以此为立国的根本，大臣们拉拢下级而收买人心的，就一定多了；为君而不能审定立法的，并以此为下面的规范，百姓中自立私理而积极追求私利的，也一定多了。

【原文】

昔者圣王之治人也，不贵其人博学也，欲其人之和同以听令也。《泰誓》曰："纣有臣亿万人，亦有亿万之心，武王有臣三千而一心。"故纣以亿万之心亡，武王以一心存。故有国之君，苟不能同人心，一国威，齐士义，通上之治①以为下法，则虽有广地众民，犹不能以为安也。君失其道，则大臣比权重，以相举于国，小臣必循利以相就也。故举国之士以为亡党②，行公道以为私惠。进则相推于君，退则相誉于民③，各便其身，而忘社稷。以广其居，聚徒威群。上以蔽君，下以索民。此皆弱君乱国之道也，故国之危也。

【注释】

①通上之治：使上面的治理措施贯彻为下面的行为规范。②亡党：私党。③相誉于民：在民间相互吹捧。

【译文】

从前，圣王在考治人才的时候，不看重他的博学，但却希望他能与君主一致而听从君令。《泰誓》说："殷纣王有臣亿万人，也有亿万条心；周武王有臣三千人，却只有一条心。"所以，纣王因亿万心而亡，武王因一心而存。因此，一国之君，如不能使人心归己，统一国家权威，统一士人意志，使上面的治理措施贯彻为下面的行为规范，那么，虽有广大的国土，众多的人民，还不能算是安全的。君主失道的时候，大臣就联合权势在国中互相抬举，小臣们也必然为私利而趋从他们。所以，他们便举用国士作为私党，利用公法谋取私利。在君前互相推崇，在民间互相吹捧，各图己便，忘掉国家，以扩大势力范围，结聚徒党，上以蒙蔽国君，下以搜刮百姓。这都是削弱君主破坏国家的做法，所以是国家的危险因素。

【原文】

乱①国之道，易国之常②，赐赏恣于己者，圣王之禁也。擅国权以深索③于民者，圣王之禁也。其身毋任于上者，圣王之禁也。

【注释】

①乱：破坏。②易国之常：改变国家的常法。③深索：搜刮人民。

【译文】

破坏国家正道，改变国家常法，封赐与禄赏之事全随个人意志决定，是圣王所要禁止的。擅专国权以严重搜刮人民，是圣王所要禁止的。不肯为朝廷任职做事，是圣王所要禁止的。

【原文】

进①则受禄于君，退②则藏禄于室，毋事治职，但力事属③，私王官，私君事，去非其人而人私行者，圣王之禁也。

【注释】

①进：指在朝廷上。②退：指回到家。③力事属：力，努力。属，部下。努力发展自己的部下。

【译文】

在朝廷领受俸禄于君主，回家来积藏俸禄于私室，不干自己应办的公事，只努力发展部属，私用国家官吏，私决君主大事，排除不该排除的人而私自行事，是圣王所要禁止的。

【原文】

修行则不以亲为本，治事则不以官为主，举毋能①、进毋功②者，圣王之禁也。

【注释】

①举毋能：举用无能的人。②进毋功：引荐无功劳的人。

【译文】

修德不以事亲为根本，办事不以奉公为主旨，举用无能的人，荐引无功之辈，是圣王所要禁止的。

【原文】

交人①则以为己赐②，举人则以为己劳③，仕人则与分其禄者，圣王之禁也。

【注释】

①交人：结交人才。②为己赐：当作自己的恩赐。③为己劳：当作自己的功劳。

【译文】

把为国家结交人才当作自己的恩赐，推荐人才当作自己的功劳，任用人才又从中分取俸禄，是圣王所要禁止的。

【原文】

交于利通①而获于贫穷，轻取于其民而重致于其君，削上以附下②，枉法以求于民③者，圣王之禁也。

【注释】

①利通：指结交有权势的人。②削上以附下：削上以俯就百姓。③求于民：收买人民。

【译文】

既结交权势，又笼络穷人，轻取于民而重求于君，削上以俯就百姓，枉法收买人民，是圣王所要禁止的。

【原文】

用不称①其人，家富于其列②，其禄甚寡而资财甚多者，圣王之禁也。

【注释】

①不称：不相称。②家富于其列：家，家产。列，等级。家产超过爵位的等级。

【译文】

用度与本人身份不相称，家产超过爵位的等级，俸禄很少而资财很多，是圣王所要禁止的。

【原文】

拂世①以为行，非上以为名②，常反上之法制以成群于国③者，圣王之禁也。

【注释】

①拂世：做违背潮流的事情。②非上以为名：靠非议君上来猎取名声。③群于国：结党于国内。

【译文】

干违背时代潮流的事情，靠非议君上来猎取名声，经常反对朝廷的法制，并以此结聚徒党于国内，是圣王所要禁止的。

【原文】

饰①于贫穷而发②于勤劳，权③于贫贱，身无职事，家无常姓，列上下之间，议言为民者，圣王之禁也。

【注释】

①饰：打扮。②发：同"废"。③权：权变。

【译文】

打扮成贫穷的样子，而不肯辛勤劳动，暂时安于贫贱，自身没有常业，自家没有恒产，活动于社会上下之间，而声称是为了人民，是圣王所要禁止的。

【原文】

壶士①以为亡资，修田以为亡本②，则生之养私不死，然后失缥③以深与上为市④者，圣王之禁也。

【注释】

①壶士：供养游士。②亡本：作为本钱。③失缥：指强硬的态度。④上为市：与君主讨价还价。

【译文】

把供养游士和修治武器作为自己的政治资本，豢养贼臣和私藏敢死之徒，然后强硬地与君主讨价争权，是圣王所要禁止的。

【原文】

审饰①小节以示民，时言大事以动上，远交以逾群②，假爵③以临朝者，圣王之禁也。

【注释】

①审饰：注意修饰小节。②逾群：压制同僚。③假爵：凭借爵位。

【译文】

注意修饰小节以显于人民，经常议论大事以打动国君，广泛结交以凌驾群僚，凭借自己的地位以控制朝政，是圣王所要禁止的。

【原文】

卑身杂处，隐行辟倚①，侧入②迎远，遁上而遁民③者，圣王之禁也。

【注释】

①辟倚：僻邪不正。②侧入：指潜入。③遁上而遁民：逃避君主的监督，又逃避百姓的监视。

【译文】

屈身于人群之中，暗行不正之事，潜入别国或接纳外奸，欺瞒君主又欺瞒人民，是圣王所要禁止的。

【原文】

诡俗异礼，大言法行①，难其所为而高自错②者，圣王之禁也。

【注释】

①大言法行：语言夸大而行为骄傲。②高自错：错，同"措"，安置。提高自己的地位。

【译文】

实行奇怪的风俗和反常的礼节，语言夸大而行为骄傲，把自己所做过的事，说得非常难做，借此以抬高自己，是圣王所要禁止的。

【原文】

守委①闲居，博分以致众②。勤身遂行，说人以货财，济人以买誉，其身甚静，而使人求者，圣王之禁也。

【注释】

①守委：有积蓄。②致众：收买民众。

【译文】

有积蓄而生活安逸，广施财物以收买民众。殷勤行事，顺从人意，用财货收买人心，用救济沽名钓誉，政治上稳坐不动而使人主动拥护，是圣王所要禁止的。

【原文】

行辟而坚，言诡而辩，术非而博①，顺恶而泽②者，圣王之禁也。

【注释】

①术非而博：道术错误而数量多。②顺恶而泽：泽，润饰。顺随恶行而伪饰。

【译文】

行为邪僻而坚持不改，把奇谈怪论讲得头头是道，办法错误而数量很多，支持邪恶而善于辩解，是圣王所要禁止的。

【原文】

以朋党为友，以蔽恶①为仁，以数变②为智，以重敛为忠，以遂忿③为勇者，圣王之禁也。

【注释】

①蔽恶：包庇罪恶。②数变：投机善变。③遂忿：发泄私愤。

【译文】

以结纳朋党为友爱，以包庇罪恶为仁慈，以投机善变为有智，以横征暴敛为忠君，以发泄私愤为勇敢，是圣王所要禁止的。

【原文】

固国之本，其身务往①于上，深附于诸侯者，圣王之禁也。

【注释】

①往：同"诳"，蒙蔽，欺骗。

【译文】

闭塞国家根本，努力蒙蔽国君，又密切勾结其他诸侯国，是圣王所要禁止的。

【原文】

圣王之身，治世之时，德行必有所是，道义必有所明，故士莫敢诡俗异礼，以自见于国①；莫敢布惠缓行②，修上下之交，以和亲于民；故莫敢超等逾官，渔利苏功，以取顺其君。圣王之治民也，进则使无由得其所利，退则使无由避其所害，必使反乎安其位，乐其群③，务其职，荣其名，而后止矣。故逾其官而离其群者，必使有害；不能其事而失其职者，必使有耻。是故圣王之教民也，以仁错之，以耻使之，修其能，致其所成而止。故曰："绝而定，静而治，安而尊，举错而不变者，圣王之道也。"

【注释】

①自见于国：自见，自我表现。在国家内部自我表现。②布惠缓行：布施小惠、缓和刑罚。③乐其群：乐于和人民在一起。

【译文】

作为圣王，处在治世的时候，讲德行必须立下正确标准，讲道义也必须有个明确准则，所以士人们不敢推行怪异的风俗和反常的礼节，在国内自我表现；也不敢布施小惠，缓和公法，修好上下，以收揽民心；也不敢越级僭职，谋取功利以讨好国君。圣王的治理人民，向上爬的总是要使他无法得利，推卸责任的总是要使他无法逃避惩罚。必须使人们回到安其职位、乐其同人、努力工作、珍惜其名声的轨道上来，才算达到目的。所以，对于超越职权而脱离同事的人，应当使之受害；对于不胜任而失职的，必须使之受辱。因此，圣王教育人民，就是用仁爱来保护，用惩罚来驱使，并提高他们的能力，使之有所成就而后止。所以说，坚决而镇定，稳定而图治，安国而尊君，有所举措而不朝令夕改，这都是圣王的治世之道。

重令第九

【题解】

"重令"指治国要以法令为重。本篇提出法令是治国最重要的工具，重罚令是安国之本，并且是最重要的根本。因此，凡是增减法令、执行法令或者不服从法令的人，都要处死不能赦免。提出了唯令是视、一切向法令看齐的观点。法令之所以如此重要，因为它关系到君主的尊严、国家的安全、社会的正常、功业的成就。为了保证法令的实施，要严格依照法令行事，要防止亲戚、权贵、财货之物的影响。

【原文】

凡君国之重器，莫重于令。令重则君尊，君尊则国安；令轻则君卑，君卑则国危。故安国在乎尊君，尊君在乎行令，行令在乎严罚。罚严令行，则百吏皆恐；罚不严，令不行，则百吏皆喜[1]。故明君察于治民之本，本莫要于令。故曰：亏令者死，益令[2]者死，不行令者死，留令[3]者死，不从令者死。五者死而无赦，唯令是视。故曰：令重而下恐[4]。

【注释】

[1]喜：喜悦。[2]益令：增添法令。[3]留令：扣留法令。[4]下恐：百姓就会敬畏。

【译文】

凡属统治国家的重要手段，没有比法令更重要的。法令威重则君主尊严，君主尊严则国家安定；法令没有力量则君主低贱，君主低贱则国家危险。所以，安国在于尊君，尊君在于执行法令，执行法令在于严明刑罚。刑罚严、法令行，则百官畏法尽职；刑罚不严、法令不行，则百官玩忽职守。因此，英明的君主明察治民的根本，根本没有比法令更要紧的。所以说，删减法令者，处死；增添法令者，处死；不执行法令者，处死；扣压法令者，处死；不服从法令者，处死。这五种情况都应是死罪无赦，一切都只看法令行事。所以说，法令有力量，百姓就畏惧了。

【原文】

为上者不明，令出虽自上，而论可与不可者在下。夫倍①上令以为威，则行恣②乎己以为私，百吏奚不喜之有？且夫令出虽自上，而论可与不可者在下，是威下系于民也。威下系于民，而求上之毋危，不可得也。令出而留者无罪，则是教民不敬也。令出而不行者毋罪，行之者有罪，是皆教民不听也。令出而论可与不可者在官，是威下分也。益损者毋罪，则是教民邪途也。如此，则巧佞③之人，将以此成私为交；比周之人，将以此阿④党取与；贪利之人，将以此收货聚财；懦弱之人，将以此阿贵事富便辟；伐矜之人，将以此买誉成名。故令一出，示民邪途五衢⑤，而求上之毋危，下之毋乱，不可得也。

【注释】

①倍：通"背"，背叛。②恣（zì）：放纵，恣肆。③巧佞：用花言巧语谄媚人。④阿：偏袒，庇护。⑤五衢：衢，道路。五条道路。

【译文】

君主若昏庸不明，法令虽然由上面制定，而议论其是否可行的权限就落到下面了。凡是能违背君令自揽权威，可以为个人目的而肆意妄为，百官哪有不乐意的呢？况且，法令虽然由上面制定，而议论其是否可行却取决于下面，这就是君主的权威被下面的人牵制了。权威被下面的人牵制，而希望君主没有危险，是办不到的。法令发出，而扣压法令者无罪，这就是让人不尊敬君主。法令发出，而不执行者无罪，执行的有罪，这就是让人不听从君主。法令发出，而论其是否可行之权在百官，这就是君权下分。擅自增删法令者无罪，这就是让人寻找邪路。照此下去，诡诈奸佞的人将由此勾结营私；善于结党的人，将由此党同伐异；贪利的人，将由此收贿聚财；懦弱的人，将由此逢迎富人贵者，并趋奉国君左右的小臣；骄矜自夸的人，将由此沽名钓誉以成其虚名。所以，法令一出，就给人敞开五条邪路，而想要君主不危亡，臣下不作乱，是办不到的。

【原文】

菽粟①不足，末生不禁，民必有饥饿之色，而工以雕文刻镂相稚②也，谓之逆。布帛不足，衣服毋度，民必有冻寒之伤，而女以美衣锦绣綦组相稚也，谓之逆。万乘藏兵之国，卒不能野战应敌，社稷必有危亡之患，而士以毋分役相稚也，谓之逆。爵人不论能，禄人不论功，则士无为行制死节，而群臣必通外请谒③，取权道，行事便辟④，以贵富为荣华以相稚也，谓之逆。

【注释】

①菽粟：粮食。②相稚：夸耀。③谒：请见，进谏。④便辟：小臣。

【译文】

粮食不足，商品生产不禁止，人们必定要挨饿，而工匠们还以雕木镂金相夸耀，这就叫作逆。布帛不足，衣服却没有节制，人民一定要受冻，而女人们还以衣着美丽、锦绣、綦组相夸耀，这就叫作逆。有万辆兵车的大国，士卒不能野战应敌，国家一定有危亡之患，而武士们还以免服兵役相夸耀，这就叫作逆。不按才能授官，不按功劳授禄，武士们就不肯执行命令、为国牺牲，而大臣们还一定要交结外国，实行权术，趋奉君侧小臣，以升官发财为光荣来互相夸耀，这也叫作逆。

【原文】

朝有经①臣，国有经俗，民有经产。何谓朝之经臣？察身能而受官，不诬②于上；谨于法令以治，不阿党；竭能尽力而不尚得，犯难离患而不辞死；受禄不过其功，服位不侈其能，不以毋实虚受者，朝之经臣也。何谓国之经俗？所好恶不违于上，所贵贱不逆于令，毋上拂③之事，毋下比之说，毋侈泰④之养，毋逾等之服。谨于乡里之行，而不逆于本朝之事者，国之经俗也。何谓民之经产？畜长树艺，务时殖谷，力农垦草，禁止末事者，民之经产也。故曰：朝不贵经臣，则便辟⑤得进，毋功虚取，奸邪得行，毋能上通。国不服经俗，则臣下不顺，而上令难行。民不务经产，则仓廪空虚，财用不足。便辟得进，毋功虚取，奸邪得行，毋能上通，则大臣不和。臣下不顺，上令难行，则应难不捷。仓廪空虚，财用不足，则国毋以固守。三者见一焉，则敌国制之矣。

【注释】

①经：正常，规范。②诬：以无为有，意谓假冒。③拂：违背。④侈泰：奢侈。⑤便辟：奸邪的人。

【译文】

朝廷要有"经臣"，国家要有"经俗"，人民要有"经产"。什么叫作朝廷的"经臣"呢？按个人能力接受官职，不欺骗君主；严肃执行法令治理国家，不袒护私党；竭尽能力办事，不追求私利；遇到国家患难，不贪生怕死；受禄不超过自己的功劳，官位不超过自己的才能，不平白领受禄赏的，就是朝廷的经臣。什么叫作国家的"经俗"呢？人们的喜好和厌恶，不违背君主的标准；重视和轻视的事情，不违背法令的规定；不做与君主意见相反的事，不说偏袒下级的话，不过奢侈的生活，没有越级的服用；在乡里要有谨慎的行为，而不违背本朝政事的，就是国家的经俗。什么叫作人民的"经产"呢？饲养牲畜，搞好种植，注意农时，增产粮食，努力农事，开垦荒地，而禁止商品的生产，就是人民的经产。所以说，朝廷不重视经臣，则嬖臣得进，无功者空得官禄；奸邪得逞，无能者混入上层。国家不施行经俗，则臣下不顺，而君令难以推行。人民不注重经产，则仓廪空虚，财用不足。嬖臣得进，无功者空得官禄，奸邪得逞，无能者混入上层，这就会造成大臣的不和。臣下不顺，君令难行，在国家应付危难的时候，就难得取胜。国库空虚，财用不足，国家就不能固守。三种情况出现一种，国家就将被敌国控制了。

【原文】

故国不虚重，兵不虚胜，民不虚用，令不虚行。凡国之重也，必待兵之胜①也，而国乃重。凡兵之胜也，必待民之用也，而兵乃胜。凡民之用也，必待令之行也，而民乃用。凡令之行也，必待近者之胜也，而令乃行。故禁不胜于亲贵，罚不行于便辟，法禁不诛于严重，而害于疏远，庆赏不施于卑贱，二三，而求令之必行，不可得也。能不通于官，受禄赏不当于功，号令逆于民心，动静诡②于时变，有功不必赏，有罪不必诛，令焉不必行，禁焉不必止，在上位无以使下，而求民之必用，不可得也。将帅不严威，民心不专一，陈③士不死制，卒士不轻敌，而求兵之必胜，不可得也。内守不能完，外攻不能服，野战不能制敌，侵伐不能威四邻，而求国之重，不可得也。德不加于弱小，威不信④于强大，征伐不能服天下，而求霸诸侯，不可得也。威有与两立⑤，兵有与分争，德不能怀远国，令不能一诸侯，而求王天下，不可得也。

【注释】

①胜：取得胜利。②诡：违反。③阵：阵地。④信：通"伸"，伸展，延伸。⑤两立：并立。

【译文】

因此说来国家不是凭空就能强大的，军队不是凭空就能打胜仗的，人民不是凭空就能服从使用的，法令不是凭空就能贯彻下去的。凡是国家的强大，一定要依靠军队能打胜仗，然后，国家才能强大。凡是军队打胜仗，一定要依赖人民服从使用，然后，军队才能打胜仗。凡是人民服从使用，一定要法令贯彻下去，然后人民才能服从使用。凡是法令的贯彻，必须使君主所亲近的人遵守，然后，法令才能贯彻下去。所以，禁令不能制服亲者和贵者，刑罚不肯加于君侧的嬖臣，法律禁令不惩罚罪行严重者，只加害于疏远者，庆赏不肯给予出身低贱的人们，这样，还指望法令能够贯彻下去，是办不到的。有能力的人不使之进入官府，受禄赏的人不符合本人功绩，所发号令违背民心，各项措施不合时代潮流，对有功的不行赏，对有罪的不惩办，出令不能必行，有禁不能必止，身在上位没有办法役使臣下，还指望人民一定服从使用，是办不到的。将帅没有治军的威严，民心不能专一于抗战，临阵的将士不肯死于军令，士卒不敢蔑视敌人，还指望军队一定能打胜仗，是办不到的。对内固守不能保持国土完整，对外攻战不能征服对方，野战不能克制敌军，侵伐不能威震四邻，还指望国家强大，是办不到的。德惠没有施加于弱小的国家，威望不能取信于强大的国家，征伐不能制服天下，还指望称霸诸侯，是办不到的。论国威，有和自己并立的对象；论军事，有和自己抗争的敌军；德惠不能笼络远方的国家，号令不能统一众多的诸侯，还指望称王天下，是办不到的。

【原文】

地大国富，人众兵强，此霸王之本也，然而与危亡为邻矣。天道之数①，人心之变。天道之数，至②则反，盛则衰。人心之变，有余③则骄，骄则缓怠。夫骄者，骄诸侯，骄诸侯者，诸侯失于外，缓怠者，民乱于内。诸侯失于外，民乱于内，天道也。此危亡之时也。若夫地虽大，而不并兼，不攘夺④；人虽众，不缓怠，不傲下；国虽富，不侈泰，不纵欲；兵虽强，不轻侮诸侯，动众用兵，必为天下政理。此正天下之本，而霸王之主也。

【注释】

①数：自然之理。②至：极点，顶点。③有余：盈余，富足。④攘夺：掠夺。

【译文】

地大国富，人众兵强，这是称霸、称王的根本。然而，至此也就与危亡接近了。天道的规律和人心的变化就是这样的：就天道的规律来说，事物发展到尽头则走向反面，发展到极盛则走向衰落；就人心的变化来说，富有了，则产生骄傲，骄傲则松懈怠惰。这里所说的骄傲，指的是对各国诸侯的骄傲。对各国诸侯骄傲，在国外就脱离了各诸侯国，而松懈怠惰，又将在国内造成人民的叛乱。在国外脱离诸侯，在国内人民叛乱，这正是天道的体现，也正是走到危亡的时刻了。假使国土虽大而不进行兼并与掠夺，人口虽多而不松懈、怠惰与傲视臣民，国家虽富而不奢侈纵欲，兵力虽强而不轻侮诸侯，即使有军事行动，也都是为伸张天下的正理。这才是匡正天下的根本，可成为成就霸业的君主。

【原文】

凡先王治国之器三，攻而毁之者六。明王能胜其攻，故不益于三者，而自有国、正天下。乱王不能胜其攻，故亦不损于三者，而自有天下而亡。三器者何也？曰：号令也，斧钺①也，禄赏也。六攻者何也？曰：亲也，贵也，货也，色②也，巧佞也，玩好也。三器之用何也？曰：非号令毋以使下，非斧钺毋以威众，非禄赏毋以劝民。六攻之败何也？曰：虽不听，而可以得存者；虽犯禁而可以得免者，虽毋功而可以得富者。凡国有不听而可以得存者，则号令不足以使下；有犯禁而可以得免者，则斧钺不足以威众；有毋功而可以得富者，则禄赏不足以劝民。号令不足以使下，斧钺不足以威众，禄赏不足以劝民，若此，则民毋为自用。民毋为自用，则战不胜。战不胜，而守不固。守不固，则敌国制之矣。然则先王将若之何？曰，不为六者变更于号令，不为六者疑错于斧钺，不为六者益损于禄赏。若此，则远近一心；远近一心，则众寡同力；众寡同力；则战可以必胜，而守可以必固。非以并兼攘夺也，以为天下政治也，此正天下之道也。

【注释】

①斧钺：兵器，刑具。②色：女色。

【译文】

　　先代君主治国的手段有三个，破坏和毁灭国家的因素则有六个。英明的君主能够克服其六个破坏因素，所以，治国手段虽然不超过三个，却能够保有国家，而匡正天下。昏乱的君主不能克服六个破坏因素，所以，治国手段虽然不少于三个，却是有了天下而终于灭亡。三种手段是什么？就是：号令、刑罚、禄赏。六种破坏因素是什么？就是：亲者、贵者、财货、美色、奸佞之臣和玩好之物。三种手段的用途在哪里？回答是：没有号令无法役使臣民，没有刑罚无法威服群众，没有禄赏无法鼓励人民。六个破坏因素的败坏作用在哪里？回答是：虽不听君令，也可以平安无事；虽触犯禁律也可以免于刑罚；虽没有功绩也可以捞得财富。凡是国家有不听君令而照样平安无事的，号令就不能推动臣民；有触犯禁律而免于刑罚的，刑罚就不能威服群众；有无功而捞得财富的，禄赏就不能鼓励人民。号令不足以推动臣民，刑罚不足以威服群众，禄赏不足以鼓励人民，这样，人民就不肯为君主效力了。人民不肯为君主效力，作战就不能取胜；作战不胜，国防就不巩固；国防不巩固，敌国就来控制了。那么，先代君主对此是怎样处理的呢？回答是：不因为上述六个因素而变更号令，不因为上述六个因素疑虑而废置刑罚，不因为上述六个因素而增加或减少禄赏。这样一来，就可以做到远近一心了；远近一心，就可以达到众寡同力了；众寡同力，就可以做到作战必胜、防守必固了。所有这些都不是为侵吞和掠夺别国，而为的是把天下政事治理好，这正是匡正天下的原则。

法法第十

【题解】

"法法",以法行法。本篇不仅论述了法度的作用,而且论述了执行法度的手段要合乎法理,特别强调统治者首先要遵守法,并且提出了一些具体的要求。其中有:不依法治国造成国家混乱,罪在君主。君主不依法行法,实质是害民害国。因此,不得以私欲改变法。君主必须坚决地废私议而维护公法,要节俭行法,要一切以法为准,不能超前或落后于法,要以法行法来争取民众,才能维护君主的尊严,才能与民同乐。君不先行法则国危自危。要坚持自己的权威,不得毁灭法、废除法。

【原文】

不法法①,则事毋常;法不法,则令不行。令而不行,则令不法也;法而不行,则修令者②不审也;审而不行,则赏罚轻也;重而不行,则赏罚不信③也;信而不行,则不以身先之也。故曰:禁胜于身④,则令行于民矣。

【注释】

①法法:以法推行法度。②修令者:制定法令的人,指君主。③赏罚不信:赏罚还不够令人信服。④禁胜于身:禁令能够管束君主自身。

【译文】

不以法推行法度,则国事没有常规;法度不用法的手段推行,则政令不能贯彻。君主发令而不能贯彻,是因为政令没有成为强制性的法律;成为强制性的法律而不能贯彻,是因为起草政令不慎重;慎重而不能贯彻,是因为赏罚太轻;赏罚重而不能贯彻,是因为赏罚还不信实;信实而不能贯彻,是因为君主不以身作则。所以说，禁律能够管束君主自身，政令就可以行于民众。

【原文】

闻贤而不举，殆①；闻善而不索②，殆；见能而不使，殆；亲人而不固③，殆；同谋而离，殆；危人而不能，殆；废人而复起，殆；可而不为，殆；足而不施④，殆；几而不密，殆。人主不周密，则正言直行之士危；正言直行之士危，则人主孤而毋内⑤；人主孤而毋内，则人臣党而成群。使人主孤而毋内，人臣党而成群者，此非人臣之罪也，人主之过也。

【注释】

①殆：失败。②索：调查。③不固：不坚定。④足而不施：家族富裕而不帮助别人。⑤毋内：没有亲信。

【译文】

知道有贤才而不举用，要失败；听到有好事而不调查，要失败；见到能干的人而不任使，要失败；亲信于人而不坚定，要失败；共同谋事而不团结，要失败；想危害人而不能，要失败；已废黜人而再用，要失败；事可为而不为，要失败；家已富而不施，要失败；机要而不能保密，也要失败。人君行事不严加保密，正言直行的人就危险；正言直行的人危险，君主就孤立无亲；君主孤立无亲，人臣就结成朋党。如果君主孤立无亲，人臣结成朋党的，那么责任不在人臣，而是君主自身的错误。

【原文】

民毋重罪，过不大也；民毋大过，上毋赦也。上赦小过，则民多重罪，积之所生也。故曰：赦出则民不敬，惠行则过日益①。惠赦加于民，而图圄②虽实，杀戮虽繁，奸不胜矣。故曰：邪莫如蚤③禁之。赦过遗善，则民不励④。有过不赦，有善不遗⑤，励民之道，于此乎用之矣。故曰：明君者，事断者也。

【注释】

①日益：每日增多。②图圄：牢狱。③蚤：同"早"。④励：鼓励。⑤遗：遗忘。

【译文】

人民没有重罪，是因为过失不大；人民不犯大过，是因为君主不随意赦免。君主赦小过，则人民多重罪，这是逐渐积累形成的。所以说，赦令出，人民就不再敬畏；恩惠行，过失就日益增多。把恩惠和宽赦政策加于人民，监狱虽满，杀戮虽多，坏人也不能制止了。所以说，邪恶的事不如早加禁止。赦免过失，遗忘善行，人民就不能勉励；有过失不赦免，有善行不遗忘，勉励人民的政策就发挥作用了。所以说，英明君主，就是要善于掌握对善恶的裁决。

【原文】

君有三欲于民，三欲不节，则上位危。三欲者何也？一曰求，二曰禁，三曰令。求必欲得，禁必欲止，令必欲行。求多者，其得寡；禁多者，其止寡；令多者，其行寡。求而不得，则威日损；禁而不止，则刑罚侮①；令而不行，则下凌上。故未有能多求而多得者也，未有能多禁而多止者也，未有能多令而多行者也。故曰：上苛则下不听，下不听而强以刑罚，则为人上者众谋矣。为人上而众谋之，虽欲毋危，不可得也。号令已出，又易之。礼义已行，又止之。度量已制②，又迁之。刑法已错③，又移之。如是，则庆赏虽重，民不劝也；杀戮虽繁，民不畏也。故曰：上无固植④，下有疑心，国无常经，民力必竭，数⑤也。

【注释】

①侮：侮弄。②制：规定，制订。③错：通"措"，施行。④植：意志。⑤数：自然之理。

【译文】

君主对人民有三项欲求，三项欲求不节制，君主地位就危险。三项欲求是什么呢？一是索取，二是禁阻，三是命令。索取总是希望得到，禁阻总是希望制止，命令总是希望推行。但索取太多，所得到的反而少；禁阻太多，所制止的反而少；命令太多，所推行的反而少。索取而不得，威信就日益降低；禁阻而不止，刑罚将受到侮弄；命令而不行，下面就欺凌君上。从来没有多求而多得，多禁而多止，多令而能多行的。所以说，上面过于苛刻，下面就不听命；下不听命而强加以刑罚，做君主的就将被众人谋算。身为君主而被众人所谋算，虽想没有危险，也办不到了。号令已出又改变，礼仪已行又废止，度量已定又变换，刑法已行又动摇。这样，赏赐虽重，人民也不勉力；杀戮虽多，人民也不害怕了。所以说，上面意志不坚定，下面就有疑心，国家没有常法，人民就不肯尽力，这都是规律。

【原文】

明君在上位，民毋敢立私议①自贵者，国毋怪严②，毋杂俗，毋异礼，士毋私议。倨傲易令、错仪画制、作议者，尽诛。故强者折，锐者挫，坚者破。引之以绳墨③，绳之以诛僇，故万民之心皆服而从上，推之而往，引之而来。彼下有立其私议自贵，分争而退者，则令自此不行矣。故曰：私议立则主道卑矣。况主倨傲易令、错仪画制④，变易风俗，诡服殊说犹立。上不行君令，下不合于乡里，变更自为⑤，易国之成俗者，命之曰不牧之民。不牧之民，绳之外也，绳之外，诛。使贤者食于能，斗士食于功。贤者食于能，则上尊而民从；斗士食于功，则卒轻患而傲敌。上尊而民从，卒轻患而傲敌，二者设于国，则天下治而主安矣。

【注释】

①私议：私立异说。②怪严：怪诞，荒诞。③绳墨：准则，法则。④错仪画制：错，通"措"。画，谋划，规划。自行立法定制。⑤自为：随意独行。

【译文】

英明的君主在上，人民自然不敢有私立异说而妄自尊大的，国家没有荒诞的事情、没有杂乱的风俗和怪异的礼节，士人也就没有私立异说的。对于傲慢不恭、改变法令、自己立法定制、制造异说的都加以诛罚，那么，强硬的会屈服，冒尖的会受挫折，顽固的也可以被攻破。再用法度来引导，用杀戮来管制，因而，万民之心都会服从上面，推之而往，引之而来。如果，下面有私立异说，妄自尊大，纷争而不负责任的，君令就再也无法实行。所以说，私立异说一立，君主威信就降低。何况还有傲慢不恭、改变法令、自行立法定制、改风俗、变服装、奇谈怪论的存在呢。那种上不行君令，下不合乡里，随意独行，改变一国既成风俗的，叫作"不服治理的人"。不服治理的人跑到法度以外了，法度以外的人，应该杀。应当使贤者靠能力成功，斗士靠战功成功。贤者靠能力成功，则君主有尊严而人民顺从；斗士靠战功成功，则士卒不怕患难而蔑视敌人。君主有尊严而人民服从，士卒不怕患难而蔑视敌人，两者树立于国内，则天下得治，君主得安了。

【原文】

凡赦者，小利而大害者也，故久而不胜其祸；毋赦者，小害而大利者也，故久而不胜其福。故赦者，奔马之委辔①；毋赦者，痤睢之砭石也②。爵不尊、禄不重者，不与图难犯危，以其道为未可以求之也。是故先王制轩冕③所以著贵贱，不求其美；设爵禄，所以守其服④，不求其观也。使君子食于道，小人食于力。君子食于道，则上尊而民顺；小人食于力，则财厚而养足。上尊而民顺，财厚而养足，四者备体，则胥足上尊时⑤而王不难矣。

【注释】

①委辔：委，丢弃。辔，缰绳。②痤睢之砭石也：痤，痤疮。睢，当作疽。砭石，即砭石。③轩冕：轩，古代大夫以上官员乘坐的车子。冕，古代帝王、诸侯及卿大夫戴的礼帽。④守其服：服，服制，古代按照身份等级所规定的服饰制度。⑤胥足上尊时：胥，等待。等待时机成就王业。

【译文】

凡是赦免，虽有小利但却有大害，所以长期施行必然祸害无穷；没有赦免，虽有小害然而有大利，所以长期施行就好处无穷。所以施行赦免，正如驾驭奔马时丢弃缰绳；不施行赦免，就像患痤疮时使用砭石。爵位不尊、俸禄不重的人，就不会有人为他赴难冒险，因为他的能量还不足以调动人们这样做。因此，先王规定轩冕，是用来区别贵贱，不是求美；设立爵禄，是用来定其服制，不是求好看。要使君子靠治国之道来生活，小人靠出力劳动生活。君子靠治国之道生活，则君主尊严而人民顺从；小人靠出力劳动生活，即财物丰厚而生活富裕。君主尊严，人民顺从，财物丰厚，生活富裕，四个条件具备，就不难待时而成王业了。

【原文】

文有三侑①，武毋一赦。惠②者多赦者也，先易而后难，久而不胜其祸。法者先难而后易，久而不胜其福。故惠者民之仇雠③也，法者④民之父母也。太上⑤以制制度，其次失而能追之，虽有过，亦不甚矣。

【注释】

①侑：同"宥"，宽恕。②惠：恩惠。③惠者民之仇雠：惠者，施行恩惠的人。仇雠，仇人。④法者：执行法制的人。⑤太上：最上。

【译文】

文人可有三次宽恕，武人不能有一次赦免。恩惠就是多赦免，一开始容易而后面就很难，长期施行就祸害无穷。执法，先难而后容易，长期施行好处无穷。所以施行恩惠，实际上是民众的仇敌，施行法令，是民众的父母。最上等的是以法制规定制度，其次是有失误能补救，即便有过错，也不十分严重。

【原文】

明君制宗庙，足以设宾祀①，不求其美；为宫室台榭，足以避燥湿寒暑，不求其大；为雕文刻镂，足以辨贵贱，不求其观。故农夫不失其时②，百工不失其功，商无废利，民无游③日，财无砥墆④。故曰：俭⑤其道乎！

【注释】

①宾祀：宾，通"殡"，殓而未葬。殡尸设祭。②时：农时。③游：游荡。④砥墆（dié）：积压。⑤俭：节俭。

【译文】

英明的君主建造宗庙，足以殡尸设祭就行了，不求它的美；修筑宫室台榭，足以防避燥湿寒暑就行了，不求它的大；雕制花纹，刻木镂金，足以分辨贵贱等级就行了，不求它的壮观。这样，农夫不耽误农时，工匠能保证功效，商人没有损失利益，人民没有游荡的时间，财货也没有积压。所以说，节俭才是正道！

【原文】

令未布而民或为之，而赏从之，则是上妄予也。上妄予，则功臣怨；功臣怨，而愚民操事于妄作；愚民操事于妄作，则大乱之本也。令未布而罚及之，则是上妄诛也。上妄诛则民轻生，民轻生则暴人兴，曹①党起而乱贼作矣。令已布而赏不从，则是使民不劝勉、不行制②、不死节。民不劝勉、不行制、不死节，则战不胜而守不固；战不胜而守不固，则国不安矣。令已布而罚不及，则是教民不听。民不听，则强者立；强者立，则主位危矣。故曰：宪律制度必法道，号令必著明，赏罚必信密③，此正民之经也④。

【注释】

①曹：众多。②行制：执行军令。③密：同"必"。④经：常道，规范。

【译文】

法令没有正式公布，人民偶然做到了，就加以行赏，那是君主的错误赏赐。君主进行错赏则功臣抱怨，功臣抱怨则愚民胡作非为，愚民胡作非为，这是大乱的根源。法令没有正式公布，就给予惩罚，那是君主的错罚。君主进行错罚，则人民轻视生命，人民轻视生命，暴人就要兴起，帮派朋党就要出现，而乱贼就要造反了。法令已经公布，而不能依法行赏，这就是叫人民不勉力从公，不执行军令，不为国死节。人民不勉力从公，不执行军令，不为国死节，则战不能胜而守不能固；战不胜而守不固，国家就不会安全了。法令已经公布，而不能依法行罚，这就是叫人民不服从法令。人民不服从法令，强人就要兴起；强人兴起，君主地位就危险了。所以说，法律制度一定要合于治国之道，号令一定要严明，赏罚一定要信实坚决，这都是规正人民的准则。

【原文】

凡大国之君尊，小国之君卑。大国之君所以尊者，何也？曰：为之用者众也。小国之君所以卑者，何也？曰：为之用者寡也。然则为之用者众则尊，为之用者寡则卑，则人主安能不欲民之众为己用也？使民众为己用，奈何？曰：法立令行，则民之用者众矣；法不立，令不行，则民之用者寡矣。故法之所立、令之所行者多，而所废者寡，则民不诽议。民不诽议，则听从矣。法之所立，令之所行，与其所废者钧①，则国毋常经②。国毋常经，则民妄行③矣。法之所立、令之所行者寡，而所废者多，则民不听。民不听，则暴人起而奸邪作④矣。

【注释】

①钧：通"均"，相同，相等。②毋常经：没有正常的准则。③妄行：胡作非为。④奸邪作：奸邪之辈就要作乱了。

【译文】

凡是大国的君主地位都高，小国的君主地位都低。大国君主何以地位高呢？回答是：被他使用的人多。小国的君主地位何以低呢？回答是：被他使用的人少。既然，被他用的人多就高，用的少就低，那么，君主那有不希望更多的人民为己所用呢？要使人民多为己所用，怎么办？回答是：法立令行，人民听用的就多了；法不立，令不行，人民听用的就少了。所以，成立的法律和行通的命令多，而废止的少，人民就不非议，人民不非议就听从了。成立的法律和行通的命令，如果与所废者均等，国家就没有正常的准则，国家没有正常的准则，人民就去胡作非为了。成立的法律和行通的命令少，而所废者多，人民就不肯服从，人民不服从法令，暴人就要兴起而奸邪之辈就要作乱了。

【原文】

计①上之所以爱民者，为用之爱之也。为爱民之故，不难毁法亏令②，则是失所谓爱民矣。夫以爱民用民，则民之不用明矣。夫至用民者，杀之危③之，劳之苦之，饥之渴之，用民者将致之此极也，而民毋可与虑害己者，明王在上，道法行于国，民皆舍所好而行所恶。故善用民者，轩冕④不下拟，而斧钺⑤不上因。如是，则贤者劝而暴人止。贤者劝而暴人止，则功名立其后矣。蹈白刃⑥，受矢石⑦，入水火，以听上令。上令尽行，禁尽止，引而使之，民不敢转其力，推而战之，民不敢爱其死。不敢转其力，然后有功；不敢爱其死，然后无敌。进无敌，退有功，是以三军之众皆得保其首领，父母妻子完安于内。故民未尝可与虑始，而可与乐成功。是故仁者、知者、有道者不与大虑始。

【注释】

①计：计算，这里有细看的意思。②亏令：毁坏法令。③危：危害（百姓）。④轩冕：指赏赐。⑤斧钺：指刑法。⑥蹈白刃：踏着白刃。⑦受矢石：冒着矢石。

【译文】

考察君主之所以爱民，乃是为了使用他们而爱的。为了爱民的缘故，不怕毁坏法度，削减命令，那就失去爱民的意义了。单用爱民的办法使用人民，则人民不服使用，这是很明显的。善于使用人民的，他可以用杀戮、危害、劳累、饥饿、口渴等方法，用民者可以用这种极端的手段，而人民并不认为是害己的，是因为圣明的君主在上，道和法通行全国，人民都能舍弃爱干的私事而做不爱干的公务。所以，善于使用人民的，总是赏赐不任意折扣，刑罚不任意增加。这样，贤人知所勉力而暴人平息。贤人勉力而暴人平息，功业就随之而立了。人们可以踏白刃，冒着矢石，赴汤蹈火来执行君令。君令可以尽行，禁律可以尽止，召来使用，人民不敢转移力量，送去战争，人民不敢爱惜生命。不敢转移力量，然后可以立功；不敢爱惜生命，然后可以无敌。进无敌，退有功，于是三军之众都能够保全首领，使父母妻子完好安居于国内。所以，对人民不必同他商量事业的创始，而可以同他欢庆事业的成功。因此，仁者、智者、有道者，都不与人民商量事业之开始。

【原文】

国无以小与不幸而削亡者，必主与大臣之德行失于身也，官职、法制、政教失于国也，诸侯之谋虑失于外也，故地削而国危①矣。国无以大与幸而有功名者，必主与大臣之德行得于身也，官职、法制、政教得于国也，诸侯之谋虑得于外也。然后功立而名成。然则国何可无道？人何可无求？得道而导②之，得贤而使③之，将有所大期于兴利除害。期于兴利除害，莫急于身，而君独甚④。伤也，必先令之失。人主失令而蔽，已蔽而劫⑤，已劫而弑。

【注释】

①危：危险。②导：引导。③使：使用。④君独甚：国君尤为重要。⑤蔽而劫：蒙蔽而被劫持。

【译文】

国家从来没有因为小和不幸而削弱危亡的,一定是因为君主和大臣自身失德,国内的官职、法制、政教有失误,国外对诸侯国的谋虑有失误,因而地削而且国危。国家也没有因为大和侥幸而成功立名的,一定是因为君主和大臣自身有德,国内官职、法制、政教有成就,国外对诸侯国的谋虑有成就。然后功立而且名成。既然如此,治国怎么可以没有正道?用人怎么可以不用贤人?得正道而引导之,得贤才而使用之,将是对于兴利除害大有希望的。希望兴利除害,没有比以身作则更急需的了,而国君尤为重要。如事业受到损害,那一定首先是法令有错误。人主将因法令错误而受蒙蔽,因蒙蔽而被劫持,因受劫持而被杀。

【原文】

凡人君之所以为君者,势①也。故人君失势,则臣制之矣。势在下,则君制于臣矣;势在上,则臣制于君矣。故君臣之易位,势在下也。在臣期年②,臣虽不忠,君不能夺也;在子期年,子虽不孝,父不能服③也。故《春秋》之记,臣有弑其君、子有弑其父者矣。故曰:堂上远于百里,堂下远于千里,门庭远于万里。今步者一日,百里之情通矣;堂上有事,十日而君不闻,此所谓远于百里也。步者十日,千里之情通矣;堂下有事,一月而君不闻,此所谓远于千里也。步者百日,万里之情通矣,门庭有事,期年而君不闻,此所谓远于万里也。故请入而不出谓之灭,出而不入谓之绝,入而不至谓之侵,出而道止谓之壅。灭绝侵壅之君者,非杜其门而守其户也,为政之有所不行也。故曰:令重于宝,社稷先于亲戚④,法重于民,威权贵于爵禄。故不为重宝轻号令,不为亲戚后社稷,不为爱民枉法律,不为爵禄分威权⑤。故曰:势非所以予人也。

【注释】

①势:权势。②期年:一整年。③服:驾驭,控制。④亲戚:古代指父母兄弟等。⑤威权:威势和权力。

【译文】

凡人君之所以成为人君,因为他有权势。所以,人君失掉权势,臣下就控制他了。权势在下面，君主就被臣下所控制；权势在上面，臣下由君主控制。所以，君臣的地位颠倒，就因为权势下落。大臣得势一整年，臣虽不忠，君主也不能夺；儿子得势一整年，子虽不孝，父亲也不能制服。所以《春秋》记事，臣有杀君的，子有杀父的。所以说，堂上可以比百里还远，堂下可以比千里还远，门庭可以比万里还远。现在，步行一天，一百里地之内的情况就知道了，堂上有事，过十天君主还不知道，这就叫作比一百里还远了；步行十天，可以了解一千里地的情况，堂下有事，过一月君主还不知道，这就叫比一千里还远了；步行百天，可以了解一万里地的情况，门庭有事，过一年君主还不知道，这就叫作比一万里还远了。所以，情况进而不出，叫作"灭"；情况出而不进，叫作"绝"；情况报上去而不能达到君主，叫作"侵"；情况下达而中途停止，叫作"壅"。有了灭、绝、侵、壅问题的国君，并不是杜绝或封守了他的门户，而是政令不能推进的缘故。所以说，政令重于宝物，政权先于至亲，法度重于人民，威权重于爵禄。所以，不可为重宝而看轻政令，不可为至亲而把国家政权放在后面，不能为爱民而歪曲法律，不能为爵禄而分让权威。所以说，权势是不能给予他人的。

【原文】

政者，正也。正也者，所以正定万物之命也。是故圣人精德立中以生正，明正以治国。故正者所以止过而逮①不及也。过与不及也，皆非正也。非正，则伤国一也。勇而不义伤兵，仁而不法伤正。故军之败也，生于不义；法之侵也，生于不正。故言有辨②而非务者，行有难而非善者。故言必中务③，不苟④为辨；行必思善，不苟为难⑤。

【注释】

①逮：及，到。②辨：通"辩"，指雄辩。③中务：中正务实。④不苟：不要苟且。⑤难（nuó）：恐惧。

【译文】

政，就是"正"。所谓正，是用来正确确定万物之命的。因此，圣人总是精修德性，确定中道以培植这个"正"字，宣扬这个"正"字来治理国家。所以，"正"是用来制止过头而补不及的。过与不及都不是正。不正都一样损害国家。勇而不义损害军队，仁而不正损害法度。军队失败，产生于不义；法度的侵蚀，就是产生于不正。说话有雄辩而不务正的，行为有敬惧而不善良的，所以，说话必须合于务正，不苟且强为雄辩；行为必须考虑良善，不苟且保持敬惧。

【原文】

规矩者，方圜①之正也。虽有巧目利手，不如拙规矩之正方圜也。故巧者能生规矩，不能废规矩而正方圜。虽圣人能生法，不能废法而治国。故虽有明智高行，倍法②而治，是废规矩而正方圜也。

【注释】

①圜：同"圆"。②倍法：倍，通"背"。背离法律。

【译文】

规矩，是矫正方圆的。人虽有巧目利手，也不如粗笨的规矩能矫正方圆。所以，巧人可以造规矩，但不能废规矩而正方圆。圣人能制定法度，但不能废法度而治国家。所以，虽有通透的智慧、高尚的品德，违背法度而治国，就等于废除规矩来矫正方圆一样。

【原文】

一曰①：凡人君之德行威严，非独能尽贤于人也。曰人君也，故从而贵之，不敢论其德行之高卑有故。为其杀生，急于司命②也。富人贫人，使人相畜也；良人③贱人，使人相臣也。人主操此六者以畜其臣，人臣亦望④此六者以事其君，君臣之会，六者谓之谋。六者在臣期年，臣不忠，君不能夺；在子期年，子不孝，父不能夺。故《春秋》之记，臣有弑其君，子有弑其父者，得此六者，而君父不智也。六者在臣，则主蔽⑤矣。主蔽者，失其令也。故曰：令入而不出谓之蔽，令出而不入谓之壅，令出而不行谓之牵，令入而不至谓之瑕⑥。牵瑕蔽壅之事君者，非敢杜其门⑦而守其户⑧也，为令之有所不行也。此其所以然者，由贤人不至而忠臣不用也。故人主不可以不慎其令。令者，人主之大宝⑨也。

【注释】

①一曰：另一种说法。②司命：掌管命运的神。③良人：使人高贵。④亦望：也依照。⑤主蔽：君主受到蒙蔽。⑥瑕：读为"格"，指被阻隔。⑦杜其门：堵塞他的门。⑧守其户：封锁他的家。⑨大宝：（君主）最大的宝贝。

【译文】

另有一种说法：人君的威严，不是因为他的德行能比一切人都好，而因为他是人君，因而人们尊崇他，并不敢计较他德行的高低。因为他有杀和生的大权，比司命之神还厉害。他还有使人贫富，并使之互相供养的大权；还有使人贵贱，并使之互相服从的大权。君主就是掌握这六项权限来统治臣下，臣下也看此六者来侍奉君主，君臣的结合，便靠这六者为媒介。这六者掌握在大臣手里一年，臣虽不忠，君主也不能夺；在儿子手里一年，子虽不孝，父亲也不能夺。所以《春秋》记事，有臣杀君的，有子杀父的，就因为得此六者而君父还不知道的缘故。六项权限落在臣下手里，君主就受蒙蔽了。君主受蒙蔽，就是失其政令。所以说，令入而不出叫作"蔽"，令出而不入叫作"壅"，令出而不行叫作"牵"，令入而不能到达君主叫作"瑕"。有了牵、瑕、蔽、壅问题的君主，不是谁敢杜绝和封守他的门户，而是令不能行的缘故。这种情况之所以出现，是因为贤人不来而忠臣不用。所以，君主对于令不可以不慎重。令，是君主最大的宝贝。

【原文】

一曰：贤人不至谓之蔽①，忠臣不用谓之塞②，令而不行谓之障③，禁而不止谓之逆④。蔽塞障逆之君者，不敢杜其门而守其户也，为贤者之不至、令之不行也。

【注释】

①蔽：遮挡。②塞：阻隔，阻挡。③障：阻塞。④逆：叛逆，背叛。

【译文】

有一种说法：贤人不来叫作"蔽"，忠臣不用叫作"塞"，令而不行叫作"障"，禁而不止叫作"逆"。有了蔽、塞、障、逆问题的君主，并不是因为谁敢杜绝和关闭他的门户，而是贤人不来令不能行的缘故。

【原文】

凡民从上也，不从口之所言，从情之所好①者也；上好勇，则民轻死；上好仁，则民轻财。故上之所好，民必甚②焉。是故明君知民之必以上为心也，故置法以自治，立仪以自正也。故上不行，则民不从，彼民不服法死制，则国必乱矣。是以有道之君，行法修制，先民服也。

【注释】

①情之所好：君主性情所喜好的。②民必甚：人民更加注重了。

【译文】

凡人民趋从君主，不是趋从他口里说的什么话，而是趋从他性情之所好。君主好勇则人民轻死，君主好仁则人民轻财，所以说上面喜爱什么，下面就一定爱好什么，而且更厉害。由此，明君知道人民一定是以君主为出发点的，所以要确立法制以自己治理自己，树立礼仪以自己规正自己。所以，上面不以身作则，下面就不会服从，如人们不肯服从法令，不肯死于制度，国家就一定要乱了。所以，有道的君主，行法令、修制度，总是先于人民躬行实践的。

【原文】

凡论人有要：矜物①之人，无大士②焉。彼矜者，满也；满者，虚③也。满虚在物，在物为制也。矜者，细之属④也。凡论人而远古者，无高士焉。既不知古而易其功者，无智士焉。德行成于身而远古，卑人也。事无资，遇时而简其业⑤者，愚士也。钓名之人，无贤士焉。钓利之君，无王主焉。贤人之行其身也，忘其有名也；王主之行其道也，忘其成功也。贤人之行，王主之道，其所不能已也。

【注释】

①矜物：以骄傲的态度对待别人的人。②大士：伟大的人物。③虚：空虚。④细之属：渺小一类的人。⑤简其业：简弃其业。

【译文】

凡评定人物都有要领：骄傲的人，没有伟大人物。骄傲，就是自满；自满，就是空虚。行事有了自满与空虚，事情就被限制。骄傲，是渺小的。凡评价人物而违背古道的，没有高士。既不知古道而轻易作出论断的，没有智士。德行未成于自身而违背古道的，是卑人。事业无根基，遇机会就简弃其业的，是愚人。猎取虚名的人，没有贤士；猎取货利的君主，没有成王业的君主。贤人立身行事，不想到要出名；成王业的君主行道，也不计较成败。贤人行事，成王业的君主行道，都是自己想停下来也不可能的。

【原文】

明君公国一民①以听于世，忠臣直进以论其能。明君不以禄爵私所爱②，忠臣不诬能以干③爵禄。君不私国，臣不诬能，行此道者，虽未大治，正民之经也。今以诬能之臣事私国之君，而能济功名者，古今无之。诬能之人易知也。臣度之先王者，舜之有天下也，禹为司空，契为司徒，皋陶为李，后稷为田。此四士者，天下之贤人也，犹尚精一德④以事其君。今诬能之人，服侍任官，皆兼四贤之能。自此观之，功名之不立，亦易知也。故列尊禄重无以不受也，势利官大无以不从也，以此事君，此所谓诬能篡利之臣者也。世无公国之君，则无直进之士；无论能之主，则无成功之臣。昔者三代之相授也，安得二天下而杀之。

【注释】

①一民：统一民心。②爱：所偏爱的人。③干：骗取。④精一德：精通一事。

【译文】

明君以公正治国统一人民来对待当世，忠臣以直道求进来表明他的才能。明君不肯私授爵禄给所爱的人，忠臣不冒充有能来骗取爵禄。君主不以私对国，大臣不冒充有能，能够这样做的，虽不能大治，也合于规正人民的准则。当前，任用冒充有能的大臣，事奉以私对国的君主，这样而能完成功业的，从古至今都不会有。冒充有能的人是容易识破的。我想了想先王的情况，舜有天下的时候，禹为司空，契为司徒，皋陶为治狱的官，后稷为农业的官。这四人都是天下的贤人，还仅只各精一事服务于君主。现在冒充有能的人，做事当官，都是身兼四贤的职责。由此看来，功业之不成，也就容易理解了。所以，那些对高爵重禄无不接受，对势利官大无不乐从的人，就是所谓冒充有能、攫取财利的大臣。世上没有以公治国的君主，就没有以直道求进的士人；没有识别贤能的君主，就没有成就功业的大臣。从前三代相互授受天下，哪有第二个天下可供营私的呢？

【原文】

贫民伤财，莫大于兵；危国忧主，莫速于兵。此四患者明矣，古今莫之能废也。兵当废而不废，则古今惑也。此二者不废而欲废之，则亦惑也。此二者，伤国一也。黄帝唐虞，帝之隆也，资①有天下，制②在一人。当此之时也，兵不废。今德不及三帝，天下不顺，而求废兵，不亦难乎？故明君知所擅，知所患。国治而民务积，此所谓擅也。动与静，此所患也。是故明君审其所擅，以备其所患也。

【注释】

①资：财用。②制：权力。

【译文】

劳民与伤财，莫过于用兵；危国与伤君，也没有比用兵更快的。这四者之为害是很明显的，但古往今来都不能废除。兵当废而不废，是错误的；兵不当废而废之，也是错误的。这两者之为害于国家，都是一样。黄帝、唐尧、虞舜的盛世，资有天下，权操于一人，这时，兵备都没有废除，现今，德行不及上述三帝，天下又不太平，而求废除兵备，不是太难了么？所以，英明的君主懂得应该专务什么，防患什么。国治而人民注意积蓄，这就是所谓专务的事；动静失宜，这就是所要防患的。因此，明君总是审慎对待所专务的事，而防其所患。

【原文】

猛毅之君，不免于外难；懦弱之君，不免于内乱。猛毅之君者轻诛，轻诛之流①，道正者不安。道正者不安，则材能之臣去亡矣。彼智者知吾情伪，为敌谋我，则外难自是至矣。故曰：猛毅之君，不免于外难。懦弱之君者重②诛，重诛之过，行邪者不革；行邪者久而不革，则群臣比周；群臣比周③，则蔽美扬恶；蔽美扬恶，则内乱自是起。故曰：懦弱之君，不免于内乱。

【注释】

①流：流弊。②重：难，有姑息之意。③比周：结党营私。

【译文】

猛毅的君主，不免于外患；懦弱的君主，不免于内乱。猛毅的君主轻于杀人，轻杀的流弊，就是使行正道者不安全。行正道者不安全，有才能之臣就要出亡国外。这些智者知道我们的虚实，为敌国谋取我们，外患就从此到来了。所以说，猛毅的君主不免于外患。懦弱的君主姑惜刑杀，姑惜刑杀的错误，就是使行邪道者不改正；行邪道者久而不改，群臣就结党营私；群臣结党营私，就隐君之善而扬君之恶；隐善扬恶，内乱就从此发生了。所以说，懦弱的君主，不免于内乱。

【原文】

明君不为亲戚危其社稷，社稷戚①于亲；不为君欲变其令，令尊于君；不为重宝分其威，威贵于宝；不为爱民亏其法，法爱②于民。

【注释】

①戚：亲近。②爱：爱惜。

【译文】

明君不为至亲危害他的国家政权，关怀国家政权甚于关怀至亲；不为个人私欲改变法令，尊重法令甚于尊重人君；不为重宝分让权力，看重权力甚于看重宝物；不为爱民削弱法度，爱法更甚于爱民。

兵法第十一

【题解】

"兵法"指治兵之法、用兵之法，这是全篇的核心，故用此以名篇。本篇通篇论兵，内容可以分为三部分。首先，指出用兵"四祸"：举兵国贫、战不必胜、胜而多死、得地而败，进而提出避免四祸的方法，即：计数得、法度审、教器备利、因其民。其次，篇中具体说明了治兵的内容，包括号令和训练。第三，详细阐述了出敌不意、掌握主动、一战胜敌的用兵之法和出神入化的用兵之道，并重申了一系列用兵取胜的原则。这些内容多有与《七法》《幼官》两篇相重合的地方，说明这三篇论文的军事思想当属同一体系，应互相参阅。

【原文】

明一①者皇，察道者帝，通德者王，谋得兵胜者霸②。故夫兵虽非备道至德也，然而所以辅王成霸。今代之用兵者不然③，不知兵权④者也。故举兵之日而境内贫，战不必胜，胜则多死，得地而国败。此四者，用兵之祸者也。四祸其国，而无不危矣。

【注释】

①一：指世间万物的根本。②霸：霸业。③不然：不明白这个道理。④权：权衡得失。

【译文】

通晓万物本质的，可成皇业；明察治世之道的，可成帝业；懂得实行德政的，可成王业；深谋远虑取得战争胜利的，可成霸业。所以，战争，虽不是什么完备高尚的道德，但可以辅助王业和成就霸业。现代用兵的人却不明此理，不晓得用兵是要权衡得失的。所以，一发动战争就使国内贫穷，打起仗来没有必胜的把握，打了胜仗则死亡甚多，得了土地而伤了国家元气。这四种情况，是用兵的祸害。四者害其国，没有不危亡的。

【原文】

大度之书①曰：举兵之日而境内不贫，战而必胜，胜而不死，得地而国不败。为此四者若何？举兵之日而境内不贫者，计数得也；战而必胜者，法度审也；胜而不死者，教器备利②，而敌不敢校③也；得地而国不败者，因其民也。因其民，则号制有发也；教器备利，则有制也；法度审，则有守也；计数得，则有明也。治众有数，胜敌有理。察数而知理，审器而识胜，明理而胜敌。定宗庙，遂④男女，官四分，则可以定威德，制法仪，出号令，然后可以一众治民。

【注释】

①大度之书：意谓大阵法度之书。②教器备利：指训练有素、兵器锐利。③校：抗拒。④遂：同"育"，养育。

【译文】

大度的书上说：发动战争而保持国家不贫，打起仗来有必胜把握，打了胜仗没有死亡，得了土地而本国不伤元气，如何做到这四点呢？发动战争而国内不贫，是因为筹算得当。战而必胜，是因为法度严明。打了胜仗而没有死亡，是因为教练和武器都好，敌人不敢抗拒。得了土地而不伤本国元气，是因为顺应了被征服国的人民。顺应其人民，号令、制度就有成法可依。教练和武器都好，就有控制力量。法度严明，军队就有遵循。筹算得当，用兵就有明见。治兵众要有方法，胜敌国要有正理，审查治兵的方法就可以了解治军水平，审查武器的状况就可以了解战胜原因，明白举兵的正理就可以战胜敌人。安定宗庙，养育儿女，使四民分业治事，就可以立威立德，制定仪法，发布号令，然后就可以统一百姓行动和治理民众了。

【原文】

兵无主，则不蚤知敌；野无吏①，则无蓄积；官无常②，则下怨上；器械不巧，则朝无定；赏罚不明，则民轻其产。故曰：蚤知敌，则独行③；有蓄积，则久而不匮④；器械巧，则伐而不费；赏罚明，则勇士劝⑤也。

【注释】

①野无吏：农业没有官吏。②官无常：官府没有常规。③独行：所向无敌。④不匮：不够充足。⑤勇士劝：勇士得到鼓励。

【译文】

军中没有主帅，就不能早知敌情；农业没有官吏，就不能充实粮食贮备；官府没有常法，下面就抱怨上级；武器不精，朝廷就不安定；赏罚不明，人民就看轻田产。应该说：早知敌情，才能够所向无敌；有充实的粮食贮备，才能久战而不匮乏；武器精巧，才能征伐顺利；赏罚严明，才能使勇士得到鼓励。

【原文】

三官不缪①，五教不乱，九章著明，则危危而无害，穷穷而无难②。故能致远以数③，纵强以制④。三官：一曰鼓，鼓所以任也，所以起也，所以进也；二曰金，金所以坐也，所以退也，所以免也；三曰旗，旗所以立兵也，所以利兵⑤也，所以偃兵也。此之谓三官。有三令，而兵法治也。五教：一曰教其目以形色之旗，二曰教其身以号令之数，三曰教其足以进退之度，四曰教其手以长短之利，五曰教其心以赏罚之诚。五教各习，而士负以勇矣。九章：一曰举日章⑥，则昼行；二曰举月章，则夜行；三曰举龙章⑦，则行水；四曰举虎章，则行林；五曰举鸟章，则行陂⑧；六曰举蛇章，则行泽；七曰举鹊章，则行陆；八曰举狼章，则行山；九曰举韅章⑨，则载食而驾。九章既定，而动静不过。

【注释】

①缪：缪，同"谬"，谬误。②无难：没有灾难。③致远以数：有办法远征敌国。④纵强以制：有法规总领列强。⑤利兵：当作"制兵"，抑制军队。⑥日

章：白日行军。⑦龙章：举龙旗表示涉水而行。⑧行陂：走山坡。⑨韇（gāo）章：表示车载食物而行。

【译文】

　　三官无误，五教不乱，九章著明，这样，虽处于极危之境也无害，处于极度困乏也不会遇难。所以有办法进行远征，有规则总领众强。三官：第一是鼓，鼓是为了作战，为了发动，为了进攻而用的；第二是金，金是为了防守，为了退兵，为了停战而用的；第三是旗，旗是为了出动军队，为了节制军队，为了抑止军队而用的。这就是三官。有此三令，兵法就起作用了。"五教"：一是教战士眼看各种形色的旗帜，二是教战士耳听各种号令的数目，三是教战士前进后退的步伐，四是教战士手使各种长短的武器，五是教战士心想赏罚制度的必行。五教熟练，战士就有勇气作战了。"九章"：一是举日章，白日行军；二是举月章，夜里行军；三是举龙章，水里行军；四是举虎章，林内行军；五是举鸟章，丘陵行军；六是举蛇章，沼泽行军；七是举鹊章，陆上行军；八是举狼章，山上行军；九是举弓衣之章，表示要载上粮食驾车而行的意思。这九章确定之后，军队的行止就不会越轨了。

【原文】

　　三官、五教、九章，始乎无端，卒乎无穷。始乎无端者，道也；卒乎无穷者，德也。道不可量，德不可数也。故不可量，则众强不能图；不可数，则伪诈不敢向。两者备施，则动静有功。径乎不知，发乎不意。径乎不知，故莫之能御也；发乎不意，故莫之能应也。故全胜而无害。因便而教①，准利而行②。教无常，行无常。两者备施，动乃有功。

【注释】

　　①教：教练。②行：行动。

【译文】

　　运用三官、五教和九章，要做到起始于没有开端，结束于没有穷尽。始于无端，好比道；终于无穷，好比德。因为道是不可量度的，德是不可测算的。不可量度，所以敌众强大也无法图谋我军；不可测算，所以敌军诈伪也不敢对抗我军。两者兼而施之，无论动兵或息兵都有成效。过境要使人不知，发兵要出敌不意。过境使人不知，敌人就无法防御；发兵出敌不意，敌人就无法应付。故能全胜而无所伤害。要根据进军方便而进行教练，要按照作战有利而指挥行动。教练不拘常规，行动也不拘常规。两者兼而施之，一动兵就有成效。

【原文】

器成教施，追亡逐遁若飘风，击刺若雷电。绝地不守，恃固①不拔，中处而无敌，令行而不留。器成教施，散之无方，聚之不可计。教器备利，进退若雷电，而无所疑匿②。一气专定③，则傍通④而不疑；厉士利械，则涉难而不匿。进无所疑，退无所匿，敌乃为用。凌山坑，不待钩梯；历水谷，不须舟楫。径于绝地，攻于恃固。独出独入，而莫之能止。宝不独入，故莫之能止；宝不独见，故莫之能敛。无名之至，尽尽而不意，故不能疑神⑤。

【注释】

①恃固：依靠险固。②疑匿：滞碍、散乱。③一气专定：专心一意。④傍通：变化。⑤疑神：谓如神。

【译文】

兵器完好，教练有素，追逐逃兵遁卒就能像飘风一样迅速，击杀敌军就能像雷电一样猛烈。敌人虽有绝地也不能守卫，虽恃险固也不能支持。我军则保持主动而无敌，令行而无阻。兵器完好，教练有素，分兵则敌人不能防备，聚兵则敌人不能测度。在教练充分武器良好的条件下，兵的进退都会像雷电一样，而没有停滞和溃散。能做到一气专定，则四出无阻；能做到强兵利器，则遇危不乱。进军无阻碍，退军不溃乱，敌人就为我所用了。这样，过山谷不用钩梯，经水沟不用船只，可以通过绝险的地势，可以打下依险固守的敌人，独出独入谁也不能阻止。实际上"独入"并不是单人打入，所以不能阻止；"独出"并不是单人杀出，所以不能约束。这种战法不能用言语形容至尽，说尽反而不是原意了。所以，其伟大可与神灵相比拟。

【原文】

畜之以道，则民和；养之以德，则民合。和合故能谐，谐故能辑①，谐辑以悉②，莫之能伤。定一至③，行二要④，纵三权⑤，施四教⑥，发五机⑦，设六行⑧，论七数，守八应⑨，审九器，章十号。故能全胜大胜。

【注释】

①辑：团结力量。②谐辑以悉：万众一心，协调一致。③定一至：即"无名之至"。④行二要：二要，即"因便而教，准利而行，教无常，行无常"。⑤纵三权：指"三官"之权。⑥施四教：四教见本篇。⑦发五机：指《幼官》篇"必明其情，必明其将，必明其政，必明其士"。⑧设六行：指《七法》中行军作战之法，即：风雨之行、飞鸟之举、雷电之战、水旱之功、金城之守、一体之治。⑨守八应：指《七法》中八项治军的方法，即：聚财、论工、制器、选士、政教、服习、遍知天下、审御机数。

【译文】

养兵以道，则人民和睦；养兵以德，则人民团结。和睦团结就行动协调，协调就能一致，普遍地协调一致，那就谁也不能伤害了。定于"一至"，实行"两要"，总揽"三权"，掌握"四机"，施行"五教"，设立"六行"，讲究"七数"，固守"八应"，审查"九器"，彰明"十号"，这就能获得全胜和大胜了。

【原文】

无守也，故能守胜①。数战则士罢，数胜则君骄，夫以骄君使罢民，则国安得无危？故至善不战，其次一之②。破大胜强，一之至也。乱之不以变，乘之不以诡，胜之不以诈，一之实也。近则用实③，远则施号，力不可量，强不可度，气不可极④，德不可测⑤，一之原也。众若时雨，寡若飘风，一之终也。

【注释】

①守胜：获取全胜。②一之：一战胜敌。③实：实质。④极：极限。⑤测：推测。

【译文】

要固守，所以能以守取胜。因为，频繁战斗则士兵疲惫，多次得胜则君主骄傲，以骄傲的君主驱使疲惫的士兵作战，国家怎能不危险？所以，用兵最好的是不战而胜，其次是一战而定。打败大国，战胜强敌，这是一战而定的典范。乱敌不用权变，乘敌不用诡计，胜敌不用诈谋，这是一战而定的实质。对近敌用实力征伐，对远国用号令威慑，力量不可估计，强盛不可测度，士气永不枯竭，心智无法捉摸，这是一战而定的力量源泉。增兵像时雨一样密集，减兵像飘风一样迅速，这是一战而定的最终表现。

【原文】

利适①，器之至也；用敌，教之尽也。不能致器者，不能利适；不能尽教者，不能用敌。不能用敌者穷，不能致器者困②。远③用兵，则可以必胜。出入异涂，则伤其敌。深入危之，则士自修④。士自修，则同心同力。善者之为兵也，使敌若据虚，若搏景⑤。无设无形焉，无不可以成也。无形无为⑥焉，无不可以化也，此之谓道矣。若亡而存，若后而先，威不足以命之。

【注释】

①利适：锋利适用。②困：陷入被动。③远：用兵神速。④自修：自身感到警戒。⑤搏景：景，同"影"，同影子搏斗。⑥为：当作"象"。

【译文】

锋利适用，是武器精良的最高境界；使敌为我用，是教练尽力的最高境界。不能使武器最精良，武器就不会锋利适用；不能使教练充分尽力，就不能使敌为我用。不能使敌为我用，我将陷于被动；不能使武器最精良，我将陷于困窘。用兵神速，可以取得胜利。出入异途，可以劳伤敌军。深入敌境造成危险，战士自然警惕，警惕就同心同力了。善于用兵者指挥作战，总是使敌人像在虚空的地方，同影子搏斗。保持没有方位、没有形体的样子，因而没有不成功的；保持没有形体、没有作为的样子，因而没有不变化的。这些就叫作"道"。它好像没有而实则存在，好像在后而实则在前。用"威"字，都不足以形容其作用。

匡君大匡第十二

【题解】

《大匡》记述始于齐僖公，经齐襄公，至齐醒公结尾及称霸诸侯的经过。时间跨度大，人物众多，内容丰富。有具体的历史时间的记述，有治国主张的议论，以时间为序，大致分为三部分：第一部分主要记述鲍叔牙辅助桓公登位，并推举管仲为相的经过。第二部分记述管仲辅助桓公成霸业的经过。这部分应该是本篇的重要部分：管仲与桓公不同的治国主张和思想作风，桓公在实际中接受教训，终于按管仲之计行事，都有具体生动的记述。第三部分，总述齐国治国的具体政策。

【原文】

齐僖公[1]生公子诸儿、公子纠、公子小白。使鲍叔[2]傅小白，鲍叔辞，称疾不出。管仲与召忽[3]往见之，曰："何故不出？"鲍叔曰："先人有言曰：'知子莫若父，知臣莫若君。'今君知臣不肖也，是以使贱臣傅小白也。贱臣知弃矣。"召忽曰："子固辞，无出，吾权任子以死亡，必免子。"鲍叔曰："子如是，何不免之有乎？"管仲曰："不可。持社稷宗庙者，不让事，不广[4]闲。将有国者，未可知也。子其出乎。"召忽曰："不可。吾三人者之于齐国也，譬之犹鼎之有足也，去一焉，则必不立矣。吾观小白，必不为后矣。"管仲曰，"不然也。夫国人憎恶纠之母，以及纠之身，而怜小白之无母也。诸儿长而贱，事未可知也。夫所以定齐国者，非此二公子者，将无已也。小白之为人，无小智，惕而有大虑，非夷吾莫容小白。天下不幸降祸加殃于齐，纠虽得立，事将不济[5]，非子定社稷，其将谁也？"召忽曰："百岁之后，吾君卜世，犯吾君命，而废吾所立，夺吾纠也，虽得天下，吾不生也。兄与我齐国之政也，受君令而不改，奉所立而不济，是吾义也。"管仲曰："夷吾之为君臣也，将承君命，奉社稷，以持宗庙，岂死一纠哉？夷吾之所死者，社稷破，宗庙灭，祭祀绝，则夷吾死之；非此三者，则夷吾生。夷吾生，则齐国利；夷吾死，则齐国不利。"鲍叔曰："然则奈何？"管子曰："子出奉令则可。"鲍叔许诺。乃出奉令，邀傅小白。鲍叔谓管仲曰："何行？"管仲曰；"为人臣者，不尽力于君，则不亲信，不亲信，则言不听，言不听，则社稷不定。夫事君者无二心。"鲍叔许诺。

【注释】

①齐僖公：齐庄公之子，齐僖公死后，子诸儿立，是为襄公。②鲍叔：即鲍叔牙，齐国著名的大夫。傅公子小白得国，又举荐管仲为相。③召忽：齐国大夫，与管仲事公子纠，桓公即位后，公子纠被杀，召忽被杀。④广：通"旷"，空也。⑤济：废。

【译文】

齐僖公生有公子诸儿、公子纠与公子小白。僖公委派鲍叔辅佐小白，鲍叔不愿干，称病不出。管仲和召忽去看望鲍叔，说："为什么不出来干事呢？"鲍叔说："先人讲过：知子莫若父，知臣莫若君。现在国君知道我不行，才让我辅佐小白，我是不想干。"召忽说："您若是坚决不干，就不要出来，我暂且说您要死了，就一定不会要你出山。"鲍叔说："您如果这样做，哪还有要我出山的道理呢？"管仲说："不行。主持国家大事的人，不应该推辞工作，不应该贪图悠闲。将来继承君位的，还不知道是谁。您还是出来干吧。"召忽说："不行。我们三人对齐国来说，好比鼎的三足，去其一，立不起来。我看小白一定当不上继承君位的人。"管仲说："不对，全国人都厌恶公子纠的母亲，以至厌恶公子纠本人，而同情小白没有母亲。诸儿虽然居长，但品质卑贱，前途如何还说不定。看来统治齐国的，除了纠和小白两公子，将无人承担。小白的为人，没有小聪明，性急但有远虑，不是我管夷吾，无人理解小白。不幸上天降祸加灾于齐国，纠虽得立为君，也将一事无成，不是您鲍叔来安定国家，还有谁呢？"召忽说："百年以后，国君去世，如有违犯君命废弃我之所立，夺去纠的君位，就是得了天下，我也不愿活着。何况，参与了我们齐国的政务，接受君令而不改，奉我所立而不使废除，这是我义不容辞的任务。"管仲说："我作为人君的臣子，是受君命奉国家以主持宗庙的，岂能为纠个人而牺牲？我要为之牺牲的是：国家破、宗庙灭、祭祀绝，只有这样，我才去死。不是这三件事，我就要活下来。我活对齐国有利，我死对齐国不利。"鲍叔说："那么我应该怎么办？"管仲说："您去接受命令就是了。"鲍叔许诺，便出来接受任命，辅佐小白。鲍叔问管仲说："怎样做工作呢？"管仲说："为人臣的，对君主不竭尽心力就不能得到亲信，君主不亲信则说话不灵，说话不灵则国家不能安定。总之，侍奉君主不可存有二心。"鲍叔许诺了。

【原文】

僖公之母弟夷仲年，生公孙无知，有宠于僖公，衣服礼秩①如適②。僖公卒，以诸儿长，得为君，是为襄公。襄公立后，绌③无知，无知怒。公令连称、管至父戍葵丘曰："瓜时而往，及瓜时而来。"期④戍，公问⑤不至，请代不许。故二人因公孙无知以作乱。

【注释】

①秩：常度。②適：通"嫡"，嫡子。③绌：通"黜"，贬退，废除。④期（jī）：期年，一周年。⑤问：音讯。此指通知，命令。

【译文】

齐僖公的同母弟夷仲年生有公孙无知，得齐僖公的宠爱，衣服、礼数和世子一样待遇。僖公死后，因诸儿最长，立为国君，这就是齐襄公。齐襄公立后，废除无知的特殊地位，无知很恼怒。齐襄公曾派连称、管至父两人到葵丘去戍守，命令说："瓜熟的时候派你们去，明年瓜熟的时候回来。"驻守了一周年，齐襄公的通知还不到，两人请求派人接替，襄公不允许。他们便依靠公孙无知起来造反。

【原文】

鲁桓公夫人文姜，齐女也。公将如①齐，与夫人皆②行。申俞③谏曰："不可，女有家，男有室，无相渎④也，谓之有礼。"公不听，遂以文姜会齐侯于泺。文姜通于齐侯，桓公闻，责文姜。文姜告齐侯，齐侯怒，飨公，使公子彭生乘鲁侯胁之，公薨⑤于车。竖曼曰："贤者死忠以振疑，百姓寓焉；智者究理而长虑，身得免焉。今彭生二于君，无尽言而谀行以戏我君，使我君失亲戚之礼命，又力成吾君之祸，以构二国之怨，彭生其得免乎？祸理属焉。夫君以怒遂祸，不畏恶亲，闻容昏生，无丑⑥也。岂及彭生而能止之哉？鲁若有诛，必以彭生为说。"二月，鲁人告齐曰："寡君畏君之威，不敢宁居，来修旧好，礼成而不反，无所归死，请以彭生除之。"齐人为杀彭生，以谢于鲁。五月，襄公田于贝丘，见豕豨。从者曰："公子彭生也。"公怒曰："公子彭生安敢见！"射之，豕人立而啼。公惧，坠于车下，伤足亡屦。反，诛屦于徒人费，不得也，鞭之见血。费走而出，遇贼于门，胁而束之，费袒而示之背，贼信之，使费先入，伏公而出，斗死于门中。石之纷如死于阶下。孟阳代君寝于床，贼杀之。曰："非君也，不类。"见公之足于户下，遂杀公，而立公孙无知也。

【注释】

①如：往，去。②偕：通"偕"，意为同，一道。③申俞：鲁国大夫。④渫：沟通。⑤薨（hōng）：古代诸侯死曰薨。⑥无丑：无耻。

【译文】

鲁桓公的夫人文姜，是齐国的姑娘。鲁桓公将去齐国，准备与夫人同行。申俞谏止说："这不好。女有夫家，男有妻室，双方不相混乱，这是一种礼。"鲁桓公不听，还是带着文姜与齐侯在泺水之地相会。文姜私通于齐侯，鲁桓公知道了，责备文姜。文姜告诉了齐侯，齐侯发怒，在宴请桓公的时候，使公子彭生扶之上车拉断其肋骨，鲁桓公死在车上了。齐国大夫竖曼说："贤者死于忠诚以消除人的疑惑，百姓就安定了；智者深究事理而考虑长远，自身就免祸了。彭生作为公子，仅次于国君，不忠谏而阿谀逢迎以戏弄国君，使国君失了亲戚之礼，现在又为国君闯了大祸，使两国结怨，彭生岂能免罪呢？祸败原因，归于彭生。君上您因怒而造祸，不顾交恶于亲戚之国，宽容了昏恶的彭生，就是无耻。那就不仅彭生一个人所能了事的了。鲁国若兴兵问罪，也一定用彭生作理由。"二月，鲁国果然通知齐国说："我们的国君由于敬畏您的威望，不敢待在家里，而到齐国修好，完成了外交之礼但没有生还，无所归咎，请用彭生来解除怨恨。"齐国于是就杀了彭生，以谢罪于鲁国。五月，齐襄公在贝丘打猎，见到一只野猪。侍从们说："这是公子彭生。"齐襄公发怒说："彭生怎么敢来见我？"用箭射它，这只野猪像人一样站着叫起来。襄公害怕，从车上掉下来，伤了脚又丢了鞋。回来向一个名叫费的侍从人员要鞋，没有找到，用鞭子打费打出血来。费跑出来，在大门遇到造反的叛贼，被捆绑起来。费脱掉衣服让他们看打伤的背，叛贼相信了他，让费进去捉齐襄公。费把齐襄公藏了起来再出去，与叛贼战死在门里。石之纷如也死在阶下。孟阳冒充齐襄公躺在他的床上，叛贼把他杀死以后说："不是国君，相貌不像。"这时忽然在门下面发现齐襄公的脚，于是杀了齐襄公而拥立公孙无知为国君。

【原文】

鲍叔牙奉公子小白奔莒，管夷吾、召忽奉公子纠奔鲁。九年，公孙无知虐于雍廪，雍廪杀无知也。桓公自莒先入，鲁人伐齐，纳公子纠。战于乾时，管仲射桓公，中钩①，鲁师败绩，桓公践位。于是劫②鲁，使鲁杀公子纠。桓公问于鲍叔曰："将何以定社稷？"鲍叔曰："得管仲与召忽，则社稷定矣。"公曰："夷吾与召忽，吾贼也。"鲍叔乃告公其故图。公曰："然则可得乎？"鲍叔曰："若前召，则可得也；不亟，不可得也。夫鲁施伯知夷吾为人之有慧也，其谋必将令鲁致政于夷吾。夷吾受之，则彼知能弱齐矣；夷吾不受，彼知其将反于齐也，必将杀之。"公曰："然则夷吾将受鲁之政乎？其否也？"鲍叔对曰："不受。夫夷吾之不死纠也，为欲定齐国之社稷也，今受鲁之政，是弱齐也。夷吾之事君无二心，虽知死，必不受也。"公曰："其于我也，曾若是乎？"鲍叔对曰："非为君也，为先君也。其于君不如亲纠也，纠之不死，而况君乎？君若欲定齐之社稷，则前迎之。"公曰："恐不及，奈何？"鲍叔曰："夫施伯之为人也，敏而多畏。公若先反，恐注怨焉，必不杀也。"公曰："诺。"施伯进对鲁君曰："管仲有急，其事不济，今在鲁，君其致鲁之政焉。若受之，则齐可弱也；若不受，则杀之。杀之，以悦于齐也，与同怨，尚贤于已。"君曰："诺。"鲁未及致政，而齐之使至，曰："夷吾与召忽也，寡人之贼也，今在鲁，寡人愿生得之。若不得也，是君与寡人贼比也。"鲁君问施伯，施伯曰："君与之。臣闻齐君惕而亟骄，虽得贤，庸③必能用之乎？及④齐君之能用之也，管子之事济也。夫管仲，天下之大圣也，今彼反⑤齐，天下皆乡⑥之，岂独鲁乎！今若杀之，此鲍叔之友也，鲍叔因此以作难，君必不能待⑦也，不如与之。"鲁君乃遂束缚管仲与召忽。管仲谓召忽曰："子惧乎？"召忽曰："何惧乎？吾不蚤死，将胥⑧有所定也；今既定矣，令子相齐之左，必令忽相齐之右。虽然，杀君而用吾身，是再辱我也。子为生臣，忽为死臣。忽也知得万乘之政而死，公子纠可谓有死臣矣。子生而霸诸侯，公子纠可谓有生臣矣。死者成行，生者成名，名不两立，行不虚至。子其勉之，死生有分矣。"乃行，入齐境，自刎而死。管仲遂入。君子闻之曰："召忽之死也，贤其生也；管仲之生也，贤其死也。"

【注释】

①钩：带钩。古代官僚贵族腰间系的大带子，上有钩子，以便佩戴玉器之类。②劫：威胁，胁迫。③庸：岂，怎么。④及：若，如果。⑤反：同"返"。⑥乡：通"向"。⑦待：对待，对付。⑧胥：等待。

【译文】

鲍叔牙事奉公子小白逃奔到莒国，管夷吾和召忽事奉公子纠逃奔到鲁国。鲁庄公九年，齐国的公孙无知因为虐待雍廪，雍廪杀了公孙无知。齐桓公从莒地先回到齐国。鲁国这时也动兵伐齐，要纳公子纠为君，双方在乾时那地方作战，管仲箭射桓公，仅中带钩。鲁军打了败仗，齐桓公即位为君了。于是齐国威胁鲁国，要鲁国杀公子纠。齐桓公问鲍叔说："将怎样安定国家？"鲍叔说："得到管仲和召忽，国家就安定了。"齐桓公说："管仲和召忽是我的仇人。"鲍叔便把他们三人从前的谋划告诉了桓公。桓公说："那么，能得到他们么？"鲍叔说："要快快召回，就能得到，不快就得不到。因为鲁国的施伯知道管仲的才干，他会献计让鲁国把大政交给管仲。管仲如果接受，鲁国就知道如何削弱齐国了；管仲如不接受，鲁国知道他将回齐国，就一定把他杀掉。"齐桓公说："那么，管仲将接受鲁国政务么？还是不肯接受呢？"鲍叔回答："不会接受。管仲不为公子纠而死，就是为安定齐国，若接受鲁国政务，就是削弱齐国了。管仲对齐国没有二心，虽明知要死，也肯定不会接受的。"齐桓公说："他对于我，也肯这样么？"鲍叔回答说："不是为了您，而是为了齐国先代的君主。他对您当然不如对公子纠更亲，对公子纠他都不肯死难，何况您呢？您若想安定齐国，就快把他接回来。"齐桓公说："恐怕时间来不及了，怎么办？"鲍叔说："施伯的为人，聪敏然而怕事，您若及早去要，他害怕得罪齐国，一定不会杀的。"桓公说："好。"施伯果然去对鲁君说："管仲是有智谋的，只是事业未成，现在鲁国，您应把鲁国大政委托给他。他若接受，就可以削弱齐国；若不接受，就杀掉他。杀他来向齐国讨好，表示与齐同怒，比不杀更友好。"鲁君说："好。"鲁国还未及任用管仲从政，齐桓公的使臣就到了，说："管仲和召忽，是我的叛贼，现在鲁国，我想要活着得到他们。如得不到，那就是鲁君您和我的叛贼站在一起了。"鲁君问施伯，施伯说："您可以交还给他。我听说齐君性急而极为骄傲，虽得贤才，就一定能使用么？如果齐君真的使用了，管子的事业就成了。管仲是天下的圣人，现在回齐国执政，天下都将归顺他，岂独鲁国！现在若杀了他，他可是鲍叔的好友，鲍叔借此与鲁国作对，您一定受不了，还不如交还齐国。"鲁君便把管仲、召忽捆起来准备起行。管仲对召忽说："您害怕么？"召忽说："怕什么？我不早死，是等待国家平定。现在既然平定了，让您当齐国的左相，也一定让我当齐国的右相。但是，杀我君而用我身，是再一次对我的侮辱。您做生臣，我做死臣好了。我召忽既已明知将得万乘大国的政务而自死，公子纠可说有死事的忠臣了。您活着称霸诸侯，公子纠可说有生臣了。死者完成德行，生者完成功名，生名与死名不能兼顾，德行也不能虚得。您努力吧，死生在我们两人是各尽其分了。"于是上路而行，一进入齐境，召忽就自刎而死了。管仲也便回到齐国。君子们听到都说："召忽的死，比活着更贤；管仲的生，比殉死更贤。"

【原文】

或曰：明年①，襄公逐小白，小白走莒。三年，襄公薨，公子纠践位。国人召小白。鲍叔曰："胡不行矣？"小白曰："不可。夫管仲知，召忽强武，虽国人召我，我犹不得入也。"鲍叔曰："管仲得行其知于国，国可谓乱乎②？召忽强武，岂能独图我哉？"小白曰："夫虽不得行其知，岂且不有焉乎？召忽虽不得众，其及岂不足以图我哉？"鲍叔对曰："夫国之乱也，智人不得作内事，朋友不能相合摎③，而国乃可图也。"乃命车驾，鲍叔御小白乘而出于莒。小白曰："夫二人者，奉君令，吾不可以试也。"乃将下，鲍叔履其足曰："事之济也，在此时；事若不济，老臣死之，公于犹之免也。"乃行。至于邑郊，鲍叔令车二十乘先，十乘后。鲍叔乃告小白曰："夫国之疑，二三子莫忍④老臣。事之未济也，老臣是以塞道。"鲍叔乃誓曰："事之济也，听我令；事之不济也，免公子者为上，死者为下，吾以五乘之实距路。"鲍叔乃为前驱，遂入国，逐公子纠。管仲射小白，中钩。管仲与公子纠、召忽

匡君大匡第十二

遂走鲁。桓公践位，鲁伐齐，纳公子纠而不能。

【注释】

①明年：指襄公二年。②可谓乱乎：即何为乱乎。③摎：交结朋友。④忍：同"认"，认识。

【译文】

另有一种说法是：齐襄公即位第二年，驱逐小白，小白逃入莒国。襄公在位十二年而死，公子纠即位。国人召小白回国。鲍叔说："还不回去么？"小白说："不行。管仲有智，召忽强武，尽管国人召我，我也是进不去的。"鲍叔说："如果管仲的智谋确实发挥出来了，齐国为什么还会乱？召忽虽然强武，岂能单独对付我们？"小白说："管仲虽然不得行其智，但毕竟不是没有智；召忽虽不得国人支持，他的党羽还是可以图害我们的。"鲍叔回答说："国家一乱，智者无法搞好内政，朋友无法搞好团结，国家是可以夺到手的。"于是命令车驾出发，鲍叔赶车，小白乘坐而离开莒国。小白说："管仲和召忽两人是奉君令行事的，我还是不可冒险。"说着就要下车。鲍叔用靴子挡住小白的脚说："事如成功，就在此时；事如不成，就由我牺牲生命，您还是可以不死的。"于是继续前进。到了城郊，鲍叔命令二十辆兵车在前，十辆在后。鲍叔对小白说："他们怀疑我们这些从人，但并不认识我。如果事情不成，我便在前面阻塞道路。"接着鲍叔对众宣誓说："事情成功，都听我的命令；事情如果不成，能使公子免祸者为上，死者为下，我用五辆兵车的车徒器械拦路。"于是，鲍叔充当前驱，就进入齐国，驱逐了公子纠，管仲箭射小白，仅中带钩。管仲与公子纠、召忽就逃往鲁国去了。齐桓公即位以后，鲁国曾攻伐齐国，想立公子纠而没有办到。

【原文】

桓公二年践位①，召管仲。管仲至，公问曰："社稷可定乎？"管仲对曰："君霸王，社稷定；君不霸王，社稷不定。"公曰："吾不敢至于此其大也，定社稷而已。"管仲又请，君曰："不能。"管仲辞于君曰："君免臣于死，臣之幸也；然臣之不死纠也，为欲定社稷也。社稷不定，臣禄齐国之政而不死纠也，臣不敢。"乃走出，至门，公召管仲。管仲反，公汗出曰："勿已,其勉霸乎。"管仲再拜稽首而起曰:"今日君成霸,臣贪^②承命,趋立于相位。"乃令五官行事。异日,公告管仲曰:"欲以诸侯之间无事也,小修^③兵革。"管仲曰:"不可。百姓病,公先与百姓而藏^④其兵。与其厚^⑤于兵,不如厚于人。齐国之社稷未定,公未始于人而始于兵,外不亲于诸侯,内不亲于民。"公曰:"诺。"政未能有行也。

【注释】

①践位:霸业成功。②贪:谦辞,承受君命。③小修:内修,加强。④藏:收藏。⑤厚:厚待。

【译文】

桓公元年,召见管仲,管仲到后,桓公问:"国家能够安定么?"管仲回答说:"您能建立霸业,国家就能安定;建立不了霸业,国家就不能安定。"桓公说:"我不敢有那么大的雄心,只求国家安定就成了。"管仲再请,桓公还说:"不能。"管仲向桓公告辞说:"君免我于死,是我的幸运。但是我之所以不死于公子纠,是为了要把国家真正安定下来。国家不真正安定,要我掌握齐国政事而不死节于公子纠,我是不敢接受的。"于是走出,到大门,桓公又召管仲回来。管仲回来后,桓公流着汗说:"你一定要坚持,那就勉力图霸吧。"管仲再拜稽首起来以后说:"今天您同意完成霸业,我就可以秉承君命,坐上相位了。"于是便发布命令使五官开始办理政事。过了一些时候,桓公对管仲说:"我想乘此诸侯间没有战事的时候,稍微加强一下军备。"管仲说:"不行。百姓生活困难,您应该先亲百姓而收敛军备,与其厚于军队,不如厚于人民。齐国的国家尚未安定,您不把人民生活放在首位而先扩充军备,那就将外不亲于诸侯,内不亲于百姓。"桓公说:"好。"这件政事没有能够实行。

【原文】

二年,桓公弥乱,又告管仲曰:"欲缮兵。"管仲又曰:"不可。"公不听,果为兵。桓公与宋夫人^①饮船中。夫人荡船而惧公。公怒,出之,宋受而嫁之蔡侯。明年,公怒告管仲曰:"欲伐宋。"管仲曰:"不可。臣闻内政不修,外举事不济。"公不听,果伐宋。诸侯兴兵而救宋,大败齐师。公怒,归告管仲曰："请修兵革。吾士不练，吾兵不实，诸侯故敢救吾雠。内修兵革！"管仲曰："不可，齐国危矣。内夺民用，士劝于勇，外乱之本也。外犯诸侯，民多怨也。为义之士，不入齐国，安得无危？"鲍叔曰："公必用夷吾之言。"公不听，乃令四封之内修兵。关市之征侈之，公乃遂用以勇授禄。鲍叔谓管仲曰："异日者，公许子霸，今国弥乱，子将何如？"管仲曰："吾君惕，其智多诲②，姑少胥其自及也。"鲍叔曰："比③其自及也，国无阙亡④乎？"管仲曰："未也。国中之政，夷吾尚微为⑤焉，乱乎尚可以待。外诸侯之佐既无，有吾二人者，未有敢犯我者。"明年，朝之争禄相刺，裴领而刎颈者不绝。鲍叔谓管仲曰："国死者众矣，毋乃害乎？"管仲曰："安得已然，此皆其贪民也。夷吾之所患者，诸侯之为义莫肯入齐，齐之为义者莫肯仕。此夷吾之所患也。若夫死者，吾安用而爱之？"

【注释】

①夫人：《左传》作"蔡姬"。②诲：同"悔"。③比：等到。④阙亡：毁灭。⑤微为：暗中行事。

【译文】

桓公二年，国愈乱，桓公又对管仲说："我想加强军备。"管仲又说："不行。"桓公不听，果然修治军备。桓公曾与宋夫人在船中饮酒，宋夫人摇荡船只吓唬桓公。桓公发怒，休了宋夫人，宋国则把宋夫人再嫁给蔡侯。第二年，桓公怒对管仲说："我想伐宋。"管仲说："不可以，我认为内政不修，对外用兵不会成功。"桓公不听，果然起兵伐宋。各诸侯兴兵救宋，把齐军打得大败。桓公大怒，回来对管仲说："请你加强军备。我的战士没有训练，兵力又不充实，所以各国诸侯敢救我们的敌国。必须在国内加强军备！"管仲说："不可以，这样齐国就危险了。国内夺取民用，鼓励兵士打仗，这是乱国的根源。国外侵犯诸侯，各国人民多怨。行义之士，不肯到齐国来，国家还能没有危险？"鲍叔也说："您一定要听纳夷吾的意见。"桓公不听，命令全部封地之内加强军备。增加了关税和市场税，桓公便用来按作战勇敢颁发禄赏。鲍叔对管仲说："从前，桓公曾同意您兴举霸业，现在国家愈乱，您将怎么办？"管仲说："我们的国君性急，其见解多有悔改，姑且等他自己觉悟吧。"鲍叔说："等他自己觉悟，国家不就受损失了？"管仲说："不会。

国家政事，我还在暗中办理着，乱局还有时间挽救。国外诸侯的大臣，既没有赶得上我们二人的，便无人敢来侵犯我国。"到下一年，朝廷里争夺禄位、互相残杀、折颈断头的事不断发生。鲍叔对管仲说："国家死的人多了，这不是坏事么？"管仲说："怎么能这样说？那些人都是贪婪之徒，我所忧虑的，各诸侯国的义士不肯入齐，齐国的义士不肯做官。这才是我的忧患所在。像那样一些死者，我何必加以爱惜？"

【原文】

公又内修兵。三年，桓公将伐鲁，曰："鲁与寡人近，于是其救宋也疾①，寡人且诛焉。"管仲曰："不可。臣闻有土之君，不勤于兵，不忌于辱，不辅②其过，则社稷安。勤于兵，忌于辱，辅其过，则社稷危。"公不听。兴师伐鲁，造③于长勺。鲁庄公兴师逆之，大败之。桓公曰："吾兵犹尚少，吾参围④之，安能圉⑤我！"

【注释】

①疾：快。②辅：重复。③造：到达。④参围：参，同"三"，三倍。以三倍的兵力包围。⑤圉（yǔ）：通"御"，抵御。

【译文】

桓公又在国内加强军备。桓公三年，桓公将伐鲁国，说："鲁国同我国接近，所以他出兵救宋也快，我要讨伐他。"管仲说："不可以。我听说有土之君，不勤于战争，不忌恨小辱，不重复过错，国家就能安定；勤于战争，忌恨小辱，重复过错，国家就要危险。"桓公不听，兴兵伐鲁，兵到了长勺。鲁庄公出兵抵抗，大败齐军。桓公说："我的兵还是太少，我若以三倍的兵力包围它，它还怎能阻挡我？"

【原文】

四年，修兵，同①甲十万，车五千乘。谓管仲曰："吾士既练，吾兵既多，寡人欲服鲁。"管仲喟然叹曰："齐国危矣。君不竞于德而竞于兵。天下之国带甲十万者不鲜矣，吾欲发小兵以服大兵。内失吾众，诸侯设备，吾人设诈，国欲无危，得已乎？"公不听，果伐鲁。鲁不敢战，去国五十里而为之关。鲁请比于关内，以从于齐，齐亦毋复侵鲁。桓公许诺。鲁人请盟曰："鲁小国也，固不带剑，今而带剑，是交兵闻于诸侯，君不如已②。请去兵。"桓公曰："诺。"乃令从者毋以兵。管仲曰："不可。诸侯加忌于君，君如是以退可。君果弱鲁君，诸侯又加贪于君，后有事，小国弥坚，大国设备，非齐国之利也。"桓公不听。管仲又谏曰："君必不去，鲁胡不用兵？曹刿③之为人也，坚强以忌，不可以约取也。"桓公不听，果与之遇。庄公自怀剑，曹刿亦怀剑，践坛，庄公抽剑其怀曰："鲁之境去国五十里，亦无不死而已。"左揕桓公，右自承曰："均④之死也，戮死于君前。"管仲走君，曹刿抽剑当两阶之间，曰："二君将改图，无有进者！"管仲曰："君与地，以汶⑤为竟。"桓公许诺，以汶为竟而归。桓公归而修于政，不修于兵革，自圉辟人，以过弭师。

【注释】

①同：齐全。②已：终止结盟。③曹刿：鲁国的将军。④均：同。⑤汶：汶水。

【译文】

四年，桓公继续修治军备，齐整的甲士有十万人，兵车有五千乘。桓公对管仲说："我的战士已经训练，军队已经增多，我要征服鲁国了。"管仲深深叹惜说："齐国危险了，因为您不努力于德政而努力于甲兵。天下各国拥兵十万的不少，我们要发动小的兵力征服大的兵力，国内脱离民众，国外诸侯戒备，我们自己也只好行诈，国家想不危险能办到么？"桓公不听，果然伐鲁。鲁国不敢迎战，只在离国都五十里处，设关防守。鲁国请求比照关内侯的地位服从齐国，要求齐国也不再侵略鲁国。桓公许诺了。鲁国约请会盟说："鲁是小国，当然不带兵器，若带兵器开会，就是以战争状态传闻于各国诸侯，您还不如作罢。这次会盟请都免带兵器。"桓公说："可以。"使命令随员不带兵器。管仲说："不行。各诸侯国对您都很忌恨，您还是终止结盟为好。您真的借盟会削弱了鲁国，各诸侯国又会把贪名加在您头上，以后的事，小国愈加顽抗，大国也组织防备，对齐国都不利。"桓公不听。管仲又谏止说："您切不可去。鲁国人怎么能不带兵器？曹刿的为人，坚强而狠毒，不是能用盟约来解决问题的。"桓公不听，果然与鲁国相会。鲁庄公怀中带剑，曹刿也怀中带剑。上台后，庄公从怀里抽出剑来说："鲁国边境，离国都只五十里了，也不过一死而已。"左手举剑对着桓公，右手指着自己说："一同死了吧，我死在您的面前。"管仲跑向桓公，曹刿举剑站在两个台阶之间说："两位国君将改变原来计划，谁也不可进前。"管仲说："君上请把土地归还给鲁国，以汶水为界好了。"桓公许诺了，确定以汶水为界而回国。桓公这次回来便努力整顿政治而不再增加军备，自守边境，不过问他人，停止过激行动并息兵罢战了。

【原文】

五年，宋伐杞。桓公谓管仲与鲍叔曰："夫宋，寡人固欲伐之，无若诸侯何？夫杞，明王之后也。今宋伐之，予欲救之，其可乎？"管仲对曰："不可。臣闻内政之不修，外举义不信。君将外举义，以行先之，则诸侯可令附。"桓公曰："于此不救，后无以伐宋。"管仲曰："诸侯之君，不贪于土。贪于土必勤于兵，勤于兵必病于民，民病则多诈。夫诈密①而后动者胜，诈则不信于民。夫不信于民则乱，内动则危于身。是以古之人闻先王之道者，不竞于兵。"桓公曰："然则奚若？"管仲对曰："以臣则不而令人以重币使之。使之而不可，君受而封之。"桓公问鲍叔曰："奚若？"鲍叔曰："公行夷吾之言。"公乃命曹孙宿使于宋。宋不听，果伐杞。桓公筑缘陵②以封之，予车百乘，甲一千。明年，狄人伐邢，邢君出致于齐，桓公筑夷仪③以封之，予车百乘，卒千人。明年，狄人伐卫，卫君出致于虚，桓公且封之，隰朋、宾胥无④谏曰："不可。三国所以亡者，绝以小。今君封亡国，国尽若何？"桓公问管仲曰："奚若？"管仲曰："君有行之名，安得有其实。君其行也。"公又问鲍叔，鲍叔曰："君行夷吾之言。"桓公筑楚丘以封之，与车三百乘，甲五千。既以封卫，明年，桓公问管仲将何行，管仲对曰："公内修政而劝民，可以信于诸侯矣。"君许诺。乃轻税，弛关市之征，为赋禄之制。既已，管仲又请曰："问病。臣愿赏而无罚，五年，诸侯可令傅⑤。"公曰，"诺。"既行之，管仲又请曰："诸侯之礼，令齐以豹皮往，小侯以鹿皮报；齐以马往，小侯以犬报。"桓公许诺，行之。管仲又请赏于国以及诸侯，君曰："诺。"行之。管仲赏于国中，君赏于诸侯。诸侯之君有行事善者，以重币贺之；从列士以下有善者，衣裳贺之；凡诸侯之臣有谏其君而善者，以玺问之，以信其言。公既行之，又问管仲曰："何行？"管仲曰："隰朋聪明捷给，可令为东国。宾胥无坚强以良，可以为西土。卫国之教，危傅以利。公子开方之为人也，慧以给，不能久而乐始，可游于卫。鲁邑之教，好迩而训于礼。季友之为人也，恭以精，博于粮，多小信，可游于鲁。楚国之教，巧文以利，不好立大义，而好立小信。蒙孙博于教，而文巧于辞，不好立大义，而好结小信，可游于楚。小侯既服，大侯既附，夫如是，则始可以施政矣。"君曰："诺。"乃游公子开方于卫，游季友于鲁，游蒙孙于楚。五年，诸侯附。

【注释】

①密：停止。②缘陵：城名。③夷仪：城名。④隰朋、宾胥无：以及后面的季友、蒙孙等均为齐国大夫。⑤傅：同"附"，亲附。

【译文】

桓公五年，宋国伐杞国。桓公对管仲和鲍叔说："宋，本来是我要讨伐的，无奈各国诸侯要救他。杞国是伟大君主的后代。目前宋国伐他，我想去救，能行？"管仲说："不行。我认为自己内政不修，向外举兵行义就无人信服。您现在将要对外举兵行义，以实行先外后内的办法，对各国诸侯来说可以使之亲附么？"桓公说："此时不救，以后将没有理由伐宋了。"管仲说："一个诸侯国的君主，不应该贪得土地，贪地必然勤于动兵，勤动兵必然困乏人民，人民困乏则君主只好多行欺诈了。欺诈人民而后动兵，是可以打胜敌人的；但对民行诈就不能取得人民信任。不信于民则必然动乱，国内一动乱则危及自身。所以古人懂得先王之道的，总是不在军事上互相竞争。"桓公说："那么该怎么办呢？"管仲回答说："依我之见，不如派人以重礼去宋国交涉，交涉不成，您就收留杞君并加封赐。"桓公问鲍叔说："怎么样？"鲍叔说："您可按夷吾的意见行事。"桓公便派遣曹孙宿出使宋国。宋国不听，果然伐杞。桓公便修筑缘陵之城封赐给杞君，还送予兵车百乘，甲士千人。翌年，狄国伐邢，邢国国君逃到齐国，桓公又修筑夷仪之城封赐邢君，也送兵车百乘，甲士千人。再一年，狄国伐卫，卫国国君逃到虚地，桓公还准备加以封赐。隰朋、宾胥无两人谏止说："不行。三个国家之所以亡，只因为小。现在您只求封赐亡国，国土用尽怎么办？"桓公问管仲说："怎么样？"管仲说："您有了行义之名，便可赢得实际好处。您还应该照样干下去。"桓公又问鲍叔，鲍叔说："您可按夷吾的意见行事。"桓公便修筑楚丘之城进行封赐，送予兵车五百乘，甲士五千人。封赐了卫国以后，过一年，桓公问管仲还应做什么事情，管仲回答说："您在国内修明政治而劝勉人民，就可以取信于各国诸侯了。"桓公同意。于是减轻赋税，放宽关卡市场的征税，建立赋税与禄赏制度。实行了这些以后，管仲又请求说："要实行问病制度。我希望对国内外有赏而无罚，行之五年，便可使各国诸侯亲附。"桓公说："好。"实行以后，管仲又请求说："在与各诸侯国的交往当中，我们齐国以豹皮送给小国，让小国以鹿皮回报；我们齐国以马送给小国，让小国以狗回报。"桓公也同意并实行了。管仲又请求在国内外实行奖赏措施。桓公说："好。"也实行了。管仲负责在国中行赏，桓公则对各国诸侯行赏。凡诸侯国的君主有做好事情的，就以重礼祝贺他；国内列士以下有做好事情的，就送衣裳祝贺他；凡各诸侯国的大臣有谏诤君主而意见正确的，就送玺去慰问他，以赞许他的意见正确。桓公实行了这些措施以后，又问管仲说："还做什么？"管仲："隰朋聪明敏捷，可任命管理东方各国的事务。宾胥无坚强而纯良，可任命管理西方各国的事务。卫国的政教，诡薄而好利。公子开方的为人，聪慧而敏捷，不能持久而喜欢创始，可以出使卫国。鲁国的政教，好六艺而守礼。季友的为人，恭谨而精纯，博闻而知礼，多行小信，可以出使鲁国。楚国的政教，机巧文饰而好利，不好立大义而好立小信。蒙孙这个人，博于政教而巧于辞令，不好立大义，而好结小信，可以出使楚国。小国诸侯既已服从，大国诸侯既已亲附，能做到这一步，就可以开始向他们施加政令了。"桓公说："好。"于是派遣公子开方到卫国，派遣季友到鲁国，派遣蒙孙到楚国出使。五年，各国诸侯都亲附了。

【原文】

狄人伐①，桓公告诸侯曰："请救伐。诸侯许诺，大侯车二百乘，卒二千人；小侯车百乘，卒千人。"诸侯皆许诺。齐车千乘，卒先致缘陵，战于后。故败狄。其车甲与货，小侯受之，大侯近者，以其县分之，不践其国。北州侯莫来，桓公遇南州侯于召陵，曰："狄为无道，犯天子令，以伐小国②；以天子之故，敬天之命，令以救伐。北州侯莫至，上不听天子令，下无礼诸侯，寡人请诛于北州之侯。"诸侯许诺，桓公乃北伐令支，下凫之山，斩孤竹，遇山戎。顾问管仲曰："将何行？"管仲对曰："君教诸侯为民聚食，诸侯之兵不足者，君助之发。如此，则始可以加政矣。"桓公乃告诸侯，必足三年之食，安以其余修兵革。兵革不足，以引其事告齐，齐助之发。既行之，公又问管仲曰："何行？"管仲对曰："君会③其君臣父子，则可以加政矣。"公曰："会之道奈何？"曰："诸侯毋专立妾以为妻，毋专杀大臣，无国劳，毋专予禄；士庶人毋专弃妻，毋曲堤④，毋贮粟，毋禁材。行此卒岁，则始可以罚矣。"君乃布之于诸侯，诸侯许诺，受而行之。卒岁，吴人伐穀，桓公告诸侯未遍，诸侯之师竭至，以待桓公。桓公以车千乘会诸侯于竟，都师未至，吴人逃。诸侯皆罢。桓公归，问管仲曰："将何行？"管仲曰："可以加政矣。"曰："从今以往二年，適子不闻孝，不闻爱其弟，不闻敬老国良，三者无一焉，可诛也。诸侯之臣及国事，三年不闻善，可罚也。君有过，大夫不谏；士庶人有善，而大夫不进，可罚也。士庶人闻之吏贤、孝、悌，可赏也。"桓公受而行之，近侯莫不请事，兵车之会六，乘车之会⑤三，飨国四十有二年。

【注释】

①伐：指"伐杞"。②小国：指杞国。③会：考核。④毋曲堤：不准在河道上随意建筑堤坝，以免引起用水的纠纷。⑤乘车之会：尹知张注："乘车之会，谓结好息民之会也。"

【译文】

狄国又在搞军事征伐，桓公通告各国诸侯说："请出兵救助被伐的国家。如各国诸侯同意，大国出兵车二百乘，士卒二千；小国出兵车百乘，士卒一千。"各国诸侯都许诺了。齐国出了一千乘兵车，士卒提前到了缘陵，但会战则在全体都到达以后。所以打败了狄军。狄国的车甲与物资，由各小诸侯国受领；大诸侯国就近的，分得狄国的县，但不许践踏它的都城。北州诸侯没有到，桓公在召陵遇到南州诸侯说："狄国无道，违犯天子之命而擅自征伐小国，我们由于天子的缘故，敬顺天命，而下令援救被伐之国。但北州之侯不到，上不听天子之令，下无礼于各诸侯，我提请大家惩罚北州之侯。"各诸侯都同意。桓公于是北伐令支国，打下凫之山，取孤竹国，拦阻山戎。看着管仲发问说："还要做些什么？"管仲回答说："您可教各诸侯国为人民积聚粮食，至于各诸侯国的军备不足，您就发兵相助。这样，就可以对他们施加政令了。"桓公便告示各诸侯国，一定要备足三年的民食，用余力修治军队，军备不足，就把情况报告齐国，齐国发兵相助。这件事办了以后，桓公又问管仲说："还做什么？"管仲回答说："您考察他们君臣父子的关系，就可以施加政令了。"桓公问："考察的办法如何？"回答说："诸侯们不准擅自立妾为妻，不准擅自诛杀大臣，没有为国立功不准擅加禄赏，士与庶人不准擅自弃绝妻室，不准到处修筑堤坝，不准囤积粮食，不准乱取山泽的木材。行之一年，不服从的，就可以给予处罚。"桓公便把这些公布于诸侯，各国诸侯都同意，接受而实行。行一年，吴国征伐齐国的谷城，桓公并没有普遍通告诸侯，而各诸侯国的军队都全部赶到，等待桓公。桓公以兵车千乘在国境接会诸侯；齐国的军队还没有开到，吴兵就逃了。各诸侯国也同时罢兵。桓公回来问管仲说："还做什么事情？"管仲说："可以对各国诸侯施加政令了。"还说："从今以后二年中，若是听说诸侯的世子不孝敬父母，不友爱兄弟，不敬国之良臣，三者中没有做到一样，可以征伐。诸侯的大臣办理国事，三年不闻有善政，可以处罚。国君有过，大夫不谏止，士庶人有好的表现，大夫不举荐，可以处罚。士庶人等，在官吏的了解中，贤而孝悌的，可以赏赐。"桓公接受并实行了这些建议，邻近齐国的诸侯没有不请求事奉的，有兵车的集会有六次，和平友好的乘车集会有三次，享国达四十二年。

【原文】

桓公践位十九年，弛关市之征，五十而取一。赋禄①以粟，案田而税②。二岁而税一，上年什③取三，中年什取二，下年什取一，岁饥不税，岁饥弛而税。

【注释】

①禄：同"录"，记录，指计算。②案田而税：意谓按田地的肥瘠而收税。③什：同"十"，十成。

【译文】

桓公在位十九年，放宽了关、市的征税，只取五十分之一的税收。收农赋用粮食数量计算，按土地肥瘠分别征收。两年收税一次，丰年收十分之三，中年收十分之二，下等年成收十分之一，荒年不收，待年景饥荒情况缓解后再收。

【原文】

　　桓公使鲍叔识①君臣之有善者，晏子识不仕与耕者之有善者；高子识工贾之有善者，国子为李，隰朋为东国，宾胥无为西土，弗郑为宅。凡仕者近宫，不仕与耕者近门，工贾近市。三十里置遽②，委③焉，有司职之。从诸侯欲通，吏从行者，令一人为负以车；若宿者，令人养其马，食其委。客与有司别契，至国入契费。义数而不当，有罪。凡庶人欲通，乡吏不通，七日，囚。出欲通，吏不通，五日，囚。贵人子欲通，吏不通，二日，囚。凡具吏进诸侯士而有善，观其能之大小以为之赏，有过无罪。令鲍叔进大夫，劝国家，得之成而不悔，为上举；从政，治为次；野为原，又多不发④，起讼不骄，次之。劝国家，得之成而悔，从政虽治而不能，野原又多发；起讼骄，行此三者为下。令晏子进贵人之子，出不仕，处不华，而友有少长，为上举；得二，为次；得一，为下。士处靖⑤，敬老与贵，交不失礼，行此三者，为上举；得二，为次；得一，为下。耕者农，农用力，应于父兄，事贤多，行此三者，为上举；得二，为次；得一，为下。令高子进工贾，应于父兄，事长养老，承事敬。行此三者，为上举；得二者，为次；得一者，为下。令国子以情断狱。三大夫既已选举，使县行之。管仲进而举言，上而见之于君，以卒年君举。管仲告鲍叔曰："劝国家，不得成而悔，从政不治，不能野原，又多而发，讼骄，凡三者，有罪无赦。"告晏子曰："贵人子处华，下交，好饮食，行此三者，有罪无赦。士出入无常，不敬老而营富，行此三者，有罪无赦。耕者出入不应于父兄，用力不农，不事贤，行此三者，有罪无赦。"告国子曰："工贾出入不应父兄，承事不敬，而违老治危，行此三者，有罪无赦。凡于父兄无过，州里称之，吏进之，君用之。有善无赏，有过无罚。吏不进廉意。于父兄无过，于州里莫称，吏进之，君用之。善，为上赏；不善，吏有罚。"君谓国子："凡贵贱之义，入与父俱，出与师俱，上与君俱。凡三者，遇贼不死，不知贼，则无赦。断狱，情与义易，义与禄易，易禄可无敛，有可⑥无赦。"

【注释】

　　①识：读为"志"，记住。②遽（jù）：驿车。此指驿站。③委：积聚，堆积。④不发：读为"不废"，不荒废。⑤靖：恭敬。⑥有可：依据上文当译为"有罪"。

【译文】

桓公委派鲍叔考察官吏当中表现好的人，委派晏子考察非官吏和种田者当中表现好的人，委派高子考察工匠和商人当中表现好的人，委派国子管理讼狱，隰朋管理东方各国的事务，宾胥无管理西方各国的事务，弗郑管理住宅。凡是当官的住所靠近宫廷，不当官与种田的住所靠近城门，工匠与商人住所靠近市场。每三十里路设置驿站，贮备一些食品，立官管理。凡诸侯各国与齐国交涉办事，对从行官吏，派一个人用车替他负载行装；若是住宿，派人替他喂马并以所备食品招待。来客与管理者各执契券，客至本国要交契费。待客礼仪与收费数目如有不当，管理者有罪。凡庶人要与本乡交涉办事，官吏扣压不办者，过七天要处以囚禁。士有事要向上交涉，官吏扣压者，过五天要处以囚禁。贵人之子要向上交涉办事，官吏扣压者，过三天就要囚禁。凡县吏引荐其他诸侯国来到齐国做事的士人，引荐得好，看所荐对象能力的大小，给予赏赐。引荐有过，不予罪罚。派鲍叔管理大夫的选拔，对于劝勉国事，有功无过的，举为上等；从政，治绩属第二位；田野土地又多不荒废，办案严肃不骄的，属于其次。劝勉国事，有功而亦有过；从政，虽有治绩而无能力，野原又多荒废，办案骄傲轻忽，行此三者，属于下等。派晏子管理贵人之子的选拔，对于外出不邪僻，居处不奢华，能友爱青年和长辈的，举为上等；具备上述两个条件的，属于其次；具备一条的，属于下等。士，立身谦恭，敬重老人、官长，交游不失礼节，行此三者，举为上等；具备上述两个条件，属于其次；具有一条，属于下等。种田者，种田出力，顺应父兄，而且多服其劳，有此三者举为上等；有两条的，属于次等；具有一条，属于下等。派高子管理工匠、商人的选拔，顺应父兄，侍奉长者，敬养老人，接受任务能恭敬对待，有此三条，举为上等；有两条的，属于次等；只有一条，属于下等。还委派国子按情节判断刑狱。三位大夫的选拔举荐工作做完以后，命令县去执行。管仲要进一步与被选拔举荐的人谈话，然后上报与国君见面，终年如此，由国君举用。管仲告知鲍叔说："劝勉国事，无功而有过；为政无治绩而无能力，野原又多荒废，办案骄傲轻忽，凡有此三条缺点的，有罪无赦。"告知晏子说："贵人之子，居处奢华，压制朋友，嗜好酒食，行此三者，有罪无赦。士，出入不合常规，不敬老人，并且营利谋富，行此三者，有罪无赦。种田者，出入不顺应父兄，用力不勤，有事不服其劳，行此三者，也是有罪无赦。"告知高子说：

"工匠、商人，出入不顺应父兄，接受任务不严肃对待，而遗弃老人行事诡诈，行此三者，有罪无赦。凡是对父兄无过，州里称赞的人，官吏应该举荐，国君即行任用。做得好也无赏，有过也无罚。但官吏应荐不荐，则废除其职务。对父兄虽然无过，但州里无人称赞的，官吏举荐，国君也可使用。好的给上等赏，不好的则官吏受罚。"桓公也告知国子说：凡贯彻贵贱的准则，在家里应该与父亲共同履行，出家与师长共同履行，在朝廷与国君共同履行。这三件大事，受到损害而不能以死捍卫，或者有损害而不知道的，则不赦其罪。判断刑狱的人，使人情与义理通融，使义理与禄位通融，使有禄位者可以不加检束，这也是罪在不赦的。

匡君中匡第十三

【题解】

中匡，中等的书简。本篇记述了两则桓公与管仲的对话，时间是管仲为齐国宰相之后，内容是有关治国兴霸的策略。前一则侧重于称霸诸侯要有充分的准备，要学习"先王必有置也，而后必有废也；必有利也，而后必有害也"的历史经验，特别强调要"善之伐不善也"的历史规律，要以治平乱，稳定社会，以诸侯、百姓为重。后一则强调要始终不渝地坚持取信于天下，不能偷安于一时。本篇的文体接近于逸事的记述，而观点鲜明。

【原文】

管仲会[1]国用，三分二在宾客，其一在国[2]，管仲惧而复[3]之。公曰："吾子犹如是乎？四邻宾客，入者说[4]，出者誉，光名满天下。入者不说，出者不誉，污名满天下。壤可以为粟，木可以为货。粟尽则有生，货散则有聚。君人者，名之为贵，财安可有[5]？"管仲曰："此君之明也。"公曰："民办军事矣，则可乎？"对曰："不可，甲兵未足也。请薄刑罚，以厚甲兵。"于是死罪不杀，刑罪不罚，使以甲兵赎。死罪以犀甲一戟，刑罚以胁盾一戟，过罚以金军，无所计而讼者，成以束矢。公曰："甲兵既足矣，吾欲诛大国之不道者，可乎？"对曰："爱四封之内，而后可以恶竟外之不善者；安卿大夫之家，而后可以危救敌之国；赐小国地，而后可以诛大国之不道者；举贤良，而后可以废慢法鄙贱之民。是故先王必有置也，而后必有废也；必有利也，而后必有害也。"桓公曰："昔三王者，既弑其君，今言仁义，则必以三王为法度，不识其故何也？"对曰："昔者禹平治天下，及桀而乱之，汤放桀，以定禹功也。汤平治天下，及纣而乱之，武王伐纣，以定汤功也。且善之伐不善也，自古至今，未有改之。君何疑焉？"公又问曰："古之亡国其何失？"对曰："计得地与宝，而不计失诸侯；计得财委，而不计失百姓；计见亲，而不计见弃。三者之属一，足以削；遍而有者，亡矣。古之隳⑥国家陨社稷者，非故且为⑦之也，必少有乐焉，不知其陷于恶也。"

【注释】

①会（kuài）：意为总计。②国：指国内。③复：报告。④说：通"悦"，喜悦。⑤财安可有：谓财无足轻重。⑥隳（huī）：毁灭。⑦非故且为：并非专门这样做。

【译文】

管仲计算国家的开支，三分之二用于国外宾客，用于国内的仅占三分之一。管仲惶恐地把这个情况报告给桓公。桓公说："您还至于这样么？四方邻国的宾客，来者满意，出者称赞，好名声就布满天下。来者不满意，出者不称赞，坏名声就布满天下。有土地可以生产粮食，有木材可以制造商品。粮食用尽可以再生产，商品卖完可以再买进。治国家者，名声最为贵重，钱财何必在意呢？"管仲说："这实在是您的明鉴。"桓公说："人民已致力于军事了，我想要诛伐无道的大国，可以么？"回答说："不可。盔甲兵器还不够用，请用减刑的办法来增加盔甲兵器。"于是，规定死罪不杀，刑罪不罚，使犯人用盔甲兵器来赎罪。死罪用犀牛皮的甲加上一支戟来赎，刑罪用护胁的盾牌加上一支戟来赎，犯过失者罚以金属一钧，没有什么冤屈而亲自诉讼的，罚一束箭了事。桓公说："盔甲兵器已经够用了，我想要诛伐无道的大国，可以吧？"回答说："首先施爱于国内，然后才能排斥国外的不善者；先安定卿大夫的家，然后才能危害仇敌之国；先赐予小国土地，然后才能诛伐无道的大国；先举用贤良的人才，然后才能取缔慢法鄙贱的人们。因此：先王必先有立而后有废，必先有所利而后才有所害。"桓公说："从前夏禹、商汤、周武王，曾经杀了自己的国君，现在谈仁义，却一定要以三王为典范，不知是什么缘故？"回答说："从前，禹平定天下，到夏桀就乱了。汤放逐桀，是安定了禹的功业；汤平定天下，到商纣就乱了，周武王伐纣，是安定了汤的功业。况且善的征伐不善的，自古及今，从无改变，您何必有所怀疑呢？"桓公又问："古之亡国者，都有什么过失？"回答说："只考虑取得土地与财宝而不考虑失去诸侯，只考虑财物的积累而不考虑失去百姓，只考虑所亲而不考虑所弃。

以上三条有一条，就足以削弱；全都具有，就灭亡了。古代败坏国家伤害社稷的，都不是专门故意去做的，必然是有暂时的欢乐，而不知不觉陷入罪恶的深渊。"

【原文】

桓公谓管仲曰："请致仲父①。"公与管仲父而将饮之，掘新井而柴②焉。十日斋戒，召管仲。管仲至，公执爵③，夫人执尊，觞三行，管仲趋出。公怒曰："寡人斋戒十日而饮仲父，寡人自以为修矣。仲父不告寡人而出，其故何也？"鲍叔、隰朋趋而出，及管仲于途，曰："公怒。"管仲反④，入，倍屏而立，公不与言。少进中庭，公不与言。少进傅堂，公曰："寡人斋戒十日而饮仲父，自以为脱于罪矣。仲父不告寡人而出，未知其故也。"对曰："臣闻之，沉⑤于乐者洽于忧，厚于味者薄于行，慢于朝者缓于政，害于国家者危于社稷，臣是以敢出也。"公遽下堂曰："寡人非敢自为修也，仲父年长，虽寡人亦衰矣，吾愿一朝安仲父也。"对曰："臣闻壮者无怠，老者无偷，顺天之道，必以善终者也。三王失之也，非一朝之萃，君奈何其偷乎？"管仲走出，君以宾客之礼再拜送之。明日，管仲朝，公曰："寡人愿闻国君之信。"对曰："民爱之，邻国亲之，天下信之，此国君之信。"公曰："善。请问信安始而可？"对曰："始于为身，中于为国，成于为天下。"公曰："请问为身。"对曰："道血气，以求长年、长心、长德，此为身也。"公曰："请问为国。"对曰："远举贤人，慈爱百姓，外存亡国，继绝世，起诸孤；薄税敛，轻刑罚，此为国之大礼也。"公曰："请问为天下。"对曰："法行而不苛，刑廉而不赦，有司宽而不凌⑥，菀浊困滞皆，法度不亡，往行不束，而民游世矣，此为天下也。"

【注释】

①仲父：齐桓公对管仲的尊称。②柴：为使井水清洁，以柴盖井。③爵：古代酒器，可用来盛酒或温酒。④反：同"返"，返回。⑤沉：沉溺。⑥凌：凌迟，有拖延、拖拉之意。

【译文】

桓公对管仲说："请仲父来饮宴。"桓公将宴请管仲，挖了一口新井，用柴草覆盖着。斋戒十天，召见管仲。管仲到了以后，桓公拿着酒爵，夫人拿着酒杯敬酒。但酒过三巡，管仲就走了。桓公发怒说："我斋戒十天来宴请仲父，自以为够严肃了。仲父却不辞而别，原因何在？"鲍叔与隰朋也赶着出来，在路上追上管仲说："桓公发怒了。"管仲回来，进院中，背靠屏风而立，桓公不同他讲话；再往前进到中庭，桓公还不同他讲话；再往前走，接近堂屋，桓公说："我斋戒十天而宴请仲父，自以为没有什么得罪您的地方。您不辞而出，不知是什么原因？"管仲回答说："沉溺于宴乐的就沾染忧患，厚于口味的就薄于德行，怠慢于听朝的缓于政事，有害于国家的危于社稷，我就是因为这些才敢离开的。"桓公立刻下堂说："我非敢自为苟安，仲父年长，我也衰老了，我希望安慰一下您。"管仲回答说："我听说壮年人不懈怠，老年人不苟安，顺天道办事，一定有好结果。夏桀、商纣、周幽三王之所失，并不是一个早上积累起来的，您为什么有所苟安呢？"管仲走出，这回桓公是以宾客之礼再拜而送出的。第二天，管仲上朝，桓公说："我想听一听建立国君威信的问题。"回答说："人民爱戴，邻国亲睦，天下信任，就是国君威信。"桓公说："好。请问怎样才能建立威信？"回答说："开始在治身，其次在治国，最终在治天下。"桓公说："请问治身。"回答说："导治血气，以求得寿命长、谋虑远和施德广，这就是治身。"桓公说："请问治国。"回答说："充分举用贤人并慈爱百姓，对外保全灭亡了的国家，接续断绝了的世家，起用死于王事者的子孙；薄收税敛，减轻刑罚，这就是治国的大礼。"桓公说："请问治理天下。"回答说："法令能够推行而不苛刻，刑罚精简而不妄赦罪人，官吏宽厚而不迟慢拖拉，屈辱困窘的人们，法度也能加以保护，往者来者都无所约束，而人民和乐，这就是治理天下。"

霸形第十四

【题解】

　　本篇《霸形》之题应与下篇《霸言》对换。所谓"霸言"指称霸天下的言论。本篇以桓公、管子对答的形式，记述了齐国图霸的理论和实践，共分为三节。第一节管子阐述了霸王之业应以百姓为根本，并具体提出了轻税敛、缓刑政和举事以时三条原则。第二节记述桓公沉溺于享乐，管子谏请桓公封亡国之君，并以重礼结交诸侯各国，使齐国号令"始行于天下"。第三节记述楚国攻打宋、郑，干扰齐国，管子劝谏桓公发兵保护宋、郑，并进而攻伐各国，九合诸侯。

【原文】

　　桓公在位，管仲、隰朋见。立有间，有二鸿飞而过之。桓公叹曰："仲父，今彼鸿鹄，有时而南，有时而北，有时而往，有时而来，四方无远，所欲至而至焉，非唯有羽翼之故，是以能通其意于天下乎？"管仲、隰朋不对。桓公曰："二子何故不对？"管子对曰："君有霸王之心，而夷吾非霸王之臣也，是以不敢对。"桓公曰："仲父胡为然？盍不言，寡人其有乡①乎？寡人之有仲父也，犹飞鸿之有羽翼也，若济大水有舟楫也。仲父不一言教寡人，寡人之有耳，将安闻道而得度②哉。"管子对曰："君若将欲霸王举大事乎？则必从其本事矣。"桓公变躬迁席，拱手而问曰："敢问何谓其本？"管子对曰："齐国百姓，公之本也。人甚忧饥，而税敛重；人甚惧死，而刑政险；人甚伤劳，而上举事不时。公轻其税敛，则人不忧饥；缓其刑政，则人不惧死；举事以时，则人不伤劳。"桓公曰："寡人闻仲父之言此三者，闻命矣，不敢擅也，将荐之先君。"于是令百官有司削方墨笔。明日，皆朝于太庙之门朝，定令于百吏。使税者百一③钟，孤幼不刑，泽梁④时纵，关讥⑤而不征，市书而不赋，近者示之以忠信，远者示之以礼义。行此数年，而民归之如流水。

【注释】

①乡：同"向"，方向。②度：法度。③百一：税率百分之一。④泽梁：沼池中拦水捕鱼之具。⑤讥：稽查，查问。

【译文】

桓公坐在位置上，管仲、隰朋进见。站了一会儿，有两只鸿雁飞过。桓公叹息说："仲父，那些鸿雁时而南飞，时而北飞，时而去，时而来，不论四方多远，愿到哪里就到哪里，是不是因为有两只羽翼，所以才能把它们的意向通达于天下呢？"管仲和隰朋都没有回答。桓公说："你们两位为什么都不回答？"管子回答说："君上您有成就霸王之业的心愿，而我不是成就霸王之业的大臣，所以不敢回答。"桓公说："仲父何必这样，为什么不进直言，使我有个方向呢？我有仲父，就像飞鸿有羽翼，过河有船只一样，仲父不发一言教导我，我虽然有两只耳朵，又怎么听到治国之道和学得治国的法度呢？"管子回答说："您要成就霸王之业兴举大事么？这就必须从它的根本事情做起。"桓公移动身体离开席位，拱手而发问说："敢问什么是它的根本？"管子回答说："齐国百姓，便是它的根本。百姓很怕饥饿，而当前收税很重；百姓很怕死罪，而当前刑政严酷；百姓很怕劳顿，而国家行事竟没有时间限定。您若能轻征赋税，百姓就不愁饥饿；宽缓刑政，百姓就不愁死罪；行事有时间限定，百姓就不愁劳顿了。"桓公说："我听到仲父说的这三点，算是懂得了。我不敢私听这些话，要举荐给先君才行。"于是命令百官有司，削好木板并备好墨笔。第二天，全体都在太庙的门庭朝见，为百官确立了法令。使纳税者只出百分之一，孤幼不准受刑，水泽按时开放，关卡只查问而不征税，市场只书契而不征税，对近处示以忠信，对远处示以礼义。这样实行了几年，人民归附竟好像流水一样。

【原文】

此其后，宋伐杞，狄伐邢、卫。桓公不救，裸体纫①胸称疾。召管仲曰："寡人有千岁之食，而无百岁之寿，今有疾病，姑乐乎！"管子曰："诺。"于是令之县②钟磬之枅，陈歌舞竽瑟之乐，日杀数十牛者数旬。群臣进谏曰：

"宋伐杞，狄伐邢、卫，君不可不救。"桓公曰："寡人有千岁之食，而无百岁之寿，今又疾病，姑乐乎！且彼非伐寡人之国也，伐邻国也，子无事焉。"宋已取杞，狄已拔邢、卫矣。桓公起，行筍虡③之间，管子从。至大钟之西，桓公南面而立，管仲北乡对之，大钟鸣。桓公视管仲曰："乐夫，仲父？"管子对曰："此臣之所谓哀，非乐也。臣闻之，古者之言乐于钟磬之间者不如此。言脱于口，而令行乎天下，游钟磬之间，而无四面兵革之忧。今君之事，言脱于口，令不得行于天下，在钟磬之间，而有四面兵革之忧。此臣之所谓哀，非乐也。"桓公曰："善。"于是伐钟磬之县，并歌舞之乐。宫中虚无人。桓公曰："寡人以伐钟磬之县，并歌舞之乐矣，请问所始于国，将为何行？"管子对曰："宋伐杞，狄伐邢、卫，而君之不救也，臣请以庆。臣闻之，诸侯争于强者，勿与分于强。今君何不定三君之处哉？"于是桓公曰："诺。"因命以车百乘、卒千人，以缘陵封杞；车百乘、卒千人，以夷仪封邢；车五百乘、卒五千人，以楚丘封卫。桓公曰："寡人以定三君之居处矣，今又将何行？"管子对曰："臣闻诸侯贪于利，勿与分于利。君何不发虎豹之皮、文锦以使诸侯，令诸侯以缦帛④鹿皮报？"桓公曰："诺。"于是以虎豹皮、文锦使诸侯，诸侯以缦帛、鹿皮报。则令固始行于天下矣。

【注释】

①纫：结束。②县：同"悬"，悬挂。③虡（jù）：悬挂钟磬的木架。④缦帛：即素帛，无文彩之帛，与"文锦"相对。

【译文】

在这以后，宋国攻伐杞国，狄人攻伐邢国和卫国，桓公没有出兵援救，光着身子缠着胸部称病。召见管仲说："我有千年的粮食，而没有百年的寿命，现在又有疾病，姑且行乐一番吧！"管子说："好。"于是下命令悬起钟磬，陈设歌舞吹竽鼓瑟的音乐，每天杀牛数十头，连续了几十天。群臣都来进谏说："宋国伐杞，狄国伐邢、卫，君上您不可不出兵援救。"桓公说："我拥有千年的食品，而没有百年的寿命，现在又有疾病，姑且行乐吧！而且，人家并没有进攻我的国家，不过是征伐邻国，你们都是平安无事的。"宋国已经取得杞国，狄国已经攻下邢、卫了。桓公还盘桓在钟磬的行列里。管子跟着他，走在大钟的西侧，桓公面南而立，管仲面北对站着，大钟响起来。桓公看着管仲说:"快乐么,仲父?"管子回答说:"我说这是悲哀,而不是乐。据我所知,古代君王称得上行乐于钟磬之间的,不是这种情况。而是话说出口,命令就行于天下;游于钟磬之间,而没有四面兵革的忧虑。现在您的情况是:话说出口,命令并不能行于天下,身在钟磬之间,而存在四面兵革的忧虑。这就是我所谓的悲哀,而不是乐呵。"桓公说:"好。"于是砍掉钟磬的悬架,撤除歌舞音乐,宫中空虚无人了。桓公说:"我已经砍掉钟磬的悬架,撤除歌舞音乐了,请问国事将开始做些什么?"管子回答:"宋国伐杞,狄国攻伐邢、卫,您没有出兵援救,我是为您庆幸的。据我所知,诸侯争强的时候就不必与之分强。现在,您何不安定三国国君的居处呢?"桓公说:"好。"于是命令用车百乘,士卒千人,把缘陵封给杞国;用车百乘,士卒千人,把夷仪封给邢国;又用车五百乘,士卒五千人,把楚丘封给卫国。桓公说:"我已经安下三国国君的居处了,现在还要做些什么事?"管子回答说:"据我所知,诸侯贪利的时候,就不必与之分利。您何不送出虎皮、豹皮和花锦,让使臣给予各诸侯国,而只要各诸侯国用素帛、鹿皮回报呢?"桓公说:"好。"于是就用虎皮、豹皮和花锦出使各诸侯国,各诸侯国也只用素帛和鹿皮回报。这样,齐国的命令便开始通行天下各国了。

【原文】

此其后,楚人攻宋、郑。烧炳燓焚①郑地,使城坏者不得复筑也,屋之烧者不得复葺也;令其人有丧雌雄,居室如鸟鼠处穴。要宋田,夹塞两川,使水不得东流,东山之西,水深灭垝②,四百里而后可田也。楚欲吞宋、郑而畏齐,曰思人众兵强能害己者,必齐也。于是乎楚王号令于国中曰:"寡人之所明于人君者,莫如桓公;所贤于人臣者,莫如管仲。明其君而贤其臣,寡人愿事之。谁能为我交齐者,寡人不爱封侯之君焉。"于是楚国之贤士皆抱其重宝币帛以事齐。桓公之左右,无不受重宝币帛者。于是桓公召管仲曰:"寡人闻之,善人者人亦善之。今楚王之善寡人一甚矣,寡人不善,将拂于道。仲父何不遂交楚哉?"管子对曰:"不可。楚人攻宋、郑,烧炳燓焚郑地,使城坏者不得复筑也,屋之烧者不得复葺也,令人有丧雌雄,居室如鸟鼠处穴,要宋田,夹塞两川,使水不得东流,东山之西,水深灭垝,四百里而后可田也。楚欲吞宋、郑,思人众兵强而能害己者,必齐也。是欲以文克齐,而以武取宋、郑也,楚取宋、郑而不知禁,是失宋、郑也;禁之,则是又不信于楚也。知失于内，兵困于外，非善举也。"桓公曰："善。然则若何？"管子对曰："请兴兵而南存宋、郑，而令曰：'无攻楚，言与楚王遇。'至于遇上，而以郑城与宋水为请，楚若许，则是我以文令也；楚若不许，则遂以武令焉。"桓公曰："善。"于是遂兴兵而南存宋、郑，与楚王遇于召陵之上，而令于遇上曰："毋贮粟，毋曲隄，无擅废適子，无置妾以为妻。"因以郑城与宋水为请于楚，楚人不许。遂退七十里而舍。使军人城郑南之地，立百代城焉。曰：自此而北至于河者，郑自城之，而楚不敢隳③也。东发宋田，夹两川，使水复东流，而楚不敢塞也。遂南伐，及逾方城，济于汝水，望汶山，南致楚越之君，而西伐秦，北伐狄，东存晋公于南，北伐孤竹，还存燕公。兵车之会六，乘车之会三，九合诸侯，反位已霸。修钟磬而复乐。管子曰："此臣之所谓乐也。"

【注释】

①烧焫（ruò）煓（hàn）焚：皆为烧意。②垝：败坏的围墙。③隳（huī）：毁坏。

【译文】

这以后，楚国攻伐宋国和郑国。火烧郑地，使郑国城池毁坏得不堪重建，屋毁不可复修；又使人丧其配偶，屋室如鸟巢鼠洞一样。楚国又拦截宋国的农田，从两侧堵塞两条河水，使其不能东流，结果东山的西面，水深没墙，四百里以外才能种地。楚国想吞并宋、郑而害怕齐国，他认为人多兵强能够加害于自己的，一定是齐国。于是楚王在国内发令说："在国君中我称其为明君的，莫如桓公；在人臣中称其为贤臣的，莫如管仲。称明其君又称贤其臣，我愿意事奉他们。谁能够替我交好齐国，我不惜借用一个封侯的君长赐给他。"于是，楚国的贤士都拿贵重的宝物和布帛来事奉齐国。桓公左右，没有不接受其贵重宝物和布帛的。于是桓公召见管仲说："我听说，对人好人家也对他好。现在楚王对我已是太好了，我不修好，将是不合道理的。仲父何不就同楚国交好呢？"管子回答说："不可。楚人攻伐宋国和郑国，火烧郑地，使城坏不堪重建，屋毁不可复修，又使人丧其配偶，居室如鸟巢鼠洞，拦截宋国的农田，从两旁堵塞两道河流，使水不得东流，结果东山的西面，水深没墙，四百里以外才能种地。楚国要吞并宋国和郑国，但认为人多兵强而能加害于他的，一定是齐国。所以要用文的办法胜齐,而用武的办法取得宋、郑。楚国攻取宋、郑,而我们不加禁止,就等于失去宋国和郑国;加以禁止,则又失信于楚国。计谋失误于国内,军队就会被困于国外。交楚不是一个好办法。"桓公说:"好,那么怎样进行?"管子回答说:"请兴兵而南下保全宋、郑,同时下令说:'不要反攻楚国,我将与楚王会盟。'到会盟的地方,就提出郑城和宋水的问题。楚国若答应,就等于我们用文的方式命令他;楚国若不答应,就用武力命令好了。"桓公说:"好。"于是便兴兵南下保全宋国和郑国,与楚王在召陵的地方会盟。桓公在会盟之处下令说:"不准囤积粮食,不准到处修筑堤坝,不准擅自废除嫡子,不准立妾为妻。"同时就向楚国提出郑城与宋水问题。楚国没有同意。于是退后七十里屯驻军队。命令军队在郑国的南边筑城,立了百代城。指明:从此处往北到黄河,由郑国自己建立城郭,楚国没敢拆毁。东面开放了宋国的田地,从两面治理两道河流,使水再向东流,而楚国也没有敢于堵塞。于是南伐楚国,越过方城,渡过汝水,奔向汶山,南进而召见吴、越的国君。而且西伐秦国,北伐狄人,东回保全晋公于南部,北伐孤竹,回程保全燕公。兵车的会集诸侯有六次,乘车的会集诸侯有三次,共九次会集诸侯,自桓公夺位之后,霸业已成,又修治钟磬乐器并恢复宴乐。管子说:"这才是我所说的快乐啊!"

霸言第十五

【题解】

此篇疑当作《霸形》，前篇曰《霸言》。所谓"霸形"指霸王之业的形势，亦即欲称霸称王之国在天下的地位形势。本篇极力称赞"霸形"的宏大，并围绕实现霸王之业展开了广泛论述。文中主张"欲用天下之权，必先布德诸侯"，圣明的君主要"务具其备，慎守其时，以备待时，以时兴事"。文章提出，霸王之始，要以百姓为本；王者之心，要方正而不偏执。文章重视对于天下轻重强弱形势的分析和有关谋略的探讨，可以视为一篇称霸称王的策略论。

【原文】

霸王之形，象天则地，化人易代，创制天下，等列诸侯，宾属四海，时匡天下；大国小之，曲国①正之，强国弱之，重国轻之，乱国并之，暴王②残之；僇其罪，卑③其列，维④其民，然后王之。夫丰国之谓霸，兼正之国之谓王。夫王者有所独明。德共者不取也，道同者不王也。夫争天下者，以威易危暴，王之常也。君人者有道，霸王者有时。国修而邻国无道，霸王之资也。夫国之存也，邻国有焉；国之亡也，邻国有焉。邻国有事，邻国得焉；邻国有事，邻国亡焉。天下有事，则圣王利也。国危，则圣人知⑤矣。夫先王所以王者，资邻国之举不当也。举而不当，此邻敌之所以得意也。

【注释】

①曲国：指邪曲之国。②暴王：指暴虐的君王。③卑：消减。④维：维护百姓的利益。⑤知：同"智"，智慧。

【译文】

霸业和王业的形势是这样的，它模仿上天，效法大地，教化世人，改换朝代，创立天下法制，分列诸侯等次，使四海宾服归属，并乘时匡正天下；它可以缩小大国的版图，纠正邪曲的国家，削弱强国，降低权重之国的地位，兼并乱国，摧残暴虐的国君；处分其罪恶，降低其地位，保护其人民，然后就统治其国家。本国富强叫作"霸"，兼正诸侯国叫作"王"。所谓王者，总有其独明之处。德义相同的国家，他不去攻取；道义一致的国家，他不去统治。历来争夺天下，以威力推翻危乱的暴君，是王者的常事。统治人民必须有道，称王称霸必须合于时机。国政修明而邻国无道，是成就霸王之业的有利条件。因为国家的存在与邻国有关，国家的败亡也与邻国有关。邻国有事变，邻国可以有所得；邻国有事变，邻国也可以有所失。天下有事变，总是对圣王有利；国家危殆的时候，才显出圣人的明智。先代圣王之所以成其王业，往往是利用邻国的举措不当。举措不当，是邻国敌人所以得意的原因。

【原文】

　　夫欲用天下之权者，必先布德诸侯。是故先王有所取，有所与，有所诎①，有所信②，然后能用天下之权。夫兵幸于权，权幸于地。故诸侯之得地利者，权从之；失地利者，权去之，夫争天下者，必先争人。明大数者得人，审小计者失人。得天下之众者王，得其半者霸。是故圣王卑礼以下天下之贤而王之，均分以钓天下之众而臣之。故贵为天子，富有天下，而伐不谓贪者，其大计存也。以天下之财，利天下之人；以明威③之振，合天下之权；以遂德之行，结诸侯之亲；以好佞之罪，刑天下之心；因天下之威，以广明王之伐④；攻逆乱之国，赏有功之劳；封贤圣之德，明一人之行，而百姓定矣。夫先王取天下也，术术乎大德哉，物利之谓也。夫使国常无患，而名利并至者，神圣也；国在危亡，而能寿者，明圣也。是故先王之所师者，神圣也；其所赏者，明圣也。夫一言而寿国，不听而国亡，若此者，大圣之言也。夫明王之所轻者马与玉，其所重者政与军。若失主⑤不然，轻予人政⑥，而重予人马；轻予人军，而重与人玉；重宫门之营，而轻四境之守，所以削也。

【注释】

　　①诎：同"屈"。②信：同"伸"。③明威：威盛，指强大的权威。④伐：攻伐，功绩。⑤失主：失国的君主。⑥政：政权。

【译文】

想要掌握天下的权力，首先必须施德于诸侯。因此，先王总是有所取，有所予，有所屈，有所伸，然后才能掌握天下的大权。兵胜在于有权，权胜在于得地利。所以，诸侯有得地利的，跟着有权力；失地利的，权就跟着丧失了。争夺天下，还必须先得人心。懂得天下大计的，得人；只打小算盘的，失人。得天下大多数拥护的，能成王业；得半数拥护的，能成霸业。因此，圣明君主总是谦恭卑礼来对待天下贤士而加以任用，均分禄食来吸引天下民众而使之为臣属。所以，贵为天子，富有天下，而世人不认为贪，就是因为他顺乎天下大计的缘故。用天下的财物，来谋利于天下人；用强大威力的震慑，来集中天下的权力；用施行德政的行动，来取得诸侯的亲附；用惩治奸佞的罪行，来规范天下人的思想；借助天下的兵威，来扩大明王的功绩；攻下逆乱的国家，来赏赐有功的劳臣；封树圣贤的德望，来宣示天子的行状，这样，百姓就安定了。先王之取天下，那真是丰盛的大德！也就是以物利人的意思。使国家经常没有忧患而名利兼得的，可称神圣；国家在危亡之中而能使之保全的，可称明圣。所以，先王所师法的，是神圣；所尊崇的，是明圣。一句话而能保全国家，不听而国即亡，这样的话就是大圣人的话。一个英明君主总是看轻骏马与宝玉，而看重政权与军队。至于失天下的君主就不这样了，他轻视予人政权，而重视予人骏马；轻视予人军队，而重视予人宝玉；重视宫门的营治，而轻视四境的防守，所以国家就削弱了。

【原文】

夫权者，神圣之所资也；独明者，天下之利器也；独断者，微密之营垒也。此三者，圣人之所则也，圣人畏徽①，而愚人畏明；圣人之憎恶也内②，愚人之憎恶也外；圣人将动必知，愚人至危易③辞。圣人能辅时，不能违时。知者善谋，不如当时。精时者，日少而功多。夫谋无主则困，事无备则废。是以圣王务具其备，而慎守其时。以备待时，以时兴事，时至而举兵。绝坚而攻国，破大而制地，大本而小标④，埊近而攻远。以大牵小，以强使弱，以众致寡，德利百姓，威振天下；令行诸侯而不拂，近无不服，远无不听。夫明王为天下正，理也。按强助弱，围暴止贪，存亡定危，继绝世，此天下之所载也，诸侯之所与也，百姓之所利也，是故天下王之。知盖天下，继⑤最一世，材⑥

振四海，王之佐也。

【注释】

①微：细微的萌芽。②内：内心。③易：古本作"勿"。④标：末也。⑤继：当作"断"。⑥材：指才华。

【译文】

权谋，是神圣的君主所依赖的；独到的明智，好比天下的利器；独到的判断，好比一座精密的营垒。这二者是圣人所要效法的。圣人总是戒慎事物细小的苗头，而愚人只看到事物暴露以后；圣人憎恶内心的恶劣，愚人憎恶外形的恶劣；圣人一动就知其安危，愚人至死也不肯改变。圣人都是能捕捉时机的，但不能违背时机。智者善于谋事，但不如抓好时机。精于时机，总是费力少而成果大。谋事无主见则陷于困境，举事无准备则归于失败。所以，圣王务求做好准备而慎守时机。以有所准备等待时机，按适当时机兴举大事，时机一到而开始兴兵。越过坚壁而攻下敌国，破大城而控制敌地，根本雄厚而目标很小，保全近国而攻伐远敌，用大国牵制小国，用强国役使弱国，用人多招取人少，德利百姓，威震天下；命令行于诸侯而不遭反抗，近的无不服从，远的也无不听命了。本来一个明王担当天下的领导者，是合理的。抑强助弱，禁暴国而阻贪君，保全亡国而安定危局，继承绝世，这都是天下拥戴，诸侯亲附，百姓称利的事，所以天下推以为王。至于智谋盖天下，断事冠一世，才能震四海的人，这便是王业的佐臣了。

【原文】

千乘之国得其守，诸侯可得而臣，天下可得而有也。万乘之国失其守，国非其国也。天下皆理，己独乱，国非其国也；诸侯皆令，己独孤，国非其国也；邻国皆险，己独易，国非其国也。此三者，亡国之徵①也。夫国大而政小者，国从其政；国小而政大者，国益大。大而不为者，复小；强而不理者，复弱；众而不理者，复寡；贵而无礼者，复贱；重而凌节②者，复轻；富而骄肆者，复贫。故观国者观君，观军者观将，观备者观野。其君如明而非明也，其将如贤而非贤也，其人如耕者而非耕也，三守③既失，国非其国也。地大而不为，命曰土满；人众而不理，命曰人满；兵威而不止，命曰武满。三满而不止，国非其国也。地大而不耕，非其地也；卿贵而不臣，非其卿也；人众而不亲，非其人也。

【注释】

①微：征兆。②凌节：不讲礼节。③三守：三项要求。

【译文】

千乘之国，只要具备应守的条件，也可以臣服诸侯，据有天下。万乘之国，如果失其应守的条件，就不能保有其国。天下皆治而自己独乱，就不能保有其国；诸侯都和好而自己孤立，就不能保有其国；邻国都有险可守，而自己平易不备，也不能保有其国。这三者都是亡国的征象。国大而政绩小，国家地位也会跟着政绩一样小；国小而政绩大，国家也跟着强大。国大而无所作为，可以变为小；国强而不加治理，可以变为弱；人多而不加治理，可以变为少；地位高贵而无礼，可以变为贱；权重而超越范围，可以变为轻；家富而骄奢放肆，可以变为贫。所以看一个国家，要看国君如何；看一个军队，要看将领如何；看一国战备，要看农田如何。如果国君似明而不明，将领似贤而不贤，人民好似耕者而不耕种土地，失掉这三个应守的条件，国家就不能保有了。地大而不耕，叫作地满；人多而不治，叫作人满；兵威而不正，叫作武满。不制止这三满，国家也就不能保住了。地大而不耕，就不是他的土地；卿贵而不行臣道，就不是他的卿相；人多而不亲附，就不是他的人民。

【原文】

夫无土而欲富者忧，无德而欲王者危，施薄而求厚①者孤。夫上夹而下苴，国小而都大者弑。主尊臣卑，上威下敬，令行人服，理之至也。使天下两天子，天下不可理也。一国而两君，一国不可理也；一家而两父，一家不可理也。夫令，不高不行，不抟②不听。尧舜之人，非生而理也；桀纣之人，非生而乱也。故理乱在上也。夫霸王之所始也，以人为本。本理则国固，本乱则国危。故上明则下敬，政平则人安，士教和则兵胜敌，使能则百事理，亲仁则上不危，任贤则诸侯服。

【注释】

①厚：丰厚。②抟：同"专"，指命令专出于君。

【译文】

无地而求富有者，忧虑；无德而想称王者，危险；施予薄而求报答厚重者，孤立。上面权小而下面权重，国土小而都城大，就将有被弑之祸。做到主尊臣卑，上威下敬，令行人服的，才是治国的最高水平。如果天下有两个天子，天下就不能治理；一国而有两君，一国就不能治理；一家而有两父，一家就不能治理。法令，不发自上层就不能推行，不集中权力，就无人听从。尧舜之民，不是生来就是好百姓；桀纣之民，不是生来就要作乱的。所以治乱的根源都在上面。霸王之业的开始，也是以人民为本。本治则国家巩固，本乱则国家危亡。所以，上面英明则下面敬服，政事平易则人心安定，战士训练好则战争取胜，使用能臣则百事皆治，亲近仁人则君主不危，任用贤相诸侯就信服了。

【原文】

霸王之形，德义胜之①，智谋胜之，兵战胜之，地形胜之，动作胜之，故王之。夫善用国者，因其大国之重，以其势小之；因强国之权，以其势弱之；因重国之形②，以其势③轻之。强国众，合强以攻弱，以图霸。强国少，合小以攻大，以图王。强国众，而言王势者，愚人之智也；强国少，而施霸道者，败事之谋也。夫神圣，视天下之形，知动静之时；视先后之称，知祸福之门。强国众，先举者危，后举者利。强国少，先举者王，后举者亡。战国众，后举可以霸；战国少，先举可以王。

【注释】

①德义胜之：指在德义方面处于优胜。下仿此。②形：地位。③势：形势。

【译文】

霸业和王业的形势是这样的，它的德义处于优势，智谋处于优势，兵战处于优势，地形处于优势，动作处于优势，所以能统治天下。善于治国的，往往利用大国的力量，依势而缩小别国；利用强国权威，依势而削弱别国；利用重国的地位，依势而压低别国。强国多，就联合强国攻击弱国，以图霸业；强国少，就联合小国攻击大国，以图王业。强国多，而谈统一的王业，是愚人之见；强国少，而行联合称霸的办法，是败事之谋。神圣的君主，都是看天下的形势，了解动静时机；看先后机宜，了解祸福的道路。强国多，先举事者危险，后举事者得利；强国少，先举事者成王，后举事者失败。参战国多，后举事者可以成霸；参战国少，先举事者就可以成王。

【原文】

夫王者之心，方而不最①，列②不让贤，贤不齿第③择众，是贪大物也。是以王之形大也。夫先王之争天下也以方心，其立之也以整齐，其理之也以平易。立政出令用人道，施爵禄用地道，举大事用天道。是故先王之伐也，伐逆不伐顺，伐险不伐易，伐过不伐及。四封之内，以正使之；诸侯之会，以权致之。近而不服者，以地患之；远而不听者，以刑危之。一而伐之，武也；服而舍之，文也；文武具满，德也。夫轻重强弱之形，诸侯合则强，孤则弱。骥④之材，而百马伐之，骥必罢矣。强最一伐，而天下共之，国必弱矣。强国得之也以收小，其失之也以恃强。小国得之也以制节，其失之也以离强。夫国小大有谋，强弱有形。服近而强远，王国之形也；合小以攻大，敌国之形也；以负海⑤攻负海，中国之形也；折节事强以避罪，小国之形也。自古以至今，未尝有先能作难，违时易形，以立功名者；无有常先作难，违时易形，无不败者也。夫欲臣伐君，正四海者，不可以兵独攻而取也。必先定谋虑，便地形，利权称，亲与国，视时而动，王者之术也。夫先王之伐也，举之必义，用之必暴，相形而知可，量力而知攻，攻得而知时。是故先王之伐也，必先战而后攻，先攻而后取地。故善攻者料众以攻众，料食以攻食，料备以攻备。以众攻众，众存不攻；以食攻食，食存不攻；以备攻备，备存不攻。释实而攻虚，释坚而攻脆⑥，释难而攻易。

【注释】

①方而不最：方正而不走极端。②列：指排列位次。③齿第：年龄地位。④骥：千里马。⑤负海：指蛮夷之地。⑥脆：古"脆"字。

【译文】

　　王者之心，方正而不走极端，列爵不排斥贤人，选贤不择年齿地位，这是为谋取更大的利益。所以王业的形势是伟大的。先王在争夺天下的时候，坚持方正的原则；在建立天下的时候，实行整齐划一的措施；在治理天下的时候，则实行平和简易的方针。立政下令依照人道，施爵禄依照地道，兴举大事依照天道。因此，先王从事征伐，都是伐逆而不伐顺，伐险恶而不伐平易，伐过头的而不伐落后的。本国之内，通过政令来驾驭；国外会集诸侯，运用权力来召集。对就近而不服从的国家，用侵削土地加害它；对离远而不听命的国家，用强大形势威胁它。背叛则征伐之，这是武；服从则赦免之，这是文。文武兼备，这才是德。关于国家轻重强弱的形势问题，各诸侯国联合起来则强，孤立则弱。骐骥之材，用百马轮流与它竞逐，它也一定疲惫；冠绝一代的强国，举天下者去攻它，也一定会弱下来。强国的正确做法是容纳小国，其失误在于自恃其强；小国的正确做法是折节事强，其失误在摆脱强国。国家无论大小，都有自己的谋算；无论强弱，都有自己的形势。征服近国而威胁远国，是保持王国的形势；联合小国以攻击大国，是保持势均力敌国家的形势；以蛮夷之国攻伐蛮夷之国，是保持中原国家的形势；折节事奉强国以避罪，是保持小国的形势。从古到今，没有首先起事，违背时机，变更形势，而能建立功业的；也没有经常首先起事，违背时机，变更形势，而不失败的。凡是要以臣伐君征服四海的，不可只依靠举兵进攻取胜。必须首先定好规划，占据有利地形，权衡有利的结局，密切盟国的关系，然后再待机而动，才是王者的策略。先王的征伐，举兵必合于正义，用兵必须迅猛，看形势而断定可否举兵，量实力而断定能否进攻，考虑得失而断定行动时机。因此，先王从事征伐，必须先战斗而后进攻，先进攻而后取地。所以善于进攻的，都要算计好我军人数以针对敌军人数，算计好我军粮草以针对敌军粮草，算计好我军装备以针对敌军装备。以人对人，如敌军兵众有余，则不可以进攻；以粮对粮，如敌军存粮有余，则不可以进攻；以装备对装备，如敌军装备有余，则不可以进攻。应该避开坚实而击其空虚，避开坚固而击其脆弱，避开难攻之地而击其易被摧毁的地方。

【原文】

　　夫拊国①不在敦古②，理世不在善攻③，霸王不在成曲④。夫举失而国危，刑过而权倒，谋易⑤而祸反，计得而强信，功得而名从，权重而令行，固其数也。夫争强之国，必先争谋、争刑、争权。令人主一喜一怒者，谋也；令国一轻一重者，刑也；令兵一进一退者，权也。故精于谋，则人主之愿可得，而令可行也；精于刑，则大国之地可夺，强国之兵可围也；精于权，则天下之兵可齐，诸侯之君可朝也。夫神圣视天下之刑，知世之所谋，知兵之所攻，知地之所归，知令之所加矣。夫兵攻所憎而利之，此邻国之所不亲也。权动所恶，而实寡归者强。擅破一国，强在后世者，王。擅破一国，强在邻国者，亡。

【注释】

①抟国：抟，同"专"，集中，统一。②敦古：敦敬古道。③善攻：攻，古本作"故"。指精通旧制。④成曲：拘束礼法。⑤谋易：指谋事轻率。

【译文】

掌握国家不在于敦敬古道，治世不在于精通旧事，成王成霸不在于拘束礼法。举措失当国家就会危险，错过形势权力就会倾倒，谋事轻率则招祸，计划得宜则发挥强力，功得则名誉随之而来，权重则命令容易推行，这些都是规律。凡是争强的国家，必先竞争谋略，竞争形势，竞争权力。使人君有喜有怒，在谋略；使国家有轻有重，在形势；使军队有进有退，在权力。所以，精于谋略则人君的愿望可以实现，而号令可以推行；精于形势则大国土地可以夺取，而强国之兵可以包围；精于权力则天下的兵力可剪除，诸侯国的君主可以召见了。神圣的君主，都是根据天下的形势，了解世人的谋算，了解兵力的攻击方向，了解土地的归属，了解政令所加的对象。凡是攻伐所憎之国而以利归己的，这就会造成邻国的不亲。威权侵犯所恶之国而利少归己的，就可以图强。专破一国，造成后世的强盛，可成王业。专破一国，造成邻国的强盛，那就要败亡了。

戒第十六

【题解】

　　"戒"指劝诫，本篇记述管子等对桓公的多次劝诫之语，故题名为《戒》，共分四节。第一节记述桓公出游前，管子劝诫他要"有游夕之业于人，无亡荒之行于身"，并要加强自身的修养，注重仁义、孝悌、忠信。第二节记述桓公游猎中，管子劝诫他要使民以时、薄赋敛、宽刑罚、近有德而远有色。第三节记述桓公外舍时，中妇孺子劝诫他要处理好与各国诸侯的关系。第四节记述管子临终前，劝诫桓公正确看待臣子的长处短处，坚决除去奸佞之臣，及桓公最终不听遗嘱，终至身败国乱。

【原文】

　　桓公将东游，问于管仲曰："我游犹轴转斛①，南至琅邪。司马曰：'亦先王之游已。'何谓也？"管仲对曰："先王之游也，春出，原农事之不本者，谓之游。秋出，补人之不足者，谓之夕。夫师行而粮食其民者，谓之亡。从乐而不反者，谓之荒。先王有游夕之业于人，无亡荒之行于身。"桓公退再拜命曰："宝法也。"管仲复于桓公曰："无翼而飞者声也，无根而固者情也，无方而富者生也，公亦固情谨声②，以严尊生。此谓道之荣。"桓公退，再拜，请若此言。管仲复于桓公曰："任之重者莫如身，涂之畏者莫如口，期而远者莫如年。以重任行畏涂至远期。唯君子乃能矣。"桓公退，再拜之曰："夫子数以此言者教寡人。"管仲对曰："滋味动静，生之养也；好恶喜怒哀乐，生之变也；聪明当物，生之德也。是故圣人齐滋味而时动静，御正六气之变，禁止声色之淫，邪行亡乎体，违言不存口。静无定生，圣也。仁从中出，义从外作。仁故不以天下为利，义故不以天下为名，仁故不代王，义故七十而致政。是故圣人上德而下功，尊道而贱物。道德当身，故不以物惑。是故，身在草茅之中，而无慑意，南面听天下，而无骄色。如此，而后可以为天下王。所以谓德者。不动而疾，不相告而知，不为而成，不召而至，是德也。故天不动，四时云下，而万物化；君不动，政令陈下，而万功成；心不动，使四肢耳目，而万物情③。寡交多亲，谓之知人。寡事成功，谓之知用。闻一言以贯万物，谓之知道。多言而不当，不如其寡也。博学而不自反，必有邪。孝弟者，仁之祖也。忠信者，交之庆也。内不考孝弟④，外不正忠信，泽其四经而诵学者，是亡其身者也。"

【注释】

①犹轴转斛：指到芝罘观海潮。②固情谨声：巩固感情，谨慎言语。③万物情：万事万物都感知其意图。④孝弟：孝悌。

【译文】

桓公准备东游，问管仲说："我这次出游，想要东至芝罘，南至琅邪。司马却提出意见说，也要像先王的出游一样。这是什么意思呢？"管仲回答说："先王的出游，春天外出，调查农事上经营的困难，叫作'游'；秋天外出，补助居民中生活有不足的，叫作'夕'。那种人马出行而吃喝老百姓的，则叫作'亡'；尽情游乐而不肯回来的，则叫作'荒'。先王对人民有游、夕的事务，自己却从没有荒、亡的行为。"桓公退后拜谢说："这是宝贵的法度。"管仲又对桓公说："没有羽翼而能飞的是语言，没有根底而能巩固的是感情，没有地位而尊贵的是心性。您也应巩固感情，谨慎言语，以严守尊贵的心性。这就叫道的发扬。"桓公退，再拜说："愿从此教。"管仲又对桓公说："负担重莫如身体，经历险莫如口舌，时间长莫如年代。负重任，行险路，长期坚持，唯君子才能做到。"桓公退，再拜说："夫子快把这方面的言论教给我。"管仲回答说："饮食作息，是心性的保养；好恶、喜怒、哀乐，是心性的变化；聪明处事，是心性的德能。因此，圣人总是调节饮食而安排作息，控制六气的变化，禁止声色的侵蚀，身上没有邪僻的行为，口中没有悖理的言论，静静地安定着心性，这就是所谓圣人。仁是从心里发出的，义是在外面实行的。仁，所以不利用天下谋私利；义，所以不利用天下猎私名；仁，所以不肯取代他人而自立为王；义，所以年到七十而交出政务。因此，圣人总是以德为上而功业在下，重视道德而贱视物利。道德在身，所以不被物利所诱惑。因此，即使身在茅舍之中，也毫无惧色；坐南面而治天下，也没有骄傲之态。这以后才可以成为天下之王者。其所以叫作有德，就是不必鼓动，人们也知有所努力；不用言语，人们也能够理解；不自为，事情也能成；不召唤，人们也能到。这就是德的作用。所以，天不用动，经过四时的运行，下面就万物化育；君不用动，经过政令的发布，下面就万事成功；心不用动，经过四肢耳目的使用，万事万物都感知其意图。交游少而亲者多的，叫作知人。用力少而成效好的，叫作会办事。听一言就能够贯通万物的，叫作懂得道。多言而不得当，不如少言；博学而不会反省，一定产生邪恶。孝悌是仁的根本，忠信是交游的凭借。内不思考孝悌，外不正行忠信，离开这四条原则而空谈学问，是会自亡其身的。"

【原文】

桓公明日弋①在廪，管仲隰朋朝，公望二子，弛弓脱釬②，而迎之曰："今夫鸿鹄，春北而秋南，而不失其时，夫唯有羽翼以通其意于天下乎？今孤之不得意于天下，非皆二子之忧也。"桓公再言，二子不对，桓公曰："孤既言矣，二子何不对乎？"管仲对曰："今夫人患劳，而上使不时；人患饥，而上重敛焉；人患死，而上急刑焉。如此，而又近有色，而远有德。虽鸿鹄之有翼，济大水之有舟楫也，其将若君何？"桓公蹴然逡遁③。管仲曰："昔先王之理人也，盖人患劳，而上使之以时，则人不患劳也；人患饥，而上薄敛焉，则人不患饥矣；人患死，而上宽刑焉，则人不患死矣。如此，而近有德而远有色，则四封之内，视君其犹父母邪，四方之外，归君其犹流水乎？"公辍射，援绥而乘，自御，管仲为左，隰朋参乘。朔月三日，进二子于里官。再拜顿首曰："孤之闻二子之言也，耳加聪而视加明，于孤不敢独听之，荐之先祖。"管仲隰朋再拜顿首曰："如君之王也，此非臣之言也，君之教也。"于是管仲与桓公盟誓为令曰："老弱勿刑，参宥而后弊，关几而不正，市正而不布。山林梁泽，以时禁发，而不正也。"草封泽盐者之归之也，譬若市人。三年教人，四年选贤以为长，五年始兴车践乘。遂南伐楚，门傅施城。北伐山戎，出冬葱与戎叔，布之天下，果三匡④天子而九合诸侯。

【注释】

①弋：打猎。②弛弓脱釬：收回弓箭，脱下臂铠。③逡遁：迟疑徘徊。④三

匡：三次辅佐天子。

【译文】

第二天，桓公在米仓附近射猎，管仲、隰朋同来朝见。桓公看到两人以后，收弓脱铠而迎上去说："那些鸿鹄，春天北飞，秋天南去而不误时令，还不是因为有翅膀的帮助才能在天下间畅意飞翔么？现在我不得意于天下，难道不是你们两位的忧虑么？"桓公又说一遍，两人都没有回答。桓公说："我既说了，两位怎么不回答呢？"管仲回答说："现在人民忧虑劳苦，而国君却不断地使役他们；人民忧虑饥饿，而国君却加重他们的赋税；人民忧虑死，而国君却加紧用刑。这样，再加上亲近女色，疏远有德之士，虽然像鸿鹄之有双翼，过河之有舟楫，对国君能有什么作用呢？"桓公谦恭局促不知所措。管仲说："从前先王治理人民，看人民忧虑劳苦，国君就限定时间使役他们，人们就不忧虑劳苦了；见人民忧虑饥饿，国君就轻收赋税，人民就不忧虑饥饿了；见人民忧虑死，国君就宽缓用刑，人民就不忧虑死了。这样，再加上亲近有德行的人而远女色，那么，四境之内，对待君主就像父母一样；四境之外，归附君主就像流水一般了！"桓公立刻中止打猎，拉着车绳上车了。他亲自驾车，管仲坐在左边，隰朋在右边陪乘。他斋戒三天以后，把两人接进供俸祖先的庙堂里，顿首拜谢说："我听到你们两位的话，耳更加聪，目更加明了，我不敢自己独听这些话，要同时推荐给先祖也听到。"管仲、隰朋顿首拜谢说："有像您这样的国君，这些话不能算是我们的言论，而应该归之于您的教导。"于是，管仲与桓公宣誓下令说："老弱不处刑，犯罪者经过三次宽赦以后再治罪。关卡只稽查而不征税，市场只设官而不收钱，山林水泽，按时封禁和开放而不征赋税。"结果垦草成封，就泽而盐的人们，其归附之众，像集市一样。用三年训练人民，第四年，选拔贤能以配备官吏，第五年开始出动兵车。南伐楚国，靠近方城。又北伐山戎，引种冬葱与胡豆等物，播于天下，果然成就了三次匡扶天子而九次召集诸侯的霸业。

【原文】

桓公外舍，而不鼎馈①。中妇诸子②谓宫人："盍不出从乎？君将有行。"宫人皆出从。公怒曰："庸谓我有行者？"宫人曰："贱妾闻之中妇诸子。"公召中妇诸子曰："女③焉闻吾有行也？"对曰："妾人闻之，君外舍而不鼎馈,非有内忧,必有外患。今君外舍而不鼎馈,君非有内忧也,妾是以知君之将有行也。"公曰:"善!此非吾所与女及也。而言乃至焉,吾是以语女。吾欲致诸侯而不至,为之奈何?"中妇诸子曰:"自妾之身之不为人持接也,未尝得人之布织也。意者更容不审耶?"明日,管仲朝,公告之,管仲曰:"此圣人之言也,君必行也。"

【注释】

①鼎馈:列鼎进食。②中妇诸子:宫中内官的称号。③女:通"汝"。

【译文】

桓公曾在外面住宿而没有列鼎进食,内官中妇诸子对宫女说:"你们还不出来侍从么?君王将要外出了。"宫女们都出来侍从桓公。桓公发怒说:"谁说我要外出的?"宫女们说:"我们是听中妇诸子讲的。"桓公把中妇诸子召来说:"你怎么知道我要外出呢?"回答说:"据我所知,您凡出宿于外而不列鼎进食,不是有内忧,就是有外患。现在您出宿外舍而不列鼎进食,既然没有内忧,所以我知道您一定将要外出了。"桓公说:"好,这本来不是我要说给你的,但你的话却说到这里了,所以我就告诉你吧。我想召集各国诸侯,而人家不到,该怎么办呢?"中妇诸子回答说:"我本人不去做服侍别人的事,别人也就不会给我做衣服。是不是您还有使诸侯不至的缘由在内呢?"第二天,管仲上朝,桓公把这事告诉了他。管仲说:"这真是圣人的话,您必须照着办。"

【原文】

管仲寝疾,桓公往问之,曰:"仲父之疾甚矣,若不可讳也。不幸而不起此疾,彼政我将安移之?"管仲未对。桓公曰:"鲍叔之为人何如?"管子对曰:"鲍叔,君子也,千乘之国,不以其道,予之,不受也。虽然,不可以为政,其为人也,好善而恶恶已甚,见一恶终身不忘。"桓公曰:"然则庸可?"管仲对曰:"隰朋可,朋之为人,好上识而下问,臣闻之,以德予人者,谓之仁;以财予人者,谓之良;以善胜人者,未有能服人者也;以善养人者,未有不服人者也。于国有所不知政,于家有所不知事,则必朋乎。且朋之为人也,居其家不忘公门,居公门不忘其家,事君不二其心,亦不忘其身,举齐国之币。握路家①五十室，其人不知也，大仁也哉，其朋乎！"公又问曰："不幸而失仲父也，二三大夫者，其犹能以国宁乎？"管仲对曰："君请矍已乎，鲍叔牙之为人也好直，宾胥无之为人也好善，宁戚之为人也能事，孙在之为人也善言。"公曰："此四子者，其孰能一人之上也？寡人并而臣之，则其不以国宁，何也。"对曰："鲍叔之为人也好直，而不能以国诎②；宾胥无之为人也好善，而不能以国诎；宁戚之为人也能事，而不能以足息；孙在之为人也善言，而不能以信默。臣闻之，消息盈虚，与百姓诎信，然后能以国宁，勿已者，朋其可乎！朋之为人也，动必量力，举必量技。"言终，喟然而叹曰："天之生朋，以为夷吾舌也，其身死，舌焉得生哉？"管仲曰："夫江、黄之国近于楚，为臣死乎，君必归之楚而寄之。君不归，楚必私之。私之而不救也，则不可；救之，则乱自此始矣。"桓公曰："诺。"管仲又言曰："东郭有狗嘊嘊③，旦暮欲啮我，猳而不使也，今夫易牙，子之不能爱，将安能爱君？君必去之。"公曰："诺。"管子又言曰："北郭有狗嘊嘊，旦暮欲啮我，猳而不使也，今夫竖刁，其身之不爱，焉能爱君，君必去之。"公曰："诺。"管子又言曰："西郭有狗嘊嘊，旦暮欲啮我，猳而不使也，今夫卫公子开方，去其千乘之太子，而臣事君，是所愿也得于君者，将欲过其千乘也，君必去之。"桓公曰："诺。"管子遂卒。卒十月，隰朋亦卒。桓公去易牙、竖刁、卫公子开方。五味不至，于是乎复反易牙。宫中乱，复反竖刁。利言卑辞不在侧，复反卫公子开方。桓公内不量力，外不量交，而力伐四邻。公薨，六子皆求立，易牙与卫公子，内与竖刁，因共杀群吏而立公子无亏，故公死七日不敛，九月不葬。孝公奔宋，宋襄公率诸侯以伐齐，战于甗，大败齐师，杀公子无亏，立孝公而还。襄公立十三年，桓公立四十二年。

【注释】

①握路家：握，通"渥"，意为沾溉。指穷困之家。②诎：同"屈"。③嘊嘊（yá）：狗欲咬人时发出的声音。

【译文】

管仲卧病，桓公去慰问，说："仲父的病很重了，这是无须讳言的。假设不幸而此病不愈，国家大政我将转托给谁呢？"管仲没有回答。桓公说："鲍叔的为人怎样？"管仲回答说："鲍叔是个君子。即使千辆兵车的大国，不以其道送给他，他都不会接受的。但是，他不可托以国家大政。他为人好善，但憎恶恶人太过分，见一恶终身不忘。"桓公说："那么谁行？"管仲回答说："隰朋行。隰朋的为人，有远大眼光而又虚心下问。我听说，给人恩惠叫作仁，给人财物叫作良。用做好事来压服人，人们也不会心服；用做好事来熏陶人，人们没有不心服的。治国有有所不管的政务，治家有有所不知的家事，这只有隰朋能做到。而且，隰朋为人，在家不忘公事，在公也不忘私事；事君没有二心，也不忘其自身。他曾用齐国的钱，救济过路难民五十多户，而受惠者不知道是他。称得上大仁的，还不是隰朋么？"桓公又问说："我不幸而失去仲父，各位大夫还能使国家安宁么？"管仲回答说："请您衡量一下本国吧！鲍叔牙的为人，好直；宾胥无的为人，好善；宁戚的为人，能干；曹孙宿的为人，能说。"桓公说："这四人，谁能得到一个？他们都是上等人才。现在我全都使用，还不能使国家安宁，那是什么缘故呢？"回答说："鲍叔的为人好直，但不能为国家而牺牲其好直；宾胥无的为人好善，但不能为国家而牺牲其好善；宁戚的为人能干，但不能适可而止；曹孙宿的为人能说，但不能取信以后就及时沉默。据我所知，按照消长盈亏的形势，与百姓共屈伸，然后能使国家安宁长久的，还是隰朋才行！隰朋为人，行动必先估计力量，举事必先考虑能力。"管仲讲完话，深叹一气说："上天生下隰朋，本是为我做舌的，我身子死了，舌还能活着么？"管仲还说："江、黄两个国家，离楚很近，如我死了，您一定要把它们归还给楚国。您如不归还，楚国一定要吞并。他吞并而我不救，那不对；若去救，祸乱就从此开始了。"桓公说："好。"管仲又说道："东城有一只狗，动唇露齿，一天到晚准备咬人，是我用木枷枷住而没有使它得逞。现在的易牙，自己的儿子都不爱，怎么能爱君？您一定要远离他。"桓公说："好。"管子又说道："北城有一只狗，动唇露齿，一天到晚准备咬人，是我用木枷枷住而没有使之得逞。现在的竖刁，自己的身体都不爱，怎能爱君？您一定要远离他。"桓公说："好。"管子又说道："西城有一只狗，动唇露齿，一天到晚准备咬人，是我用木枷枷住而没有使它得逞。现在的卫公子开方，放弃千乘之国的太子来臣事于您。这就说明他想要从您身上得到的，将远超过一个千乘的国家。您一定要远离他。"桓公说："好。"管子死了。死后十个月，隰朋也死了。桓公免去易牙、竖刁和卫公子开方。但由于吃东西五味不佳，于是又把易牙召回来；由于宫中秩序混乱，又召回竖刁；由于没有甘言蜜语在身边，又召回卫公子开方。桓公内不量国力，外不计国交，而征伐四邻。桓公死后，六子都求立为君。易牙和开方勾结竖刁，共杀百官，拥立公子无亏。所以，桓公死后七天没有入殓，九个月没有安葬。齐孝公跑到宋国，宋襄公率诸侯伐齐，战于甗地，大败齐军，杀掉公子无亏，立了齐孝公而回。宋襄公在位十三年，齐桓公在位四十二年。

参患第十七

【题解】

　　本篇基本上也是一篇军事论文，共分四节。第一节论人主"猛毅则伐，懦弱则杀"，所论与《法法》篇末节略同，而与本篇后文无关联，故有人以为是别篇错简。第二节论述军队"外以诛暴，内以禁邪"的重要作用。第三节论述用兵事先精心筹划的重要性。第四节论述考评用兵的主要内容是兵器、士兵、将领和君主四方面的状况。

【原文】

　　凡人主者，猛毅则伐①，懦弱则杀②，猛毅者何也？轻诛杀人之谓猛毅。懦弱者何也？重诛杀人之谓懦弱。此皆有失彼此。凡轻诛者杀不辜，而重诛者失有罪，故上杀不辜，则道正者不安；上失有罪，则行邪者不变。道正者不安，则才能之人去亡；行邪者不变，则群臣朋党；才能之人去亡，则宜有外难，群臣朋党，则宜有内乱。故曰猛毅者伐，懦弱者杀也。

【注释】

　　①猛毅则伐：指猛毅之君主将被攻伐。②懦弱则杀：指懦弱之君主将遭弑杀。

【译文】

　　凡为人君，猛毅就为人所伐，懦弱就被人所杀。什么叫猛毅呢？轻易杀人的，叫作猛毅。什么是懦弱呢？在杀人方面优柔寡断的，叫作懦弱。此二者各有所失。凡轻易杀人的，会杀了无罪的人；凡杀人优柔寡断的，会遗漏真正的罪犯。国君杀了无罪的人，正人君子就心怀不安；遗漏真正的罪犯，干坏事的就不肯改正。正人君子不放心，人才就会外流；做坏事的不改正，群臣就结党营私。人才外流，势必带来外患；群臣结党，势必带来内乱。所以说，猛毅之君为人所伐，懦弱之君将被人所杀。

【原文】

君之所以卑尊、国之所以安危者，莫要于兵。故诛暴国①必以兵，禁辟民②必以刑。然则兵者外以诛暴，内以禁邪。故兵者，尊主安国之经也，不可废也。若夫世主③则不然。外不以兵，而欲诛暴，则地必亏矣。内不以刑，而欲禁邪，则国必乱矣。

【注释】

①暴国：强暴之国，侵略之国。②辟民：同"僻民"，邪僻之民。③世主：当世之君主。

【译文】

决定君主尊卑、国家安危的，没有比军队更重要的了。因此征伐暴国，必用军队；镇压坏人，必用刑杀。但是军队是对外用于征伐暴国，对内用于镇压坏人的。所以军队是尊君安国的根本，不可废置。现时的君主则不然，对外不用军队而想征伐暴国，那就必然要丧失国土；对内不用刑杀而想镇压坏人，国家就一定混乱了。

【原文】

故凡用兵之计，三惊①当一至，三至②当一军，三军当一战。故一期之师，十年之蓄积殚③；一战之费，累代之功尽。今交刃接兵而后利之，则战之自胜者也。攻城围邑，主人易子而食之，析骸④而爨⑤之，则攻之自拔者也。是以圣人小征而大匡，不失天时，不空地利，用日维梦，其数不出于计。故计必先定而兵出于竟，计未定而兵出于竟，则战之自败，攻之自毁者也。

【注释】

①惊：同"警"，戒备。②至：出征。③积殚：积蓄耗尽。④析骸：折散尸骨。⑤爨（cuàn）：烧火。

参患第十七

【译文】

　　凡用兵的计划，三次警备等于一次出征，三次出征等于一次围敌，三次围敌等于一次交战。所以，一年的军费，要准备消耗十年的积蓄；一战的费用，要准备用光几代的积累。现在，如果等到两国交兵以后，才创造有利于备战的条件，那只好一接战就自己宣告失败。如果等到攻城围邑以后，才知道守城者易子而食，烧骨为炊的顽强抵抗，那只好一进攻就自己宣告拔寨而退了。所以圣人总是对小的征战有大的警惧，争取不失天时，不失地利，白天作战夜间就计划好，其各项办法都不超出于计划。所以，计划必须先定而后才兴兵出境，没有计划好而兴兵出境，那战起来自己就会失败，攻起来自己就会毁灭的。

【原文】

　　得众而不得其心，则与独行者同实；兵不完利，与无操①者同实；甲不坚密，与俴②者同实；弩不可以及远，与短兵同实；射而不能中，与无矢者同实；中而不能入，与无镞者同实；将徒人，与俴者同实；短兵待远矢，与坐而待死者同实。故凡兵有大论。必先论其器，论其士，论其将，论其主，故曰：器滥恶不利者，以其士予人也；士不可用者，以其将予人也；将不知兵者，以其主予人也；主不积务于兵者，以其国予人也。故一器成，往夫具，而天下无战心；二器成，惊夫具，而天下无守城；三器成，游夫具，而天下无聚众。所谓无战心者，知战必不胜，故曰无战心。所谓无守城者，知城必拔③，故曰无守城。所谓无聚众者，知众必散，故曰无聚众。

【注释】

　　①无操：比喻徒手。②俴（jiàn）：指不着铠甲的人。③知城必拔：知道城堡一定被攻破。

【译文】

　　拥有众多军队但不得军心，实质上和单人行动一样；兵器既不齐全又不锋利，实质上和没有兵器一样；盔甲既不坚固又不严密，实质上和无甲单衣者一样；弓弯射不远，实质上和短兵器一样；射而不能中，实质上和没有箭枝一样；射中而不能穿，实质上和没有箭头一样；率领未经训练的人作战，实质上和自我残杀一样；用短兵器抵御远射的弓箭，实质上和坐而待毙一样。所以，凡是用兵，都有几项重大的考评。必须首先考评武器，考评士兵，考评将领，考评君主。所以说，武器粗恶不良，等于把士兵奉送给敌人；士兵不可用，等于把主将送给敌人；主将不懂用兵，等于把君主送给敌人；君主不能坚持不懈地注重军事，就等于把国家送给别人了。有一种武器达到最高水平，再有敢于出征的战士，则天下没有战心；有两种武器达到最高水平，再有智勇惊人的战士，则天下无可守之城；有三种武器达到最高水平，再有才辩游说的人士，则天下都不敢聚集兵众迎战了。所谓没有战心，就是知道了战争一定不能打胜，所以说不敢有战心；所谓无可守之城，就是知道了城堡一定被攻破，所以说无可守之城；所谓不聚集兵众，就是知道兵众必然逃散，所以说没有人敢于聚集兵众迎战了。

制分第十八

【题解】

　　本篇篇末云："是故治国有器，富国有事，强国有数，胜国有理，制天下有分。"可知，"制分"即"制天下之分"，意为控制天下的名分。本篇也属军事论文，共分三节。第一节论述用兵的先决条件是修行善政。第二节论述善兵要重视"耳目"作用，要坚持"舍坚攻瑕"的原则。第三节阐述治国、富国、强国、盛国、制天下的条件。

【原文】

　　凡兵之所以先争①，圣人贤士，不为爱尊爵；道术知能，不为爱官职；巧伎②勇力，不为爱重禄；聪耳明目，不为爱金财。故伯夷、叔齐，非于死之日而后有名也，其前行多修矣；武王非于甲子之朝而后胜也，其前政多善矣。故小征千里遍知之。筑堵之墙，十人之聚，日五闲之。大征遍知天下。日一闲之。散金财，用聪明也，故善用兵者，无沟垒而有耳目。兵不呼儆③，不苟聚，不妄行，不强进。呼儆则敌人戒，苟聚则众不用，妄行则群卒困，强进则锐士挫。故凡用兵者，攻坚则韧，乘瑕④则神，攻坚则瑕者坚，乘瑕则坚者瑕。故坚其坚者，瑕其瑕者。屠牛坦朝解九牛，而刀可以莫铁，则刃游闲也。故天道不行，屈不足从；人事荒乱，以十破百；器备不行，以且击倍。故军争者不行于完城，有道者不行于无君。故莫知其将至也，至而不可圉。莫知其将去也，去而不可止。敌人虽众，不能止待⑤。

【注释】

　　①凡兵之所以先争：举凡用兵先要争取具备的条件。②巧伎：指武艺高明。③呼儆：高声呼警。④瑕：薄弱环节。⑤止待：阻拦和防御。

【译文】

举凡用兵先要争取具备的条件是：圣人贤士不贪图尊高的爵位；有道术能力的人不贪图国家的官职；有武艺勇力的人不贪图优厚的俸禄；到敌方侦查的人员不贪图金钱和财货。伯夷、叔齐不是饿死以后才有名的，因为以前就注重修德；周武王不是在甲子那天以后取胜的，因为以前就多行善政。所以，小规模的征战，要了解千里之内的情况。就是一墙之隔，十人之聚集，也要每天侦查五次。至于大规模的征战，那就要了解天下的情况了。所谓每日频繁地侦查，就是要花钱购买耳目的意思。所以，善用兵者，即使没有沟垒工事，也要有从事侦查的耳目。兵不可高声呼警，不可草率集合，不可徒劳行军，不可勉强进攻。高声呼警，则敌人知所警惕；草率集合出动，则兵众不肯效力；徒劳行军，则士卒困乏；勉强进攻，则精兵受挫。所以，用兵的人，攻坚则容易受挫，攻弱则收得神效。攻坚，其薄弱环节也会变得坚固；攻弱，其坚固部分也会变得薄弱。所以要稳住其坚固环节，削弱其薄弱环节。屠牛坦一天割解九只牛而屠刀还能削铁，就是因为刀刃总是在空隙间活动的缘故。所以，在天道不顺的时候，敌人穷屈，也不宜追逐；敌国人事荒乱，就可以以十破百；敌国兵器不备，就可以以半击倍，所以，军事争夺不打坚固的城池，有道义的君主不打无君的国家。要使人不知其将要来到，到了就无法防御；要使人不知其将要离去，去了便不能阻止。敌人虽多，也是不能阻拦和防御的。

【原文】

治者所道富也，而治未必富也，必知富之事，然后能富。富者所道强也，而富未必强也，必知强之数，然后能强。强者所道胜也，而强未必胜也，必知胜之理，然后能胜。胜者所道制①也，而胜未必制也，必知制之分，然后能制。是故治国有器，富国有事②，强国有数，胜国有理，制天下有分。

【注释】

①制：控制天下。②事：生产。

【译文】

治，可以导致国富，但治未必就是富，必须懂得富国的生产，然后才能富。富，可以导致国强，但富未必就是强，必须懂得强国的措施，然后才能强。强，可以导致胜利，但强未必就能胜，必须懂得胜利的正理，然后才能胜。胜，可以导致控制天下，但胜未必就能控制天下，必须懂得控制天下的纲领，然后才能控制。所以，使国治要有军备，使国富要有生产，使国强要有措施，使国胜要有道理，控制天下则要有纲领。

君臣上第十九

【题解】

"君臣"说明其中心内容是论述为君之道、为臣之道以及君臣之间的关系。本篇围绕"上下之分不同任"这一中心展开，即着重阐述君臣之间应该分工治事的观点。文中主张，君主不应干预臣职、臣下不应侵夺君权，君主事必躬亲，反而造成不公。文章为君、臣、民之间的关系设计了一个总原则，即"君据法而出令，有司奉命而行事，百姓顺上而成俗，著久而为常"。文章还反复强调"道"的重要作用，要求君主掌握"道"，以治国。

【原文】

为人君者，修官上之道，而不言其中①；为人臣者，比官中之事，而不言其外②。君道不明，则受令者疑；权度不一，则修义者惑。民有疑惑贰豫③之心而上不能匡，则百姓之与间，犹揭表而令之止也。是故能象其道于国家，加之于百姓，而足以饰官化下者，明君也。能上尽言于主，下致力于民，而足以修义从令者，忠臣也。上惠其道，下敦其业，上下相希，若望参表，则邪者可知也。

【注释】

①其中：指百官的具体职责。②其外：指超越百官职务范围之外之事。③贰豫：指犹豫。

【译文】

做人君的，要讲求统属众官的方法，而不要干预众官职责以内的事务；做人臣的，要处理职责以内的事，而不要干预到职责以外去。君道不明，奉令干事的人就感到疑虑；权限不划一，奉公守法的人就感到迷惑。如果人民有疑惑犹豫的心理，国君不能加以纠正，那么百姓对国君的隔阂疏远，就像明帖告示叫他们止步不前一样。所以，为国家树立君道，用于百姓，而能够治官化民的，那就是明君。上面对君主言无不尽，下面为人民出力办事，而能够奉公守法服从命令的，那就是忠臣。上面顺从君道，下面谨守职责，上下相互观察，就像看着测验日影的木表一样，有谁不正，就可以分别出来了。

【原文】

吏啬夫任事，人啬夫任教。教在百姓，论在不挠①，赏在信诚，体之以君臣，其诚也以守战。如此，则人啬夫之事究矣。吏啬夫尽有訾程事律②，论法辟、衡权、斗斛、文劾，不以私论，而以事为正。如此，则吏啬夫之事究矣。人啬夫成教，吏啬夫成律之后，则虽有敦悫忠信者，不得善也；而戏豫怠傲者，不得败也。如此，则人君之事究矣。是故为人君者，因其业，乘其事，而稽之以度。有善③者，赏之以列爵之尊、田地之厚，而民不慕也。有过者，罚之以废亡之辱、僇死之刑，而民不疾也。杀生不违，而民莫遗其亲者，此唯上有明法，而下有常事也。

【注释】

①挠：枉曲。②訾程事律：訾程，计量的规章。事律，指办事的法规。③善：同"缮"。

【译文】

吏啬夫担任督察的事，人啬夫担任教化的事。教化应当面向百姓，论罪应当不枉法行私，行赏应当信诚，体现出君臣的精神，其成效表现为人民的守国和作战方面。这样，人啬夫的职责就完成了。吏啬夫充分掌握着计量的规章和办事的法律。审议刑法、权衡、斗解、文告与劾奏，都不以私意论断，而是据事实为准。这样，吏啬夫的职责就完成了。人啬夫制成规训和吏啬夫制成律令以后，那么，纵使谨朴忠信的人也不许增补；而玩忽怠惰的人更不许破坏。这样，君主的职责就完成了。所以，做人君的要根据吏啬夫和人啬夫的职务和职责，按照法度来考核他们。有好成绩的，就用尊贵的爵位和美厚的田产来奖赏，人民不会有攀比羡慕的心理。有犯过错的，就用撤职的耻辱和诛死的重刑来处罚，人民也不敢有仇恨抱怨的情绪。生与杀都不违背法度，人民也就安定而没有遗弃父母的。要做到这些，只有依靠上面有明确的法制和下面有固定的职责才行。

【原文】

　　天有常象，地有常形，人有常礼。一设而不更，此谓三常。兼而一之，人君之道也；分而职之，人臣之事也。君失其道，无以有其国；臣失其事，无以有其位。然则上之畜下不妄，而下之事上不虚矣。上之畜①下不妄②，则所出法制度者明也；下之事③上不虚④，则循义从令者审也。上明下审，上下同德，代相序⑤也。君不失其威，下不旷其产，而莫相德⑥也。是以上之人务德，而下之人守节。义礼成形于上，而善下通于民，则百姓上归亲于主，而下尽力于农矣。故曰：君明、相信、五官肃、士廉、农愚、商工愿、则上下体而外内别也；民性因，而三族制也。

【注释】

　　①畜：蓄养。②妄：真诚。③事：指侍奉君主。④虚：不实在。⑤相序：指相互间进退有序。⑥相德：指相互间以德义相待。

【译文】

　　天有固定的气象，地有固定的形体，人有固定的礼制。一经设立就不更改，这叫作三常。统一规划全局的是人君之道；分管各项职责的，是人臣的事。人君违背了君道，就不能够保有他的国家；人臣旷废了职责，就不能够保持他的官位。既然如此，那么君养臣能够真诚，臣事君也就老实。君养臣真诚，就是说立法定制的君主是英明的；臣事君老实，就是说奉公行法、服从命令的臣子是审慎的。上面英明，下面审慎，上下同心同德，就相互形成为一定的秩序。君主不失其威信，臣下不旷废事业，谁也不用对谁感恩怀德。因此，在上的人讲求道德，在下的人谨守本分，义礼在上面形成了典范，美善在下面贯通到人民，这样，百姓就都向上亲附于君主，向下致力于农业了。所以说，君主英明，辅相诚信，五官严肃，士人廉直，农民愚朴，商人与工匠谨厚，那么，上下就有一定的体统，内外有一定的分别，人民生活有依靠，而农、商、工三类人也都有所管理了。

【原文】

夫为人君者，荫德①于人者也；为人臣者，仰生于上者也。为人上者，量功而食之以足；为人臣者，受任而处之以教。布政有均，民足于产，则国家丰矣；以劳受禄，则民不幸生；刑罚不颇，则下无怨心；名正分明，则民不惑于道。道也者，上之所以导民也。是故道德出于君，制令传于相，事业程于官，百姓之力也，胥②令而动者也。是故君人也者，无贵③如其言；人臣也者，无爱如其力。言下力上④，而臣主之道毕矣。是故主画之，相守之；相画之，官守之；官画之，民役之；则又有符节、印玺、典法、策籍以相揆⑤也。此明公道而灭奸伪之术也。

【注释】

①荫德：指用道德庇护百姓。②胥：等待。③贵：指贵重。④言下力上：君主的言语下通于臣，人臣的才力上达于君。⑤相揆：考验管理。

【译文】

做人君的，就是要用德来庇护人们的；做人臣的，就是要依赖君主生活的。做人君的，要考核功绩而发放足够的俸禄；做人臣的，要接受任务而严肃认真地执行。行政注意均平，人民的产业能够自足，国家也就富裕了；按劳绩授予俸禄，人民就不会侥幸偷生；刑罚不出偏差，下面就不会抱怨；名义正，职分明，人民对于治国之道就不会有疑惑了。所谓道，就是君主用来引导人民的。所以，道与德出自君主，法制和命令由辅相传布，各种事业由官吏裁定，百姓的力量，是等待命令而行动的。所以，做人君的，再没有比言语更贵重的了。做人臣的，再没有比才力更令人珍爱的了。君主的言语下通于臣，人臣的才力上达于君，君臣之道就算完备了。所以，君主出谋划策，宰相遵守执行；宰相出谋划策，官吏遵守执行；官吏出谋划策，人民就要去出力服役。然后又有符节、印玺、典章、法律、文书和册籍，加以考验管理，这都是用来辨明公道和消除奸伪的办法。

【原文】

论材量能，谋德而举之，上之道也；专意一心，守职而不劳，下之事也。为人君者，下及官中之事，则有司不任；为人臣者，上共专①于上，则人主失威。是故有道之君，正其德以蒞②民，而不言智能聪明。智能聪明者，下之职也。所以用智能聪明者，上之道也。上之人明其道，下之人守其职，上下之分不同任，而复合为一体。

【注释】

①共专：指分夺君主的权柄。②蒞：领导。

【译文】

评选人才，衡量能力，考虑德行，然后加以举用，这是做君主的道；专心一意，谨守职务而不自以为劳苦，这是做人臣的事。做人君的，如果向下干预官吏职责以内的事务，则主管官吏无法负责；做人臣的，如果向上分夺君主的权柄，则君主丧失威信。所以有道之君，总是端正自己的道德来领导人民，而不讲究智能和聪明。智能和聪明之类，是臣下的职能所要求的；如何去使用臣下的智能聪明，才属于为君之道。在上的要阐明君道，在下的谨守臣职，上下的职分，在任务上是不同的，而它们又合成为一体。

【原文】

是故知善，人君也；身善，人役①也。君身善，则不公矣。人君不公，常惠于赏，而不忍于刑，是国无法也。治国无法，则民朋党而下比，饰巧②以成其私。法制有常，则民不散而上合，竭情以纳其忠。是以不言智能，而顺事治、国患解，大臣之任也。不言于聪明，而善人举，奸伪诛，视听者众也。

【注释】

①役：役使。②巧：巧诈。

【译文】

所以，知人善任的是人君，事必躬亲的是给人使役的人。君主也事必躬亲，就不能够公正了。君主不公正，就往往喜爱行赏，而不忍运用刑罚，这样，国家就没有法制了。治国而无法制，人民就会搞帮派而在下面相勾结，虚伪巧诈而去成就他个人的私利。如法制行之有素，人民就不会分帮分派而能够靠拢朝廷，全心全意贡献其忠诚。所以，君主不讲究智能，却能使朝中之事得治，国家之患得除，这是因为任用大臣的缘故。君主不讲究聪明，却能使善人得用，奸伪之人被诛，这是因为替国家监视听察的人多的缘故。

【原文】

是以为人君者，坐①万物之原，而官诸生之职者也。选贤论材，而待之以法。举而得其人，坐而收其福，不可胜收也。官不胜任，奔走而奉其败事，不可胜救也。而国未尝乏于胜任之士，上之明适不足以知之。是以明君审知②胜任之臣者也。故曰：主道得，贤材遂，百姓治。治乱在主而已矣。

【注释】

①坐：疑似"主"字之讹。②审知：审慎地察觉。

【译文】

所以，做君主的，是掌握万事的原则，而授予众人的职事的。选拔贤良，评选人才，并且要依照法度来对待使用他们。如果举用人才正确得当，就可以坐而治国，好处是不可尽收的。如果官吏不能胜任，即使奔走从事，他们所败坏的事情，也是很难补救的。国家并不缺乏能够胜任的人才，只是君主的明察还不能够知道他们。所以，英明的君主，总是认真查访胜任的人臣的。所以说，君道正确，则贤才得用，百姓得治，国家治乱只在乎君主而已。

【原文】

故曰：主身者，正德之本也，官治者，耳目之制也。身立而民化，德正而官治。治官化民，其要在上。是故君子不求于民。是以上及下之事谓之矫①，下及上之事谓之胜②。为上而矫，悖也；为下而胜，逆也。国家有悖逆反迕③之行，有土主民者失其纪也。是故别交正分之谓理，顺理而不失之谓道，道德定而民有轨矣。有道之君者，善明设法，而不以私防者也。而无道之君，既已设法，则舍法而行私者也。为人上者释法而行私，则为人臣者援私以为公。公道不违，则是私道不违者也。行公道而托其私焉，寖④久而不知，奸心得无积乎？奸心之积也，其大者有侵偪杀上之祸，其小者有比周内争之乱。此其所以然者，由主德不立，而国无常法也。主德不立，则妇人能食其意；国无常法，则大臣敢侵其势。大臣假于女之能，以规主情；妇人嬖宠假于男之知，以援外权。于是乎外夫人而危太子，兵乱内作，以召外寇。此危君之征也。

【注释】

①矫：违背。②胜：凌越。③迕：悖逆。④寖：同"浸"。

【译文】

所以说，君主自身是规正德行的根本，官吏好比耳目，是受这根本节制的。君主立身，人民就受到教化；君主正德，官吏就能管好，管好官吏和教化人民，其关键在于君主。所以，君子是不要求于人民的。因此，上面干预下面的职务，叫作矫；下面干预上面的事情，叫作胜。在上的人矫，就是悖谬；在下的人胜，就是叛逆。国家如有悖逆违抗的行为，那就是拥有国土统治人民的君主丧失了纲纪的结果。所以，区别上下关系，规正君臣职分，叫作"理"；顺理而行，没有错误，叫作"道"。道德规范一确定，人民就有轨道可循了。有道之君是善于明确设立法制之后，而不用私心来阻碍的。但是无道的君主，就是已经设立法制，也还要弃法而行私。做人君的弃法而行私，那么做人臣的就将以私心作为公道。所谓不违公道，实际上也就是不违私道了。表面执行公道而实际寄托私图。若是日久而不被发觉，其奸恶思想怎能不愈积愈大呢？奸恶思想愈积愈大，那么，往大里说就会有侵逼和杀害君主的祸事，往小里说也将有相互勾结，发生内争的祸乱。这类事情所以产生，正是由于君主的道德没有树立，而国家没有常法的缘故。君德不立，妇女就能够窥伺他的主意；国无常法，大臣就敢于侵夺他的权势。大臣利用女人的作用来刺探君主意图，被宠爱的妇人利用男人的智谋来援引外国的力量。这样下去的结果，君主就会废夫人而害太子，内部发生兵乱，因而招来外寇。这都是危害国君的表现。

【原文】

是故有道之君，上有五官以牧其民，则众不敢逾轨而行矣；下有五横以揆①其官，则有司不敢离法而使矣。朝有定度衡仪，以尊主位，衣服緷絻②，尽有法度，则君体法而立矣。君据法而出令，有司奉命而行事，百姓顺上而成俗，著久③而为常，犯俗离教者，众共奸④之，则为上者佚矣。

君臣上第十九

【注释】

①揆：纠察。②繟绕：古"衮冕"字。③著久：日久。④奸：加罪。

【译文】

所以有道的君主，在上面设立五官以治理人民，民众就不敢越轨行事了；在下面有五衡之官以纠察官吏，执事官吏就不敢背离法制而行使职权了。朝廷有一定的制度和礼仪，以尊奉君主地位，君主的衮衣和冠冕，也都有法度规定，君主就可以依法而临政了。人君据法而出令，官吏奉命而行事，百姓顺从而成风，这样日久形成常规，如果有违犯习俗背离礼教的人，群众就会共同加罪于他，做君主的就可以安逸无事了。

【原文】

天子出令于天下，诸侯受令于天子，大夫受令于君，子受令于父母，下听其上，弟听其兄，此至顺矣。衡石一称，斗斛一量，丈尺一绰制，戈兵一度，书同名，车同轨，此至正也。从①顺独逆，从正独辟，此犹夜有求而得火也，奸伪之人，无所伏矣。此先王之所以一民心也。是故天子有善，让德于天；诸侯有善，庆②之于天子；大夫有善，纳之于君；民有善，本于父，庆之于长老。此道法之所从来，是治本也。是故岁一言者，君也；时省者，相也；月稽者，官也；务四支之力，修耕农之业以待令者，庶人也。是故百姓量其力于父兄之间，听其言于君臣之义，而官论其德能而待之。大夫比官中之事，不言其外；而相为常具以给之。相总要，者官谋士，量实义美③，匡请所疑。而君发其明府之法瑞以稽之，立三阶之上，南面而受要。是以上有余日，而官胜其任；时令不淫④，而百姓肃给⑤。唯此上有法制，下有分职也。

【注释】

①从：当作"众"。②庆：当作"荐"。③量实义美：量其功实，议其美善。④淫：出错误。⑤肃给：恭敬地供给君主。

【译文】

天子向天下发布命令，诸侯从天子那里接受命令，大夫从本国国君那里接受命令，儿子从父母那里接受命令，下听其上，弟听其兄，这是最顺的秩序。衡石的称计是统一的，斗斛的量度是统一的，丈尺的标准是统一的，武器的规格是统一的，书写文字相同，车辙宽窄相同，这是最正的规范。如果大家都顺，而一人独逆，大家都正，而一人独偏，这就像黑夜之中找东西而见到火光一样，奸伪之人是无法隐藏得住的。这就是先王为什么坚持统一民心的原因。所以，天子有了成就，就要把功德归让于上天；诸侯有了成就，就要归功于天子；大夫有了成就，就要奉献给本国国君；人民有成就，就应当追溯来源于父亲，并归功于长辈和老辈。这就是道和法所产生的根源，也是治国的根本，因此，按年考察工作的是君主，按四时考察工作的是辅相，按月进行考核的是百官，致力于发挥四肢的力量，从事劳动专务农业，以等待上面命令的是一般平民。所以，对于平民百姓，应当在他们的父兄中间评量其劳动，应当就君臣的大义上面来听取其言论，然后官吏评选其德才，献给君主。大夫只安排官职以内的事务，而不论及职责以外的事情；至于辅相，就要定出基本的法则来给百官做依据。辅相总揽枢要，百官谋士们量其功实，议其美善，有所疑问则请辅相匡正。君主则调发大府内有关的法令和珪璧印信，来进行稽考查验，只站在三层台阶之上，面向南方接受辅相呈上的政事枢要就行了。这样，君主有余暇的时日，而百官胜任其职务；四时的政令不出错误，而百姓恭敬地供给君主。这都是因为上有法制而下面各有职分的结果。

【原文】

　　道者，诚①人之姓也，非在人也。而圣王明君，善知而道②之者也。是故治民有常道，而生财有常法。道也者，万物之要也。为人君者，执要而待之，则下虽有奸伪之心，不敢杀也。夫道者虚设，其人在则通，其人亡则塞者也。非兹是无以理人，非兹是无以生财。民治财育，其福归于上。是以知明君之重道法而轻其国也。故君一国者，其道君之也。王天下者，其道王之也。大王天下，小君一国，其道临之也。是以其所欲者能得诸民，其所恶者能除诸民。所欲者能得诸民，故贤材遂；所恶者能除诸民，故奸伪省。如冶之于金，陶之于埴③，制在工也。

【注释】

　　①诚：当为"成"。②道：由也。③埴：一种粘土。

【译文】

道，是人的生命之所出，不是由人而生的。圣王明君是善于了解它和说明它的。所以，治民有固定的道，生财有固定的法。"道"是万物的枢要，做人君的掌握这个枢要来处理事情，下面就是有奸伪之心也是不敢尝试的。"道"是存在于虚处的，行道的人君在，道就通行无阻；行道的人君不在，道就闭塞起来。没有道就不能治民，没有道就不能理财。民治财育的结果，福利还是归于君主。这样，明君看重道和法而看轻国家，也就可以理解了。所以，君主统治一个国家，就是他的为君之道在那里统治；帝王统治天下，就是他的帝王之道在那里统治。无论大而统治天下，小而统治一国，都是他们的道在那里起作用。因此，他所要求的就能够从人民那里得到，他所厌恶的就能够由人民除掉。所求者能在人民那里得到，所以贤能的人才就可以进用；所恶者能由人民除掉，所以奸伪分子就能被察觉。好像冶工对于金属，陶工对于黏土，想要制作什么都是由工匠掌握的一样。

【原文】

是故将与之，惠厚①不能供；将杀之，严威不能振。严威不能振，惠厚不能供，声实有间②也。有善者不留其赏，故民不私其利；有过者不宿其罚，故民不疾③其威。威罚之制，无逾于民，则人归亲于上矣。如天雨然，泽下尺④，生上尺⑤。

【注释】

①惠厚：当作"厚惠"。②声实有间：名不副实。③疾：抱怨（君主的威严）。④泽下尺：降下一尺的雨量。⑤生上尺：大地里的禾苗就向上生长一尺。

【译文】

所以，将要行赏，过于厚反而不能供应；将要行杀，过于严反而不能震慑。杀过严而不能震慑，赏过厚而不能供应，都是由于处理的名义和实际情况不符造成的。做好事的人，不折扣他应得的奖赏，人民就不会考虑私利；有过失的，不拖延对他的惩罚，人民就不会抱怨刑威。赏罚的制定，不超过人民所应得的，人民就归附和亲近君上了。这就像天下雨一样，天降下一尺的雨量，大地里的禾苗就向上生长一尺。

【原文】

是以官人不官，事人不事，独立而无稽者，人主之位也。先王之在天下也，民比之神明之德。先王善牧①之于民者也。夫民别而听之则愚，合而听之则圣。虽有汤武之德，复合于市人之言。是以明君顺人心，安情性，而发于众心之所聚。是以令出而不稽②，刑设而不用。先王善与民为一体。与民为一体，则是以国守国，以民守民也。然则民不便为非矣。

【注释】

①牧：当为"收"。②稽：留滞。

【译文】

所以授人官职而自己不居官，给人职事而自己不任事，独立行动而无人考核的，这就是君主的地位。古代先王主持天下的时候，人民就把他的德行比作神明。先王也是善于吸收人民意见的。关于人民的意见，只个别地听取，就会是愚蠢的；全面综合地听取，就将是圣明的。即使有商汤、周武王的道德，也还要多方搜集众人的言论。因此，英明的君主顺从人心，适应人的性情，行事都从众人共同关心的地方出发。这样，命令布置下去，就不会阻碍；刑罚设置了，却用不着。先王就是善于同人民合成一体的。与民一体，那就是用国家保卫国家，用人民保卫人民，人民当然就不去为非作歹了。

【原文】

虽有明君，百步之外，听而不闻；间之堵墙，窥而不见也。而名为明君者，君善用其臣，臣善纳其忠也。信以继信，善以传善。是以四海之内，可得而治。是以明君之举其下也，尽知其短长，知其所不能益，若任之以事。贤人之臣其主也，尽知短长与身力之所不至，若量能而授官。上以此畜①下，下以此事上，上下交期于正②，则百姓男女皆与治焉。

【注释】

①畜：蓄养臣下。②交期于正：上下都期待贯彻公正的精神。

【译文】

　　虽然是明君，距离在百步以外，也照样听不到；隔上一堵墙。也照样看不见。但能够称为明君，是因为善于任用他的臣下，而臣下又善于贡献出他的忠诚。信诚继承信诚，良善传播良善，所以四海之内都可以治理好。因此，明君举用下面的人才，总是完全了解他的短处和长处，了解到他的才能的最高限度，才委任给他职务。贤人事奉他的君主，总是完全认识自己的短处和长处，认识到自己力所不及的限度，才量度能力而接受官职。君主按照这个原则来收养臣下，臣下也按照这个原则来侍奉君主，上下都互相想着公正，那么，百姓男女就都能治理好了。

君臣下第二十

【题解】

　　这是本书论述君道、臣道和君臣关系专篇的下篇。本篇围绕君臣关系这一核心，广泛论述了一系列有关问题，文章从叙述君臣关系的形成过程入手，阐述了君主实行赏罚的原则和设相选贤的原则，分析了国家发生乱亡的原因和君臣可能犯的错误，强调君主要树立自身德行的典范，要认真研究治国之道。同时文章还提出了防止近臣擅权、宫中内乱的一系列措施。

【原文】

　　古者未有君臣上下之别，未有夫妇妃匹①之合，兽处群居，以力相征。于是智者诈愚，强者凌弱，老幼孤独不得其所。故智者②假众力以禁强虐，而暴人止。为民兴利除害，正民之德，而民师之。是故道术德行，出于贤人。其从义理，兆形于民心，则民反道③矣。名物处，违是非之分，则赏罚行矣。上下设，民生体，而国都立矣。是故国之所以为国者，民体以为国；君之所以为君者，赏罚以为君。

【注释】

　　①妃匹：配匹，配偶。②智者：即圣王。③反道：复归正道。

【译文】

　　古时没有君臣上下之分，也没有夫妻配偶的婚姻，人们像野兽一样共处而群居，以强力互相争夺。于是智者诈骗愚者，强者欺凌弱者，老、幼、孤、独的人们都不得其所。因此，智者就依靠众人力量出来禁止强暴，强暴的人们就这样被制止了。由于替人民兴利除害，并规正人民的德性，人民便把这智者当作导师。所以道术和德行是从贤人那里产生的。道术和德行的义理开始形成在人民心里，人民就都归正道了。辨别了名物，分清了是非，赏罚便开始实行。上下有了秩序，民生有了根本，国家的都城也便建立起来。因此，国家之所以成其为国家，是由于有人民这个根本才成为国家；君主之所以成为君主，是由于掌握赏罚，才能成其为君主。

【原文】

致赏则匮，致罚则虐。财匮而令虐①，所以失其民也。是故明君审居处之教，而民可使居治、战胜、守固者也。夫赏重，则上不给也；罚虐，则下不信也。是故明君饰②食饮吊伤之礼，而物属之者也。是故厉之以八政③，旌之以衣服，富之以国裹④，贵之以王禁，则民亲君可用也。民用，则天下可致也。天下道其道则至，不道其道则不至也。夫水，波而上，尽其摇而复下，其势固然者也。故德之以怀也，威之以畏也，则天下归之矣。有道之国，发号出令，而夫妇⑤尽归亲于上矣；布法出宪，而贤人列士尽功能于上矣。千里之内，束布之罚，一亩之赋，尽可知也。治斧钺者不敢让刑，治轩冕者不敢让赏，坎然若一父之子，若一家之实，义礼明也。

【注释】

①令虐：法令暴虐。②饰：同"饬"。③八政：指八种政事或官职。④裹：当为"稟"。稟，古"廩"字，指粟米。⑤夫妇：指百姓。

【译文】

行赏过多则导致国贫，行罚过重则导致暴虐。财力贫乏和法令暴虐，都是会丧失民心的。所以，明君总是注意对于人民平时的教导，这样可以使人民平时得治，出战取胜，防守也牢不可破。行赏过多了，上面就不能供应；刑罚太暴了，人民就不会信服。所以，明君就要讲饮宴、吊丧的礼节，对人们分别等级给予不同的礼遇。所以，明君还用八种官职来勉励他们，用不同品秩的衣服来表彰他们，用国家俸禄来满足他们的生活，用国家法度来抬高他们的地位，这样，人们就都会亲附君主，可以为君主所用。人民可用，那么天下就会归心了。人君行道，天下就来归附；不行其道，天下就不归附。这好比浪头涌起，到了顶头又会落下来，乃是必然的趋势。所以，用恩德来安抚人们，用威势来震慑人们，天下就会归心了。一个有道的国家，通过发号施令，国内男女都会亲附于君主；通过宣布法律和宪章，贤人列士都会尽心竭力于君主。千里之内的地方，哪怕是一束布的惩罚，一亩地的赋税，君主都可以完全了解。主管刑杀的不敢私窃刑杀的权限，主管赏赐的不敢偷窃行赏的权限，人们服帖得像一个父亲的儿子，像一个家庭的情况一样，这是由于义礼分明的缘故。

【原文】

夫下不戴其上，臣不戴其君，则贤人不来。贤人不来，则百姓不用。百姓不用，则天下不至。故曰：德侵①则君危，论侵则有功者危，令侵则官危，刑侵②则百姓危。而明君者，审禁淫侵③者也。上无淫侵之论，则下无异幸④之心矣。

【注释】

①德侵：施行德政的权力被侵削。②刑侵：行刑的权力被侵削。③淫侵：不正当的侵削行为。④异幸：侥幸投机。

【译文】

在下的不拥护在上的，臣子不拥护君主，贤人就不会出来做事。贤人不出来，百姓就不肯效力。百姓不效力，天下就不会归心。所以说，施行德政的权力被侵削，君主就危险；论功行赏的权力被侵削，有功的人就危险；发令的权力被侵削，官吏就危险；行刑的权力被侵削，百姓就危险。贤明的君主是明确禁止这种不正当的侵削行为的。上面没有不正当的侵夺君权的议论，下面就不会有侥幸投机的心理了。

【原文】

为人君者，倍①道弃法，而好行私，谓之乱。为人臣者，变故易常，而巧官②以谄上，谓之腾。乱至则虐，腾至则北③。四者有一至，败，敌人谋之。则故施舍优犹以济乱，则百姓悦；选贤遂材，而礼孝弟，则奸伪止；要④淫佚，别男女，则通乱隔；贵贱有义，伦等⑤不逾，则有功者劝。国有常式，故法不隐，则下无怨心。此五者，兴德匡过、存国定民之道也。

【注释】

①倍：同"背"。②官：当作"言"。③北：同"背"，指不忠之臣。④要：约束。⑤伦等：等级。

【译文】

做人君的，违背君道抛弃法制而专好行私，这叫作"乱"。做人臣的，改变旧制，更易常法，而用花言巧语来谄媚君主，这叫作"腾"。"乱"的行为发展到极点就会"暴虐"，"腾"的行为发展到极点就会"背叛"。这四种现象出现一种，就会失政，敌人就会来图谋这个国家。所以，国君多行施舍，宽容大度以防止祸乱，则人民喜悦；选拔贤者，进用人才而礼敬孝悌的人，则奸伪之徒敛迹；禁止淫荡懒惰，分清男女界限，则淫乱私通者就被隔绝；贵贱区分合理，等级不乱，则立功者受到鼓励；国家有确定规范，常法向人民公开，则人民没有怨心。这五个方面，都是振兴道德、匡正错误、保存国家和安定人民的办法。

【原文】

夫君人者有大过，臣人者有大罪。国，所有也，民，所君①也，有国君民而使民所恶制之，此一过也。民有三务，不布②其民，非其民也。民非其民，则不可以守战。此君人者二过也。夫臣人者，受君高爵重禄，治大官。倍其官，遗其事，穆君之色，从其欲，阿③而胜之，此臣人之大罪也。君有过而不改，谓之倒；臣当罪而不诛，谓之乱。君为倒君，臣为乱臣，国家之衰也，可坐而待之。是故有道之君者执本，相执要，大夫执法以牧其群臣，群臣尽智竭力以役其上。四守者得则治，易则乱，故不可不明设④而守固。

【注释】

①君：指受君主统治。②布：向百姓发布政令。③阿：指巧言令色地奉承。④明设：明确规定。

【译文】

为人君的可能有大过，为人臣者也可能有大罪。国家归君主占有，人民归君主统治，有国有民而竟让人民所憎恶的人去掌权管理，这是人君的第一个过失。人民有春、夏、秋三季节的农事，君主不适时向人民发布政令，那就不是他的人民了。既然不是他的人民，就不能用来守国作战，这是人君的第二个过失。做人臣的，受国君高爵重禄，负责重要的事务，然而却背其职守，放弃职责，逢迎君主的脸色，顺从君主的私欲，通过阿谀奉承的手段而控制君主，这便是人臣的大罪。君有过而不改，叫作"倒"；臣有罪而不诛，叫作"乱"。如果君主是"倒君"，人臣是"乱臣"，那么国家的衰亡，就可以坐着等待到来了。因此，有道的君主要掌握治国根本原则，辅相要掌握重要政策，大夫执行法令以管理群臣，群臣尽心竭力为主上服务。这四种职守都能完成得好则国家治；疏忽了，则国家乱。所以，这四种职守都是不可不明确规定和坚决遵守的。

【原文】

昔者，圣王本厚民生，审知祸福之所生。是故慎小事微，违非索辩以根①之。然则躁作、奸邪、伪诈之人，不敢试也。此礼正民之道也。

【注释】

①根：追根溯源。

【译文】

古时候，圣明君主总是把提高人民生活水平作为根本，慎重了解祸福产生的原因。所以，对于微小的事情都十分谨慎，对于违法非法都详细辨别，并追究根底。这样，轻举妄动、奸邪和诈伪的人们就不敢尝试做坏事了。这正是规正人民的途径。

【原文】

古者有二言："墙有耳，伏寇在侧。"墙有耳者，微谋①外泄之谓也；伏寇在侧者，沈疑②得民之道也。微谋之泄也，狡妇袭主之请而资游慝③也。沈疑之得民也者，前贵而后贱者为之驱也。明君在上，便僻不能食其意，刑罚亟近也；大臣不能侵其势，比党者诛，明也。为人君者，能远谗谄，废比党，淫悖④行食之徒，无爵列于朝者，此止诈、拘奸、厚国、存身之道也。

【注释】

①微谋：机密的谋划。②沈疑：怀有阴谋。③游慝（tè）：邪恶之徒。④淫悖：淫邪悖乱的人。

【译文】

古时候有两句话："墙上有耳，身旁有暗藏的贼寇。"所谓墙上有耳，是说机密的谋划可能泄露在外。所谓身旁有暗藏的贼寇，是说阴谋家可能争得人心。机密谋划的泄露，是由于狡猾的宠妇刺探君主内情去帮助暗藏的恶人。阴谋家争得人心，是由于从前受到贵宠后来沦为低贱的人愿意为他奔走效劳。英明的君主执政，宠臣内侍不敢窥伺君主的意图。因为刑罚首先施行于亲近；大臣不能侵夺君主的权势，因为勾结私党者被杀的事实，是明确的。做人君的能够远离谗言谄语，废除拉帮结党，使那些淫邪悖乱和游荡求食之徒，不能混入朝廷为官，这是防止诈伪，限制奸邪，巩固国家和保全自身的途径。

【原文】

为人上者，制群臣百姓，通①中央之人和②。是以中央之人，臣主之参。制令之布于民也，必由中央之人。中央之人，以缓为急，急可以取威；以急为缓，缓可以惠民。威惠迁于下，则为人上者危矣。贤不肖之知于上，必由中央之人。财力之贡于上，必由中央之人。能易贤不肖而可威党于下。有能以民之财力上陷其主，而可以为劳于下。兼上下以环其私，爵制而不可加，则为人上者危矣。先其君以善者，侵其赏而夺之实③者也；先其君以恶者，侵其刑而夺之威者也；讹言于外者，胁其君者也；郁④令而不出者，幽⑤其君者也。四者一作而上下不知也，则国之危，可坐而待也。

【注释】

①制群臣百姓：治理群臣和百姓。②人和：朝政清明。③实：当作"惠"。④郁：指塞住。⑤幽：幽闭，封锁。

【译文】

做君主的，统治群臣百姓，是通过左右大臣实现的。所以左右大臣是群臣与君主之间的中间参与者。制度法令向人民布置，必须经过左右的大臣。左右大臣把可以缓办的命令改为急办，就可以因为急办在人民中取得权威；又把应当急办的命令改为缓办，就可以因为缓办对人民表示恩惠。君主的权威与恩惠转移到左右大臣的手里，做君主的就危险了。把官吏的贤能或不肖报告君主的，必定经过左右的大臣。把各地方的民财、民力贡献给君主的，也必定经过左右的大臣。左右大臣能把贤能说成不肖，把不肖说成贤能，而可以在下面结成私党。又能用民财与民力去诱惑君主，而可以在上面邀取功劳。同时在君主和臣民中间两头谋求私利，致使官爵和法制对他都不起作用，做君主的就危险了。先于君主来行赏，这是侵夺君主的行赏大权和恩惠；先于君主来行罚，这是侵夺君主的惩罚大权和威严；在外面制造谣言，这是威胁君主；扣压命令不公布，这是封锁君主。这四种情况全部发生，而君主还不知道，国家的危险就临近了。

【原文】

神圣者王，仁智者君，武勇者长①，此天之道，人之情也。天道人情，通者质②，宠者③从，此数之因也。是故始于患者，不与其事；亲其事者，不规其道。是以为人上者患而不劳也，百姓劳而不患也。君臣上下之分索，则礼制立矣。是故以人役上，以力役明，以刑役心，此物之理也。心道进退，而形道滔赶。进退者主制，滔赶者主劳。主劳者方④，主制者圆⑤。圆者运，运者通，通则和。方者执，执者固，固则信。君以利和，臣以节信，则上下无邪矣。故曰：君人者制仁，臣人者守信。此言上下之礼也。

【注释】

①长：官长。②质：主人。③宠者：当为"穷者"。④方：方正。⑤圆：圆通。

【译文】

神圣的人做王，仁智的人做国君，威武勇敢的人做官长，这本是天道和人情。依照天道和人情，通达的人做君主，卑穷的人做臣仆，这是规律性所决定的，所以，主管谋划的人，不参与具体事务；亲身参与事务工作的，不掌握原则。所以，做君主的只谋虑思考而不从事劳作；做百姓的只从事劳作而不管谋虑思考。君臣上下的职分明确定下来，礼制就建立起来了。所以，用人民来服侍君上，用劳力来服侍贤明，用形体来服侍心灵，这就是事物的道理。心的功能考虑举止动作，形体的功能是实践俯仰屈伸。考虑举止动作的管号令，实践俯仰屈伸的主管劳力。主管劳力的要方正，主管号令的要圆通。圆的长于运转，运转的能变通，变通就可以和谐。方的往往固执，固执的能坚定，坚定就可以信诚。君主用物利协调群臣，群臣用守本分来表示诚信，上下就不会有偏差了。所以说，做君主的要主持宽仁，做臣子的要谨守信用，这就是所说的上下之礼。

【原文】

君之在国都也，若心之在身体也。道德定于上，则百姓化于下矣。戒①心形于内，则容貌动于外矣。正也者，所以明其德。知得诸己，知得诸民，从其理也。知失诸民，退而修诸己，反其本也。所求于己者多，故德行立。所求于人者少，故民轻给之。故君人者上注②，臣人者下注③。上注者，纪天时，务民力。下注者，发地利，足财用也。故能饰大义，审时节，上以礼神明，下以义辅佐者，明君之道。能据法而不阿，上以匡主之过，下以振民之病者，忠臣之所行也。

【注释】

①戒：当作"成"，与"诚"通，诚信之心。②上注：指注意上天，利用天时。③下注：指注意下地，利用地利。

【译文】

君主在国都，如同心在身体一样。道德规范树立在上面，百姓就在下面受到教化。戒慎之心形成在里面，容貌就在外面表现出来。所谓"正"，是表明君主德行的。知道怎样适合自己，就知道怎样适合于臣民，这是顺从道理来考虑问题的结果。如果发现有不适合臣民的地方，就回过头来修正自己，这是返回到根本的方法。对自己要求得多，德行就可以树立；对人民要求得少，人民就易于给予。所以，做君主的要注意天时，做人臣的要注意地利。注意天时，即掌握天时并安排民力；注意地利，即开发地利并增长财富。所以能整饬治国大义，研究天时季节，向上礼敬神明，向下义待大臣，这才是明君的治国之道。能够依法办事而不迁就逢迎，上面用来纠正君主的过失，下面用来救济人民的困难，这才是忠臣的行为。

【原文】

明君在上，忠臣佐之，则齐民以政刑，牵①于衣食之利，故愿②而易使，愚而易塞③。君子食于道，小人食于力，分民。威无势也无所立，事无为也无所生，若此，则国平而奸省矣。

【注释】

①牵：牵系。②愿：朴实。③塞：止。

【译文】

明君在上位，加上忠臣的辅佐，就可以用政策和刑罚来整治人民，使人民都关心衣食之利，这样，人民就朴实而容易役使，愚昧而容易控制。君子依靠治国之道来生活，平民依靠出力劳动来生活，这就是本分。君子没有什么权势，就无从树立个人的威望；小人没有什么作为，就无从生产财富。按这个本分去做。国家才能安定，坏人才能减少。

【原文】

君子食①于道，则义审②而礼明，义审而礼明，则伦等不逾，虽有偏卒③之大夫，不敢有幸心，则上无危矣。齐民食于力则作本，作本者众，农以听命。是以明君立世，民之制于上，犹草木之制于时也。故民迁则流之，民流通则迁之。决之则行，塞之则止。虽有明君，能决之，又能塞之。决之则君子行于礼，塞之则小人笃于农。君子行于礼，则上尊而民顺；小民笃于农，则财厚而备足。上尊而民顺，财厚而备足，四者备体，顷时而王不难矣。

【注释】

①食：靠……谋生。②义审：义理就要详备。③偏卒：拥有兵车和士卒。

【译文】

君子靠治国之道来生活，义理就可以详备，礼制就可以彰明。义理详备，礼制彰明，伦理的等级就没有人敢于超越，即使拥有兵车和士卒的大夫也不敢存在侥幸作乱的心理，这样，君主就可以没有危险了。平民靠劳动生活，则从事基本的农业生产；从事农业生产的人多了，则勤勉而听从命令。所以，明君治世，人民受君主的节制，就像草木受天时的制约一样。所以人民偏于保守，就要使他们开通一些；人民偏于开通，就要使他们保守一些。开放之则流通，堵塞之则停止。唯有明君是既能开放又能堵塞的。开放，则能使君子遵守礼制；堵塞，则能使小民专心务农，君子遵守礼制，则君主尊严而人民顺从；小民专心务农，则财物丰厚而贮备充足。上尊、民顺、财厚、备足，这四者全都齐备，在短时间内称王于天下，就不困难了。

【原文】

四肢六道①，身之体也。四正五官②，国之体也。四肢不通，六道不达，曰失。四正不正，五官不官，曰乱。是故国君聘妻于异姓，设为姪娣、命妇、宫女，尽有法制，所以治其内也。明男女之别，昭嫌疑③之节，所以防其奸也。是以中外不通，谗慝不生，妇言不及官中之事，而诸臣子弟无宫中之交，此先王所以明德圉奸、昭公威私也。

【注释】

①四肢六道：四肢指手足，六道指上有四窍，下有二窍。②四正五官：四正指君臣父子，五官指五行之官。③嫌疑：污秽之事。

【译文】

四肢和六道：耳、目、口、鼻、前阴和后阴，是人身的躯体；四正：君、臣、父、子和五官是国家的躯体。四肢不关联，六道不通畅，这叫作身体失调；四正不端正，五官不管事，这叫作国家混乱。所以，国君从不同姓的国家娶妻，设置姪娣、命妇和宫女，都按法度进行，这为的是治理好宫内之事。明定男女分别，宣示管理男女做出不正当行为的办法，这为的是防止奸情。所以，宫内外不得私通，谗言、恶事不准发生，妇人说话不得涉及朝廷政事，群臣子弟不得与宫内交往，这都是先王用来彰明德行、制止奸邪、昭示公道、消灭私图的措施。

【原文】

明立宠设①，不以逐子伤义。礼私爱欢②，势不并论。爵位虽尊，礼无不行。选为都佼③，冒④之以衣服，旌之以章旗，所以重其威也。然则兄弟无间郄⑤，谗人不敢作矣。

【注释】

①宠设：尊立女宠。②礼私爱欢：优礼和私爱自己喜欢的庶子。③都佼：指首要。④冒：装饰。⑤间郄（xì）：隔阂。

【译文】

明立女宠之子为太子，而不立长子，这是伤义的事情。优礼和私爱自己喜欢的庶子，但不能使他的地位、权力与嫡长子平等。庶子的爵位尽管尊贵，但嫡庶的礼制不能不执行。嫡长子是首要的，要用美好的衣服来装饰他，用带文彩的旗帜来旌表他，为的是提高他的威望。这样嫡庶兄弟之间就可以没有隔阂，挑拨离间的人也就不敢动作了。

【原文】

故其立相也，陈功而加之以德，论劳而昭之以法，参伍①相德而周举之，尊势②而明信之。是以下之人无谏死之諅③，而聚立者无郁怨之心，如此，则国平而民无愿矣。其选贤遂材也，举德以就列，不类无德；举能以就官，不类无能；以德弇④劳，不以伤年⑤。如此，则上无困，而民不幸生矣。

【注释】

①参伍：参照考量。②尊势：尊重他的权威。③諅：同"忌"，畏惧。④弇（yǎn）：掩蔽。⑤伤年：不因资历年限而有所限制。

【译文】

所以，君主在设立辅相的时候，罗列他的功绩也同时考虑他的德行；论定他的劳绩也同时查看他是否合于法度。经过比较考核，各方面都合适，然后举用他，尊重他的权威，坦白地信任他。因此，下面的人臣就没有进谏怕死的顾虑。聚立于朝的小吏也没有抑郁怨恨的心理。这样，国家就可以太平而人民也没有邪恶了。君主在选拔贤材的时候,要举拔有德行的人进入爵位的行列,不可以包括无德之人;要举拔有才能的人担任适当的官职,不可以包括无能之辈。把德行放在功劳之上,不因为资历年限而加以抑制。这样,君主就没有困惑,而人民也不会寻求侥幸了。

【原文】

国之所以乱者四,其所以亡者二。内有疑①妻之妾,此宫乱也;庶有疑適之子,此家乱也;朝有疑相之臣,此国乱也;任官无能,此众乱也。四者无别,主失其体。群官朋党,以怀其私,则失族矣;国之几臣,阴约闭谋以相待也,则失援矣。失族于内,失援于外,此二亡也。故妻必定,子必正,相必直立以听,官必中信以敬。故曰:有宫中之乱,有兄弟之乱,有大臣之乱,有中民之乱,有小人之乱。五者一作,则为人上者危矣。宫中乱曰妒纷,兄弟乱曰党偏,大臣乱曰称述②、中民乱曰詟谆③,小民乱曰财匮。财匮生薄,詟谆生慢,称述、党偏、妒纷生变。

【注释】

①疑:僭也。②称述:各称己德不肯想让。③詟(zhé)谆:诈诞相恐吓。

【译文】

国家所以衰乱的原因有四个,所以灭亡的原因有两个。宫里面有与嫡妻争夺地位的宠妾。这是宫中的乱;庶子里有与嫡子争夺地位的宠子,这是家中的乱;朝廷里有与辅相争夺地位的宠臣,这是国中的乱;任用的官吏无能,这是众官的乱。对上述四者都不能辨别,君主就失去其体统了。群官结党营私,君主就丧失宗族的拥护;国家的机密大臣暗中策划阴谋,对付君主,君主就丧失人民的支援。内部丧失宗族拥护,外部丧失人民支援,这就是灭亡的两个原因。所以嫡妻必须固定,嫡子必须确立,辅相必须以正直态度听政。百官必须以忠诚的态度严肃认真地办事。所以说,有宫中之乱,有兄弟之乱,有大臣之乱,有百官之乱,有小民之乱。五者一旦全部发生,做人君的就危险了。宫中之乱是由于妻妾嫉妒纷争,兄弟之乱是出于诸子结党偏私,大臣之乱是由于他们喜用权术,百官之乱是由于他们对上诽议不满,小人之乱是由于他们财用贫乏。财用贫乏就产生薄德的行为,对上诽议不满就产生傲慢法制的行为,喜用权术，结党偏私和嫉妒纷争，则会产生变乱。

【原文】

故正名稽疑①，刑杀亟近，则内定矣。顺大臣以功，顺中民以行，顺小民以务，则国丰矣。审天时，物地生，以辑民力；禁淫务，劝农功，以职其无事，则小民治矣。上稽之以数，下十伍②以征，近其罪伏，以固其意。乡树之师，以遂其学。官之以其能，及年而举，则士反行矣。称德度功，劝其所能，若稽之以众风，若任以社稷之任。若此，则士反于情③矣。

【注释】

①稽疑：稽查嫌疑。②十伍：同"什伍"。③士反于情：士人都归于诚实。

【译文】

所以，正定嫡庶名分，稽查妻妾嫌疑，诛杀奸诈的近臣，宫内就可以安定了。根据功绩安排大臣的次序，根据德行安排百官的次序，根据劳务安排小民的次序，国家就富裕了。详细观察天时，察看土地性质，以协调民力，禁止奢侈品生产，奖励农业耕作，以使无业之民有事做，小民就得到治理了。上面核定一定的数额，下到"什伍"的居民组织来征集人才，并缩短选升的期限，以坚定士人的意志，然后每乡设立教师，使士人得到学习，依据才能任官授职，到了年限就荐举使用。这样，士人都归于修德的途径了。衡量德行和功绩，鼓励其所能，再考察众人的舆论，然后把国家的重任委托给他。这样，士人都归于诚实了。

心术上第二十一

【题解】

　　古人以为心是思维的器官，是主宰身体其他器官的，所以文中把心比作君，把其他器官比作百官。《心术》分为上、下两篇，本篇为上篇，论述心的功能和心的修养，涉及到治国处世等内容。主张以虚静无为之道治心处世，与下篇以及《白心》《内业》的观点大致一样，是宣扬道家学说的哲学论文，体现了战国时期道家学派的发展趋势。

【原文】

　　心之在体，君之位也；九窍之有职，官之分也。心处其道，九窍循理；嗜欲充益①，目不见色，耳不闻声。故曰：上离其道，下失其事。毋代马走，使尽其力；毋代鸟飞，使獘②其羽翼；毋先物动，以观其则。动则③失位，静乃自得。

【注释】

　　①充益：当作"充盈"。②獘：衰退，退化。③则：规则，规律。

【译文】

　　心在人体，处于君的地位；九窍各有功能，有如百官各有职务。心的活动合于正道，九窍就能按常规工作；心充满了嗜欲，眼就看不见颜色，耳就听不到声音。所以说，在上位的脱离了正道，居下位的就荒怠职事。不要代替马去跑，让它自尽其力；不要代替鸟去飞，让它充分使用其羽翼。不要先物而动，以观察事物的运动规律。动则失掉为君的地位，静就可以自然地掌握事物运动规律了。

【原文】

道不远而难极①也，与人并处而难得也。虚其欲，神②将入舍；扫除不洁，神乃留处。人皆欲智而莫索③其所以智乎。智乎智乎，投之海外无自夺，求之者不得处之者。夫正人无求之也，故能虚无。

【注释】

①极：穷尽。②神：即道。③索：求。

【译文】

道，离人不远而难以探其穷尽，与人共处而难以掌握。使欲念空虚，神道就将来到心里；欲念扫除不净，神道就不肯留处。人人都想得到智慧，但不知道怎样才能获得智慧。智慧，智慧，应把它投之海外而不可空自强求，追求智慧只会不得其处。圣人就是无所追求的，所以能够做到"虚"。

【原文】

虚无无形谓之道，化育万物谓之德，君臣父子，人间之事谓之义，登降揖让①、贵贱有等、亲疏之体谓之礼，简物小未一道，杀僇禁诛谓之法。

【注释】

①登降揖让：宾主相见的礼仪。

【译文】

虚无无形叫作道，化育万物叫作德，摆正君臣父子这类人间的关系叫作义，尊卑揖让、贵贱有别以及亲疏之间的体统叫作礼，繁简、大小的事务都使之遵守统一规范，并规定杀戮禁诛等事叫作法。

【原文】

大道可安①而不可说，直人之言，不义不顾，不出于口，不见于色，四海之人，又孰知其则？

【注释】

①安：体会，意会。

【译文】

大道可以适应它而不能说得明白。直人的理论，不偏不颇，不从口里说出，不在表情上流露，四海的人，又有谁能知道他的法则呢？

【原文】

天曰虚，地曰静，乃不伐①。洁其宫，开其门，去私毋言，神明若存。纷乎其若乱，静之而自治。强不能遍立，智不能尽谋。物固有形，形固有名，名当，谓之圣人。故必知不言无为之事，然后知道之纪②。殊形异埶，不与万物异理，故可以为天下始。

【注释】

①伐：同"忒"，差错。②纪：头绪，纲要。

【译文】

天是虚的，地是静的，所以没有差错。清扫房屋，开放门户，排除私欲，不要有主观成见，神明就似乎出现了；事物总是纷杂地好像很乱，静下来就自然有条不紊。能力再强也不能把一切事情都包揽起来，智慧再高也不能把所有事情都谋划周到。物的自身本来有它一定的形体，形体自身本来有它一定的名称，立名正合于实际，就叫作圣人。所以，必须懂得什么是不由自己去说的理论，不用亲自去做的事业，然后才懂得道的要领。尽管万物的形态千差万别，但从不违背万物自身的规律，所以能成为天下万物的始祖。

【原文】

人之可杀，以其恶死也；其可不利，以其好利也。是以君子不休①乎好，不迫乎恶，恬②愉无为，去智与故③。其应也，非所设也；其动也，非所取也。过在自用，罪在变化。是故有道之君，其处也若无知，其应物也若偶之。静因之道也。

【注释】

①休：当作"怵"，诱惑。②恬：安闲。③故：欺诈，巧诈。

【译文】

人可以用杀戮来镇压，这是因为他们怕死；可以用不利之事来阻止，这是因为他们贪利。所以君子不被爱好之事所诱惑，不被厌恶之事所胁迫，安愉无为，远离了智谋和故巧。他的处世，不是出于他自己的主观筹划；他的行动，不是出于他自己的主观择取。有过错在于自以为是，发生罪过在于妄加变化。因此，有道的君子，他在自处的时候，像是没有知识；他在治理事物时，像是只起配合的作用，这就是静因之道。

【原文】

"心之在体，君之位也；九窍之有职，官之分也。"耳目者，视听之官也，心而无与于视听之事，则官得守其分矣。夫心有欲者，物过而目不见，声至而耳不闻也。故曰："上离其道，下失其事。"故曰：心术者，无为①而制窍者也。故曰"君"。"无代马走"，"无代鸟飞"，此言不夺能能②，不与下诚也。"毋先物动"者，摇者不走，趡③者不静，言动之不可以观也。位者，谓其所立也。人主者立于阴，阴者静，故曰"动则失位"。阴则能制阳矣，静则能制动矣，故曰"静乃自得。"

【注释】

①无为：虚静无为，心无所欲。②能能：能者的职能。③趡：同"躁"，急躁。

【译文】

"心在人体，处于君的地位；九窍各有的功能，有如百官的职务一样。"这是说耳目是管视听的器官，心不去干预视听的职守，器官就得以尽到它们的本分。心里有了嗜欲杂念，那就有东西也看不见，有声音也听不到。所以说，上离其道，下失其事。所以说，心的功能，就是用虚静无为来管辖九窍的，所以叫作"君"。"不要代替马去跑""不要代替鸟去飞"，这是说不要取代各个能者的功用，不要干预下面的操作。所谓"不要先物而动"，是因为摇摆就不能镇定，躁动就不能平静，就是说动就不可能好好观察事物了。"位"，指所处的地位。人君处在阴的地位，阴的性质是静，所以说"动则失位"。处在阴的地位可以控制阳，处在静的地位可以掌握动，所以说"静乃自得"。

【原文】

道在天地之间也，其大无外，其小无内，故曰"不远而难极也"。虚之与人也无间，唯圣人得虚道，故曰"并处而难得"。世人之所职者精也。去欲则宣①，宣则静矣；静则精，精则独立矣；独则明，明则神矣。神者至贵也，故馆不辟除，则贵人不舍焉。故曰"不洁则神不处"。"人皆欲知而莫索之"，其所以知，彼也；其所以知，此也。不修②之此，焉能知彼？修之此，莫能虚矣。虚者，无藏也。故曰：去知则奚率求矣，无藏则奚设矣。无求无设则无虑，无虑则反覆虚矣。

【注释】

①宣：通达。②修：探索修养身心的办法。

【译文】

道在天地之间，无限大又无限小，所以说"不远而难极也"。虚与人之间没有什么距离，但只有圣人能做到虚，所以说"并处而难得"。人们所要记住的是心意专一。清除欲念则心意疏通，疏通则虚静；虚静就可以专一，心意专一则独立于万物之上；独立则明察一切，明察一切就到达神的境界了。神是最高贵的，因此馆舍不加扫除，贵人就不来居住了。所以说"不洁则神不处"。所谓"人皆欲知而莫索之"，就是说，人们所认识的对象是外界事物，而人们认识的主体是心。不把心修养好，怎么能认识外界事物？修养心的最好办法，莫如使它处于虚的状态。虚，就是无所保留。所以说，能做到连智慧都抛掉，就没有什么可追求的了；能做到无所保留。就没有什么可筹划的了。不追求又不筹划就可以做到无虑，无虑就回到虚的境界了。

【原文】

天之道，虚其无形。虚则不屈①，无形则无所位赶，无所位赶，故遍流万物而不变。德者，道之舍，物得以生生，知得以职道之精。故德者得也。得也者，其谓所得以然也。以无为之谓道，舍之之谓德。故道之与德无间，故言之者不别也。间之理者，谓其所以舍也。义者，谓各处其宜也。礼者，因人之情，缘义之理，而为之节文②者也，故礼者谓有理也。理也者，明分以谕义之意也。故礼出乎义，义出乎理，理因乎宜者也。法者所以同出，不得不然者也，故杀僇禁诛以一之也。故事督乎法，法出乎权，权出于道。

【注释】

①屈：挫折。②节文：节度，条文。泛指制度。

【译文】

天道，是虚而无形的。由于虚，就不受挫折；由于无形，就无所抵触。无所抵触，所以能流通于万物之中而不变。德，是道的体现，万物依赖它得以生长，心智依赖它得以认识道的精髓。所以，"德"就是"得"，所谓得，那就等于说是所要得到的东西已经实现了。无为叫作道，体现它就叫作德，所以道与德没有什么距离，谈论它们往往不加区别。硬是要问它们的区别，还是说德是用来体现道的。所谓义，说的是各行其宜。所谓礼，则是根据人的感情，按照义的道理，而规定的制度。所以，礼就是有理，理是通过明确本分来表达义的。因此，礼从理产生，理从义产生，义是根据行事所宜来定的。法，是用来划一不齐的社会行动而不得不实行的，所以要运用杀戮禁诛来划一。事事都要用法来督察，法要根据权衡得失来制定，而权衡得失则是以道为根据的。

【原文】

道也者，动不见其形，施不见其德，万物皆以得，然莫知其极。故曰"可以安而不可说"也。莫人，言至也。不宜，言应也。应也者，非吾所设，故能无偏也。不顾，言因也。因也者，非吾所顾，故无顾也。"不出于口，不见于色"，言无形也；"四海之人，孰知其则"，言深囿①也。

【注释】

①囿：古代帝王养禽兽的园林。指幽深的意蕴。

【译文】

所谓道，动作时看不见它的形体，布施时看不到它的德惠，万物都已经得到它的好处，但不知它的究竟。所以说"可以安而不可说"。"真人"，言其水平最高。"不偏"，说的是"应"。所谓应，不是由自己主观筹划，所以能做到不偏。"不颇"，说的是"因"。所谓因，不是由自己主观择取，所以能做到不颇。"不出于口，不见于色"，说的是道的无形；"四海之人，孰知其则"，讲的是蕴藏极深。

【原文】

天之道虚，地之道静。虚则不屈，静则不变，不变则无过，故曰"不伐"。"洁其宫，阙其门"，宫者，谓心也。心也者，智之舍也，故曰"宫"。洁之者，去好过也。门者，谓耳目也。耳目者，所以闻见也。"物固有形，形固有各"，此言不得过实，实不得延名①。姑形以形，以形务名，督言正名，故曰"圣人"。"不言之言"，应也。应也者，以其为之人者也。执其名，务其应，所以成，之应之道也。"无为之道，因也。因也者，无益无损也。以其形因为之名，此因之术也。名者，圣人之所以纪万物也。人者立于强，务于善，未于能，动于故者也。圣人无之，无之则与物异矣。异则虚，虚者万物之始也，故曰"可以为天下始"。

【注释】

①延名：超越事物的名称。指不能名副其实。

【译文】

天的道是"虚"，地的道是"静"。虚就没有曲折，静就没有变动，没有变动就没有失误，所以叫作"不伐"。"清扫室屋，开放门户"，室屋，指的是心。心是智慧的居处，所以称作"室屋"。清扫它，即清除好恶的意思。门，指的是耳目。因为耳目是听、看外部事物的。"物的自身本来有它一定的形体，形体自身本来有它一定的名称，"这是说名称不得超出事物的实际，实际也不得超过事物的名称。从形体的实际出发说明形体，从形体的实际出发确定名称，据此来考察理论又规正名称，所以叫作"圣人"。"不由自己亲自去说的理论"，意思就是"应"。所谓应，是因为它的创造者是别的人，抓住每一种名称的事物，研究它自身形成的规律，这就是"应"的做法。"不用自己亲自去做的事业"，意思就是"因"。所谓因，就是不增加也不减少。是个什么样，就给它起个什么名，这就是"因"的做法。名称不过是圣人用来标记万物的。一般人行事总是立意强求，专务修饰，欣味逞能，而运用故巧。圣人则没有这些毛病。没有这些就可以承认万物的不同规律。承认万物的不同就能做到虚，虚是万物的原始，所以说："可以为天下始。"

【原文】

人迫于恶，则失其所好；怵于好，则忘其所恶。非道也。故曰："不怵乎好，不迫乎恶。"恶不失其理，欲不过其情，故曰："君子"。"恬愉无为，去智与故"，言虚素①也。"其应非所设也，其动非所取也"，此言因也。因也者，舍己而以物为法者也。感而后应，非所设也；缘理而动，非所取也。"过在自用，罪在变化"，自用则不虚，不虚则忤于物矣；变化则为生，为生则乱矣。故道贵因②。因者，因其能者，言所用也。"君子之处也若无知"，言至虚也；"其应物也若偶之"，言时适也，若影之象形，响之应声也。故物至则应，过则舍矣。舍矣者，言复所于虚也。

【注释】

①虚素：虚空纯洁。②贵因：看重事情发生的原因。

【译文】

一般的人往往被迫于所厌恶的事物，而失掉他应喜好的东西；或者被诱惑于所喜好的东西，因而连可恶的事物都忘记了。这都是不合于道的。所以说："不怵乎好，不迫乎恶。"厌恶要不丧失常理，喜好要不超越常情，所以叫作"君子"。"安愉无为，消除了智谋和故巧"，说的是保持空虚纯洁。"他的应事不是出于他自己的主观筹划，他的行动不是出于他自己的主观择取"。这是说"因"的道理。所谓因，就是撇开自己而以客观事物为依据。感知事物而后去适应。就不是由自己所筹划的了；按照事物的道理采取行动，就不是自己所择取的了。"有过错在于自以为是，发生罪过在于妄加变化"：自以为是就不能够做到虚，不能虚，主观认识就与客观事物发生抵触了；妄加变化就会产生虚伪，产生虚伪就陷于混乱了。所以，道以"因"为贵。因。就是根据事物自身所能来发挥它应有的作用。"君子自处时像是没有知识"，说的是最虚境界；"他在治理事物时像是只起配合的作用"，说的是经常适应事物，好比影子与形体相似，回响与发声相随一样。所以，事物一到就去适应，事物一过去就舍开了。所谓舍开，说的是又回到虚的境界。

心术下第二十二

【题解】

　　《心术》下篇并非是接着前面的上篇的，无论从内容还是结构，都不相关联；而与本书《内业》篇却有关系，其中许多重复或相似的文字，只是《内业》篇完整严密，而《心术》下篇简略又有些凌乱。所以学者们认为它是《内业》篇的写作提纲或别本，而又有散失，只留下了中段，是编书者错编于此。本篇论述心的修养时，强调专心一意。

【原文】

　　形不正者，德不来；中①不精者，心不治。正形饰德，万物毕得，翼然②自来，神莫知其极，昭知天下，通于四极。是故曰：无以物乱官，毋以官乱心，此之谓内德。是故意气定，然后反正。气者身之充也，行者正之义也。充不美则心不得，行不正则民不服。是故圣人若天然，无私覆也；若地然，无私载也。私者，乱天下者也。

【注释】

　　①中：内心。②翼然：鸟飞的样子。

【译文】

　　外表不端正的人，是因为德没有养成；内里不专一的人，是因为心没有治好。端正形貌，整饬内德，使万物都被掌握理解。这种境界好像是飞鸟自来，神都不知道它的究竟。这样就可以明察天下，达到四方极远的地域。所以说，不让外物扰乱五官，不让五官扰乱内心，这就叫作"内得"。因此，先做到意气安定，然后才能使行为端正。气是充实身体的内容，行为是立身持正的表象。内容不美则心意不安，行为不正则民众不服。所以，圣人总是像天一样。不为私被覆万物；像地一样，不为私载置万物。私，是乱天下的根源。

【原文】

凡物载①名而来，圣人因而财②之，而天下治。实不伤，不乱于天下，而天下治。专于意，一于心，耳目端，知远之证。能专乎？能一乎？能毋卜筮而知凶吉乎？能止乎？能已乎？能毋问于人而自得之于己乎？故曰，思之。思之不得，鬼神教之。非鬼神之力也，其精气之极也。

【注释】

①载：同"戴"。②财：同"裁"。

【译文】

事物都是带着它的名称而来到世间的。圣人就是根据它本身的情况来裁定它，天下便治理好了。定名无害于实际，使它不在天下发生混乱，天下便治理好了。专心一意，耳目端正，那就知远事如在近旁。能专心么？能一意么？能做到不用占卜而知吉凶么？能做到要止就止么？能做到要完就完么？能做到不求于人而靠自己解决问题么？所以说，必须进行思考。思考不得，鬼神将给予教导。这不是鬼神的力量，而是精气的最高作用。

【原文】

一气能变曰精，一事能变曰智。慕①选者，所以等事也；极变者，所以应物也。慕选而不乱，极变而不烦，执一之君子，执一而不失，能君②万物，日月之与同光，天地之与同理。

【注释】

①慕：当作"募"。②君：统治，治理。

【译文】

一概听任于物而能掌握其变化叫"精"，一概听任于事而能掌握其变化叫"智"。广求而加以选择，仅是给事物分分等类；善于改变方法，仅是为适应事物特点。广加选择而自己不可陷于混乱,善于改变而自己不可陷于烦扰。一个坚持专一的君子,坚持专一而不放松,就能够统率万物,使日月与之同光,天地与之同理了。

【原文】

圣人裁物,不为物使。心安,是国安也;心治,是国治也。治也者心也,安也者心也。治心在于中,治言出于口,治事加于民,故功作而民从,则百姓治矣。所以操者非刑①也,所以危者非怒也。民人操,百姓治,道其本至也,至不至无,非所人而乱。

【注释】

①刑:刑罚。

【译文】

圣人裁定事物,不受事物支配。保持内心安定,国也安定;保持内心泰然,国也太平。治理在于内心,安定也在于内心。内里有一个"治心",口里说的就会是"治言",加于民众的就会是"治事",因而事业振兴而人民顺服,百姓就算治理好了。所以用来掌握百姓的不应当是刑罚,用来忧惧百姓的不应当是发怒。掌握人民,治理百姓,道是最根本的。道,最伟大又最虚无,不是什么人能够败坏它的。

【原文】

凡在有司执制者之利①,非道也。圣人之道,若存若亡,援而用之,殁世不亡。与时变而不化,应物而不移,日用之而不化。

【注释】

①利:制度办法。

【译文】

凡是官府各部门所实行的制度办法,并不是道。圣人的道,若有若无,拿过来运用,永世也用不完。它帮助时世变化,而自身并不改变;允许万物发展，而自身并不转移；人们天天使用它，而自身并不会有所损耗。

【原文】

人能正静者，筋肕而骨强；能戴①大圆者，体乎大方；镜大清者，视乎大明。正静不失，日新其德，昭知天下，通于四极。金心在中不可匿，外见于形容，可知于颜色。善气迎人，亲如弟兄；恶气迎人，害于戈兵。不言之言，闻于雷鼓。金心之形，明于日月，察于父母。昔者明王之爱天下，故天下可附；暴王之恶天下，故天下可离。故货之不足以为爱，刑之不足以为恶。货者爱之末也，刑者恶之末也。

【注释】

①戴：指能够顶天立地。

【译文】

人如能达到正和静的境界，身体也就筋肕而骨强，进而能顶天立地，目视如同清水，观察如同日月。只要不失掉这正与静，其德行将与日俱新，而且能遍知天下事物，以至四方极远的地域。内里有一个完整周全的心是不可能掩蔽的，这将表现在形体容貌上，也能在颜色上看得出来。善气迎人，相亲如同兄弟；恶气迎人，相害如同刀兵。这种不用自己说出来的语言，比打雷击鼓还响亮震耳。这完整周全的心的形体，比日月还更光亮，体察事情比父母了解子女还更透彻。从前，明君的心爱天下，故天下归附；暴君的心恶天下，故天下叛离。所以，光是赏赐不足以代表爱护，光是刑罚不足以代表厌恶。赏与罚不过是爱与恶的微末表现而已。

【原文】

凡民之生也，必以正平①；所以失之者，必以喜乐哀怒，节怒莫若乐，节乐莫若礼，守礼莫若敬。外敬而内静者，必反其性。

【注释】

①正平：端正平和。

【译文】

人的生命，一定要依靠中正平和。其所以有所差失，必然是由于喜乐哀怒。制止愤怒，什么都比不上音乐；控制享乐，什么都比不上守礼；遵守礼仪，什么都比不上保持敬慎。外守敬而内虚静，那就一定能恢复元气。

【原文】

岂无利事哉？我无利心。岂无安处哉？我无安心。心之中又有心，意以先言，意然[①]后形[②]，形然后思，思然后知。凡心之形，过知失生。

【注释】

①然：具体的意识。②形：具体的形象。

【译文】

怎么说没有好事呢？只怕自己没有好心。怎么说没有安宁之处呢？只怕是自己没有安宁之心。心之中又有心，这个心先生意识，再说出话来。因为有了意识然后有具体的形象，有了具体形象然后就据以思考，经过思考然后才有了知识。大凡心的形体，求知过多则失其生机。

【原文】

是故内聚以为原。泉之不竭，表里遂通；泉之不涸，四支[①]坚固。能令用之，被服四固。

【注释】

①四支：同"四肢"。

【译文】

因此，内部的聚集才是泉源。泉源不枯竭，表里才能通达；泉源不干枯，四肢才能强健。能使人们运用这个道理，就有益于四面八方了。

【原文】

是故圣人一言解之，上察[①]于天，下察于地。

【注释】

①察：至。

【译文】

因此，圣人对于道这一个字的解释，就是能上通于天，下达于地。

白心第二十三

【题解】

白心，是战国时期道家学派的一个重要概念。本篇所论述的以道家学说为本，开篇就提出"以靖为宗"，"上之随天，其次随人"，一切顺其自然。这与《心术》的观点一致，单本篇以论述无为为重点，主张"静身以待""无事"，不追求功名，"不以天下为忧"；坚持无为，就可以"为天下王"。最后归结到要坚持无为之道在于加强自身的修养。

【原文】

建当立有，以靖①为宗，以时为宝，以政②为仪，和则能久。非吾仪，虽利不为；非吾当，虽利不行；非吾道，虽利不取。上之随天，其次随人。人不倡不和③，天不始不随。故其言也不废，其事也不隳④。

【注释】

①靖：同"静"，虚静。②政：同"正"，端正，不偏不倚。③和：应和。④随：同"隳"，毁坏。

【译文】

建立常规常道，应当以虚静为本，以合于时宜为贵，以端正不偏为准则，这三者协调一致，就能够持久不败。不合我的准则，虽有利也不去做；不合我的常规，虽有利也不推行；不合我的常道，虽有利也不采用。首先是适应天道，其次是适应人心。人们不提倡的事不去应和，天不曾开创的事不去听从。所以，其言论不会失效，其事业不会失败。

【原文】

原始计①实，本其所生。知其象则索其形，缘其理则知其情，索其端则知其名。故苞②物众者，莫大于天地；化物多者，莫多于日月；民之所急，莫急于水火。然而，天不为一物枉其时，明君圣人亦不为一人枉其法。天行其所行而万物被其利，圣人亦行其所行而百姓被其利。是故万物均，既夸众矣。是以圣人之治也，静身以待之，物至而名自治之。正名自治之，奇身名废。名正法备，则圣人无事。不可常居也，不可废舍也。随变断事也，知时以为度。大者宽，小者局，物有所余，有所不足。

【注释】

①计：推求，查究。②苞：同"包"，包藏。

【译文】

追索事物的来源，研讨事物的实质，由此来探索事物生成的根据。了解现象就可以探查形体，考究道理就可以掌握实情，找到事物的始末，就知道应该给它什么名称了。看来，包藏物类广泛的，莫大于天地；化育物类众多的，莫多于日月；人民生活急切需要的，莫急于水火。然而天不由于某一种物的需要而错行它的节令，明君圣人也不因为某一个人的需要而错行它的法度。天按照它的规律运行，万物就自然得到它的好处；圣人也按照他的法度行事，百姓就自然得到他的好处。因此，万物平衡，百姓也安定了。所以，圣人治世，总是安静地在那里等待着。事物一到，就循名责实自然地去治理它。名称正确自然治理得好，不正确的名称自然会被淘汰。只要是名称正确法度完备，圣人是安坐无事的。名称与法度不可永远不变，也不可没有稳定。要适应变化来裁断事物，了解时宜来确定法度。因为范围偏大则过宽，偏小则局限，事物发展参差不齐。

【原文】

兵之出，出于人①；其人入，入于身。兵之胜，从于适②；德之来，从于身。故曰：祥于鬼者义于人，兵不义不可。强而骄者损其强，弱而骄者亟死亡；强而卑义信其强，弱而卑义免于罪。是故骄之馀卑，卑之馀骄。

【注释】

①人：百姓。②适：团结。

【译文】

战争的出击，虽是出击他人；但他人反击进来，也会危及自身。战争的胜利，虽是敌人失败；但得来这个胜利，还是出自自身的牺牲。所以说，凡是得福于鬼神者必行义于人，不义的战争是发动不得的。强国如果骄傲就损害它的强大，弱国如果骄傲就加速它的死亡；强国谦卑就可以发展壮大，弱国谦卑就可以免于遭到祸患。因此，骄纵的结局将是卑陋，谦卑的结局则是矜荣。

【原文】

道者，一人用之，不闻有馀；天下行之，不闻不足。此谓道矣。小取焉则小得福，大取焉则大得福，尽行之而天下服，殊①无取焉则民反，其身不免于贼。左者，出者也；右者，人者也。出者而不伤人，入者自伤也。不日不月，而事以从；不卜不筮，而谨知吉凶。是谓宽乎形，徒居而致名。去善之言，为善之事，事成而顾②反无名。能者无名，从事无事。审量出入，而观物所载。

【注释】

①殊：绝。②顾：还，回来。

【译文】

道，一个人使用它，没有听说有余；天下人都来行道，也没有听说不足。这就叫作道。稍稍地按道行事，就稍得其福；大行之，就大得其福；完全按道行事，就得到天下信服；毫不按道行事，则人民反抗，其身不免被害。左的方位是出生，右的方位是死亡，出生的方位不伤人，死亡的方位自然会有伤人之事的。不必选择什么良辰吉日，依道行事就可以从其心愿；不用求神问卜，依道行事就可以理解吉凶。这叫作身心闲适，安坐而可以得名。说了好话，做了好事，事成后还应该回到无名的状态。有才能的往往不求出名，真干事的往往显得无事。审量政令的出入，要根据事物的实际承担能力行事。

【原文】

孰能法无法乎？始无始乎？终无终乎？弱无弱乎？故曰：美哉弟弟①。故曰有中有中，孰能得夫中之衷②乎？故曰功成者隳，名成者亏。故曰：孰能弃名与功而还与众人同？孰能弃功与名而还反无成？无成有贵其成也，有成贵其无成也。日极则仄，月满则亏。极之徒仄，满之徒亏，巨之徒灭。孰能己无乎？效夫天地之纪。

【注释】

①弟（fú）：兴起的样子。②衷：内心，本质。

【译文】

谁能做到既能治理好国家而又不用亲自去治理？开创了事业而又不用亲自去开创？完成了事业而不用自己去亲自完成？削弱了敌人而不用亲自去削弱他们？这样才是美好兴旺的。所以说，中正无偏反而可保持中正，谁能领会这个中正的深刻本质呢？所以说，功成则将下降，名成则将有亏。所以说，谁能做到放弃功业与名声而回到普通人的地位呢？谁能做到放弃功业名声而回到尚无成就的状态呢？无成就者固然重视成就，有成就者更应重视尚无成就的本色。太阳到了最高之后，便走向偏斜；月亮到了最满之后，便走向亏缺。最高的要走向偏斜，最满的要走向亏缺，巨大了就将走向死亡。谁能把自己忘掉呢？学一学天地的运行法则吧。

【原文】

人言善亦勿听，人言恶亦勿听，持而待之，空然勿两①之，淑然自清。无以旁言为事成，察而征之，无听辩，万物归之，美恶乃自见。

【注释】

①勿两：戒止冲突。

【译文】

人们说好，不轻易听信；说不好，也不轻易听信。保留而加以等待，虚心地戒止冲突，终究会寂然自明的。不要把道听途说当成事实，进行观察与考证，不听信任何巧辩，把万事万物归并到一起，相互比较之下，美、恶就自然显现出来了。

【原文】

天或维①之，地或载之。天莫之维，则天以②坠矣；地莫之载，则地以沈矣。夫天不坠，地不沈，夫或维而载之也夫！又况于人？人有治之，辟之若夫雷鼓之动也。夫不能自摇者，夫或摇之。夫或者何？若然者也。视则不见，听则不闻，洒乎天下满，不见其塞。集于颜色，知于肌肤，责其往来，莫知其时。薄乎其方也，䕫③乎其圜也，䕫䕫乎莫得其门。故口为声也，耳为听也，目有视也，手有指也，足有履也，事物有所比也。

【注释】

①维：维系。②以：同"已"。③䕫（kuò）：宽广的样子。

【译文】

天好像有个东西在维系着，地好像有个东西在擎载着。天若没有东西维系着它。就将坠下来了；地若没有东西擎载着它，就会沉下去了。天不坠，地不沉，或者正是有个什么东西在维系而擎载着它们的吧!何况于人呢？人也是有某种力量在支配着他，就像鼓被敲击之后才发声一样。凡是自己不能推动自己的事物，就仿佛有种力量推动着它们。这个仿佛存在的力量是什么呢？就是上面所讲的那个东西了。看又看不见，听又听不着，洒满了天下，但又看不到充塞的现象。聚集在人的颜面上，表现在人的皮肤上，但探其往来，却不能了解它的时间。它既像广平的方形，又像浑圆的圆形，但又混沌得找不到门。看来，口能发声，耳能听音，眼能看，手能指，足能行路，一切事物也都是依靠着它的。

【原文】

"当生者生，当死者死"，言有西有东，各死①其乡。置常立仪，能守贞乎？常事通道，能官人乎？故书其恶者，言其薄者。上圣之人，口无虚习也，手无虚指也，物至而命之耳。发于名声，凝于体色②，此其可谕者也。不发于名声，不凝于体色，此其不可谕者也。及至于至者，教存可也，教亡可也。故曰：济于舟者和于水矣，义于人者祥其神矣。

【注释】

①死：同"尸"。主持，驻守。②体色：体貌及脸色。

【译文】

"当生则生，当死则死"，这句话是说事物无论在西在东，都遵循它自身的趋向发展。立规章，定准则，能保证正确么？办政事，讲道理，能保证管好人们么？所以，著书是令人厌恶的，立说是令人鄙薄的。最高的圣人，口不空说，手不空指，事物出现以后，给它一个名称说明就是了。有名声、有体色的事物是可以说明白的；无名声、无体色的事物是无须说明白的。至于一种最好的处理方法，则是让它自己存在下去，或让它自己消亡下去。所以说：能渡船的，自然会适应水性；能行义于人的，自然会得福于鬼神。

【原文】

事有适，而无适，若有适；觿①解，不可解而后解。故善举事者，国人莫知其解。为善乎，毋提提；为不善乎，将陷于刑。善不善，取信而止矣。若左若右，正中而已矣。县乎日月无已也。愕愕②者不以天下为忧，剌剌③者不以万物为笑，孰能弃剌剌而为愕愕乎？

【注释】

①觿（xī）：古代解开绳结的用具，用象牙制成，形如锥。②愕愕：当作"落落"。没有牵挂的样子。③剌剌：当作"烈烈"。功业、德行显赫貌。

【译文】

办事情本有恰当的方法，然而在人们尚无此法时，才有人提出来。骨锥开解绳结，也是在绳结无法解开时，才有人想出来用它。所以，善于行事的人，国人往往不理解他的方法。做好了，不可张扬显示；做得不好，还将陷于刑网。好与不好，取信于国人就完了。是左好呢？或是右好呢？还是正中为好。正中就能像日月悬空，永无息止。落落无牵挂的人总是不以天下事务为忧虑，烈烈有为的人总是不以统率万物为满足。但谁能做到放弃烈烈有为而奉行落落无为呢？

【原文】

难言宪术，须同而出①。无益言，无损言，近可以免。故曰：知何知乎？谋何谋乎？审而出者彼自来。自知曰稽②，知人曰济③。知苟适，可为天下周。内固之，一可为长久。论而用之，可以为天下王。

【注释】

①须同而出：必须符合众人心愿才可以发表出来。②稽：失误。③济：成功。

【译文】

宣布一项政策法令是不容易的，它必须符合众人心愿才可以发表出来。不要说增加的话，也不说减少的话，只要接近众人心愿就可以免事增删。所以说，论智慧，自己有什么智？论谋略，自己有什么谋？凡是查明众人心愿而制定出法度政策的，人家自然会投奔来。只了解自己心愿，依此行事叫作"稽"；能了解他人心愿，依此行事叫作"济"。了解人心如能做到准确，可成为天下君主；把此事牢记在心，便可以永久不败；经过讲求、研究而运用之，就可以成就天下的王业。

【原文】

天之视而精，四壁而知请①，壤土而与生。能若夫风与波乎？唯其所欲适。故子而代其父，曰义也；臣而代其君，曰篡也。篡何能歌？武王是也。故曰：孰能去辩与巧，而还与众人同道？故曰：思索精者明益衰，德行修者王道狭，卧名利者写生危，知周于六合之内者，吾知生之有为阻也。持而满之，乃其殆也。名满于天下，不若其已也。名进而身退，天之道也。满盛之国，不可以仕任；满盛之家，不可以嫁子；骄倨傲暴之人，不可与交。

【注释】

①知请：看得清楚明白。

·203·

【译文】

　　天观察万物是精确的，四面没有障碍而看得清楚真实，一直到大地土壤及其所有的生物。但人们能够像大自然的风与波浪一样么？只按照其愿望行事。本来儿子继承他的父亲坐天下称为义，可是臣子继承他的君主坐天下，就叫篡了。篡怎么能歌颂呢？周武王却又是被歌颂着的对象。所以说，谁能不用诡辩与巧诈，而与众人共同信奉一个道理呢？所以说，思索愈精细的人明智愈加不足，德行越有修养的人王道越加狭窄，大量拥有名利的反而有生命危险的忧虑，智慧遍及天地四方的，我相信他的生机就要受到阻碍了。骄傲而自满起来，那是非常危险的表现。名满天下的，不如早些罢手。因为名进而身退，才合于天道。极盛的国度，不可给它当官；极盛的家族，不可同他结亲；骄倨傲暴之人，是不可同他交朋友的。

【原文】

　　道之大如天，其广如地，其重如石，其轻如羽。民之所以知者寡。故曰：何道之近而莫之与能服也，弃近而就远，何以费力也。故曰：欲爱吾身，先知吾情，君亲六合，以考内身。以此知象，乃知行情。既知行情，乃知养生。左右前后，周而复所①。执仪②服象，敬迎来者。今夫来者，必道其道，无迁无衍③，命乃长久。和以反中，形性相葆。一以无贰，是谓知道。将欲服之，必一其端，而固其所守。责其往来，莫知其时，索之于天，与之为期，不失其期，乃能得之。故曰：吾语若大明之极，大明之明非爱，人不予也。同则相从，反则相距也。吾察反相距，吾以故知古从之同也。

【注释】

　　①周而复所：指循环往复，不断进行。②执仪：举行仪式。③无迁无衍：不迁移不延误。

【译文】

　　道，其大如天，其广如地，其重如石，其轻如羽毛。人们与它共处，但对它却很少了解。所以说，为什么道离人很近而不努力实行呢？弃近而就远，人们又何必浪费力气呢？所以说，要珍爱自身求道，先就来了解自身实际。普遍观察宇宙事物，来验证身体内部。从这里了解典型，乃知道可行之事。既知道可行之事，就懂得修养生命。要查访左右前后，一遍一遍地寻找。然后就举行仪式，穿上礼服，恭敬地迎接来者。这个来者降临，一定走自己的路，不改变也不拖延，生命便能长久。和协而返于正中，使形体与精气相保，专一而无二意，这就叫懂得了"道"。人们将要行道，开始就必须专一，然后再坚定地贯彻下去。要探求道的往来，不知其时，可以索之于天，与苍天互定约期。只要不失约期，就能得到它了。所以说，我的话就像日月升到最高处一样，像日月之明那样的没有隐蔽，只是人们不肯追求而已。与道相同的就相从，与道相反的就相离。我从考察反则相离的道理中，了解到同则相从的"同"字是个什么涵义了。

五行第二十四

【题解】

　　五行，指金、木、水、火、土。我国思想家曾想用这五种常见物质来说明世界万物的起源和统一。本篇论述天子要按照五行的属性施政。大致可分为三个部分：第一部分论述人事与天地阴阳的关系。第二部分是本篇的主体，详尽具体地论述五行天时与天子的施政。最后一节为结尾部分，指出如果天子施政不与五行的属性配合，则五个时段之内就会灾祸横生。

【原文】

　　一者本①也，二者器②也，三者充③也，治者四也，教者五也，守者六也，立者七也，前者八也，终者九也，十者然后具五官于六府也，五声于六律也。

【注释】

　　①本：指农业。②器：器具。③充：充足，指有足够的劳力来从事农业生产。

【译文】

　　第一是农事，第二是器用，第三是人力与生产需要相称，治理则属于第四，教化为第五，管理为第六，建立事业为第七，进行整治为第八，终止结束为第九。到了九，然后就可以配备五官于六府之中，就像配五声于六律之中一样。

【原文】

　　六月日至①，是故人有六多，六多所以街②天地也。天道以九制，地理以八制，人道以六制。以天为父，以地为母，以开乎万物，以总一统。通乎九制、六府、三充，而为明天子。修概水上，以待乎天；菫反五藏③，以视不亲；治祀之下，以观地位；货嘾神庐④，合于精气。已合而有常，有常而有经。审合其声，修十二钟，以律人情。人情已得，万物有极，然后有德。

【注释】

①至：指夏至、冬至。②街：通道。③五藏：指五谷等仓廪。④货嘾神庐：指修养内心。

【译文】

每年经六个月为冬、夏至，因此，人的卦象有六爻，六爻是可以通乎天地的。天道以九数为制，地道以八数为制，人道以六数为制。天子以天为父，以地为母，借此以开创万物，总于一统。能通晓九功、六府、三事者，就可以成为明哲的天子。要修平水土，以防备凶年饥馑；平价发放粮食，以救济不赈之民；治祭袍于土地，以观察土地财利；修养内心，以合于精气要求。已经符合精气要求就应当经常保持，经常保持也就有了规范。要审合音声，研究十二钟的音律，使之反映人情。人情已经悟透，万物已经尽知，然后就可以称为有德之君了。

【原文】

故通乎阳气，所以事天也，经纬①日月，用之于民。通乎阴气，所以事地也。经纬星历，以视其离②。通若③道然后有行，然则神筮④不灵，神龟不卜，黄帝泽参，治之至也。昔者黄帝得蚩尤而明于天道，得大常而察于地利，得奢龙而辩于东方，得祝融而辩于南方，得大封而辩于西方，得后土而辩于北方。黄帝得六相而天地治，神明至。蚩尤明乎天道，故使为当时；大常察乎地利，故使为廪者；奢龙辩乎东方，故使为土师，祝融辩乎南方，故使为司徒；大封辩于西方，故使为司马；后土辩乎北方，故使为李。是故春者土师也，夏者司徒也，秋者司马也，冬者李也。

【注释】

①经纬：常道，规律。②离：读为"列"。③若：犹此也。④筮：用蓍草占卜。

【译文】

　　所以，通晓阳气，是为从事于天，掌握日月运行规律，以用于人民；通晓阴气，是为了从事于地，掌握星历节气，以明确其运行次序。通晓这些学问然后付诸实践，那么，就是占卜不显灵，神龟不卜卦，也是可以治理得最好的。从前，黄帝得蚩尤为相而明察天道，得大常为相而明察地利，得苍龙为相而明察东方，得祝融为相而明察南方，得大封为相而明察西方，得后土为相而明察北方。黄帝得六相而天地得治，可以说神明到极点了。蚩尤通晓天道，所以黄帝用他当"掌时"的官；大常通晓地利，所以黄帝用他当"廪者"的官；苍龙明察于东方，所以黄帝用他当"土师"的官；祝融明察于南方，所以黄帝用他"司徒"的官；大封明察西方，所以黄帝用他当"司马"的官；后土明察北方，所以黄帝用他当"李"官。因此，春是土师，夏是司徒，秋是司马，冬天的性质则相当于理狱的官职。

【原文】

　　昔黄帝以其缓急作五声，以政①五钟。令②其五钟，一曰青钟大音，二曰赤钟重心，三曰黄钟洒光，四曰景③钟昧其明，五曰黑钟隐其常。五声既调，然后作立五行以正天时，五官以正人位。人与天调，然后天地之美④生。

【注释】

　　①政：同"正"，规正。②令：命名。③景：同"颢"，白色。④天地之美：指天地间美好的事物。

【译文】

　　从前，黄帝根据缓急差别开始制定五声，用五声来规正五钟的音调。命定这五钟音调的名称，第一叫作青钟大音，第二叫作赤钟重心，第三叫作黄钟洒光，第四叫作景钟昧其明，第五叫作黑钟隐其常。五声调整好了，然后开始确定五行来规正天的时序，开始确定五官来规正人的地位。人事与天道协调了，天地的美好事物也就产生了。

【原文】

　　日至①，睹甲子木行御。天子出令，命左右士师内御。总别列爵，论贤不肖士吏。赋秘赐赏于四境之内。发故粟以田数。出国②，衡顺山林，禁民斩木，所以爱草木也。然则冰解而冻释，草木区萌③，赎蛰虫卵菱。春辟勿时，苗足本。不疠④雏鷇，不夭麑麋，毋傅速。亡伤繦褓。时则不调。七十二日而毕。

【注释】

①日至：指春日既至。②出国：走出国都。③区萌：指植物嫩芽。④疠（lì）：指杀。

【译文】

冬至后，从甲子日开始，要按照木的德性应时治事。天子发出命令，命左右士师内侍治事。统一分别各级官爵，评定贤与不肖的官吏。发放秘藏之物，赏赐于全国各地。按农家种田之数，把国家的陈粮发放给他们。走出城市，让国家官吏巡视山林，禁止砍伐树木，这是为爱护草木而要求的。接着是水解冻化，草木萌生，要消灭土中蛰虫，要促进菱的生长。春耕不可拖延，春苗的根部要培土充足，不杀雏鸟，不害幼鹿。不可束包太紧，免伤襁褓中的婴儿。按时这样做则草木繁茂而不凋。这些措施持续七十二日而毕。

【原文】

睹丙子，火行御。天子出令，命行人①内御。令掘沟浍②，津旧涂③。发藏，任君赐赏。君子修游驰，以发地气。出皮币，命行人修春秋之礼于天下诸侯，通天下遇者兼和。然则天无疾风，草木发奋，郁气息，民不疾而荣华④蕃。七十二日而毕。

【注释】

①行人：指官名。②浍（kuài）：田间水沟。③旧涂：指旧时取水之地，修有津梁。④荣华：本指草开花，引申为昌盛显达。

【译文】

从丙子之日开始，要按照火的德性应时治事。天子发出命令。命行人之官内侍治事。下令挖掘田间排水的沟渠，修筑津梁于旧道之上，发放国家积藏，作为国君赏赐之用。贵者游乐驰马，以发泄地气。拿出皮币，命使臣奉行春秋之礼于天下诸侯，通好于各国，让所接触的国家都能和睦。这样，天无暴风，草木生长奋发，郁蒸之气停息，人无疾病而富贵多子。上述措施持续七十二日而毕。

【原文】

睹戊子，土行御。天子出令，命左右司徒内御。不诛不贞，农事为敬。大扬惠言，宽刑死，缓罪人。出国，司徒令命，顺民之功力①，以养五谷。君子之静居，而农夫修其功力极。然则天为粤宛②，草木养长，五谷蕃实秀大，六畜牺牲具，民足财，国富，上下亲，诸侯和。七十二日而毕。

【注释】

①功力：指从事农业生产。②粤宛：指深邃。

【译文】

从戊子之日开始，要按照土的德性应时治事。天子发出命令，命左右司徒内侍治事。此时节不诛不赏，敬慎于农事。大讲仁惠的言论，宽判刑死，缓处罪人。走出城外，由司徒下令巡视农民种田用工、出力的情况，以蓄育五谷。贵者宜于静居，而农民则需极力讲求农业的用工与出力。这样，天好像成为深邃的园林，草木蕃育生长，五谷蕃实秀大，六畜牺牲之物也都齐备，百姓足财，国家富有，君臣上下相亲，各国诸侯也都和睦。上述措施持续七十二日而毕。

【原文】

睹庚子，金行御。天子出令，命祝宗①选禽兽之禁、五谷之先熟者，而荐之祖庙与五祀②，鬼神享其气焉，君子食其味焉。然则凉风至，白露下，天子出令，命左右司马衍组甲厉兵，合什为伍，以修于四境之内，谀然③告民有事，所以待天地之杀敛也。然则昼炙阳，夕下露，地竟环，五谷邻熟，草木茂实，岁农丰，年大茂。七十二日而毕。

【注释】

①祝宗：祭祀时司祝祷的人。②五祀：五代天子祭祀的五种神祇。③谀然：谀，同"俞"，形容态度谦和的样子。

【译文】

从庚子之日开始，要按照金的德性应时治事。天子发出命令，要求司祝之官选择圈养中合用的禽兽和秋日里先熟的五谷，敬献于祖庙及五祀之神，让鬼神享用它的气，让君子宴食它的味。这时，凉风已至，白露已下，天子还要出令，命左右司马筹措销甲兵器，组织军人队伍，在全国各地加强备战，态度谦和地告知人民将有用兵之事，这乃是为了准备天地秋时所行的杀戮。这时，白天太阳甚热，夜间凉露已降，大地环绕，五谷逐次成熟，草木丰实，不仅农业增产，各业都同庆丰年。上述措施持续七十二日而毕。

【原文】

睹壬子，水行御。天子出令，命左右使人内御御。其气足，则发而止；其气不足，则发擱渎盗贼。数剥竹箭，伐檀柘，令民出猎，禽兽不释①巨少而杀之，所以贵天地之所闭藏也。然则羽卵者不殈，毛胎者不腜②，孕妇不销弃③，草木根本美。七十二日而毕。

【注释】

①释：通"择"。②腜（duàn）：指卵未孵出而坏死。③销弃：指散坏。

【译文】

从遇到壬子之日开始，要按照水的德性应时治事。天子发出命令，命左右"李官"内侍治事。此时冬寒之气若足，则发奸捕盗之事可以停止；冬寒之气不足，则发捕贪污分子与盗贼。还要多多砍削竹类以制造箭支，伐取檀柘之木以制弓，令百姓出猎野生禽兽，不放过大小一律捕杀，这正是贵在适应天地闭藏的要求。这样，卵生的鸟类没有孵化不成的，胎生的兽类没有中途流产的，怀孕的妇女没有胎儿夭死的，草木的根本也都是闭藏完好的。上述措施持续七十二日而毕。

【原文】

睹甲子，木行御。天子不赋不赐赏，而大斩伐伤，君危，不杀①，太子危；家人夫人死，不然，则长子死。七十二日而毕。睹丙子，火行御。天子敬行急政，旱札②，苗死，民厉。七十二日而毕。睹戊子，土行御。天子修宫室，筑台榭，君危；外筑城郭，臣死。七十二日而毕。睹庚子，金行御。天子攻山击石③，有兵作战而败，士死，丧执政。七十二日而毕。睹壬子，水行御。天子决塞，动大水，王后夫人薨④，不然则羽卵者段，毛胎者腴，臕妇销弃，草木根本不美。七十二日而毕也。

【注释】

①不杀：指不然。②札：瘟疫。③攻山击石：指开发山中的矿藏。④薨（hōng）：古代诸侯死称薨。

【译文】

从甲子之日开始，须按照木的德性应时治事，天子若无所赋予，不行赏赐，而进行大斩伐伤，国君就会危险，不然，则太子危险，或者是家人、夫人死亡，不然，则长子死亡。这种灾祸将延长七十二日而毕。从丙子之日开始，须按照火的德性应时行事，天子若屡行急政，则有"旱札"之灾，禾苗枯死，人遭瘟疫。这种灾祸将延长七十二日而毕。从戊子之日开始，须按照土的德性应时治事，天子如修筑宫室台榭，国君危险；如在外修筑城郭，大臣死亡。此灾祸将延续七十二日而毕。从庚子之日开始，须按照金的德性应时治事，天子如果开山动石，则战争失败，战士死，而执政者丧亡。此灾祸将延续七十二日而毕。从壬子之日开始，须按照水的德性应时治事，天子无论是决开或堵塞大河，启动大的治水工程，王后夫人就会死亡，不然，则国中卵生的鸟类孵化不成，胎生的兽类中途流产，怀孕的妇女胎儿夭死，草木的根本也不完好。这种灾祸也将延续七十二日而毕。

任法第二十五

【题解】

　　任法，依靠法制。本篇论述法制的作用，认为治国全靠法制。开篇就提出依靠法制治国就能"身佚而天下治"；不依靠法制治国"上劳烦，百姓迷惑，而国家不治"。所以进一步提出要"明法"，"置法不变"，法度是第一位的，仁义礼信都是由法制产生，最后明确提出君臣上下贵贱都要依照法制而行。

【原文】

　　圣君任法而不任智，任数①而不任说，任公②而不任私，任大道而不任小物，然后身佚而天下治。失君则不然，舍法而任智，故民舍事而好誉；舍数而任说，故民舍实而好言；舍公而好私，故民离法而妄行；舍大道而任小物，故上劳烦，百姓迷惑，而国家不治。圣君则不然，守道要，处佚乐，驰骋弋猎③，钟鼓竽瑟，宫中之乐，无禁圉也。不思不虑，不忧不图，利身体，便形躯，养寿命，垂拱④而天下治。是故人主有能用其道者，不事心，不劳意，不动力，而土地自辟，囷仓自实，蓄积自多，甲兵自强，群臣无诈伪，百官无奸邪，奇术技艺之人，莫敢高言孟行以过其情，以遇⑤其主矣。

【注释】

　　①数：方术。②公：公法。③弋猎：打猎。④垂拱：两手相揖，形容无为。⑤遇：同"愚"，愚弄，欺骗。

【译文】

　　圣明君主依靠法度而不依靠智谋，依靠政策而不依靠议论，依靠公而不依靠私，依靠大道而不依靠小事，结果是自身安闲而天下太平。失国之君就不是如此，弃法度而依靠智谋，所以百姓也就丢开生产而追逐虚名；弃政策而依靠议论，所以百姓也就丢开实际而好说空话；弃公而依靠私，所以百姓也就背离法度而胡作妄为；弃大道而依靠小事，所以君主劳烦忙乱，人民迷惑不清，而国家不得安定。圣明的君主就不是这样，只掌握国家的主要原则，而过着安闲快乐的生活，跑马打猎，鸣钟击鼓，吹竽奏瑟，宫中的娱乐没有什么拘束。他不思不虑，不忧不谋，利其身体，适其形躯，保养其寿命，垂衣拱手安坐而天下太平。所以，君主能够运用这个原则的，就不操心，不劳神，不费力，而土地自然开辟了，仓廪自然充实了，积蓄自然丰富了，兵力自然强大了，群臣没有诈伪的，百官没有奸邪的，有特殊技艺的人也都不敢用浮夸的语言、粗莽的行为来夸大个人，欺骗君主了。

【原文】

昔者尧之治天下也，犹埴之在埏①也，唯陶之所以为；犹金之在鑪；恣冶之所以铸。其民引之而来，推之而往，使之而成，禁之而止。故尧之治也，善明法禁之令而已矣。黄帝之治天下也，其民不引而来，不推而往，不使而成，不禁而止。故黄帝之治也，置法而不变，使民安其法者也。

【注释】

①埏（shān）：模具。

【译文】

从前尧治理天下，人民像是粘土在模具里一样，任凭陶工去随意制作；又像金属在炼炉里一样，任凭冶工去随意铸造。那人民真是招之就来，推之即去，使役他们就能够完成任务，禁戒他们就能够及时制止。尧的治理方法，不过是善于明确律法和禁令罢了。黄帝的治理天下，人民不用招引就来，不用推动就去，不用役使就能够自成其事，不用禁戒就能够自行停止。黄帝的治理方法，那就是定了法就不改变，让人民习惯于依法行事。

【原文】

所谓仁义礼乐者，皆出于法。此先圣之所以一①民者也。《周书》曰：

"国法，法不一，则有国者不祥；民不道法，则不祥；国更立法以典②民，则不祥；群臣不用礼义教训，则不祥；百官服侍者离法而治，则不祥。"故曰：法者不可不恒也，存亡治乱之所以出，圣君所以为天下大仪也。君臣上下贵贱皆发焉，故曰法。

【注释】

①一：统一。②典：管理，教育。

【译文】

所谓仁义礼乐，都是从法里产生的。这法是先圣用来统一人民行动的。《周书》上说："国法废弛不统一，国君不祥；人民不守法，不祥；国家擅改已立的法度来管理人民，不祥；大臣们不用礼义来教育规训百姓，不祥；大小百官管理国事的人脱离法度办事，不祥。"所以说，法是不可不永远坚持的，它是存亡治乱的根源，是圣明君主用来作为天下最高标准的。无论君主或群臣、上层或下层、贵者或贱者，都必须一律遵守，所以叫"法"。

【原文】

古之法也，世无请谒任举之人，无间识博学辩说之士，无伟服①，无奇行，皆囊于法以事其主。故明王之所恒者二：一曰明法而固守之，二曰禁民私而收使之，此二者主之所恒也。夫法者，上之所以一民使下也；私者，下之所以侵法乱主也。故圣君置仪设法而固守之，然故谌杵②习士闻识博学之人不可乱也，众强富贵私勇者不能侵也，信近亲爱者不能离也，珍怪奇物不能惑也，万物百事非在法之中者不能动也。故法者，天下之至道也，圣君之实用也。

【注释】

①伟服：超越法制的人。②谌杵：当为"堪材"，指材力强，能胜事。

【译文】

古时的法治，社会上没有私自请托保举的人，没有那种多识、博学和善辩的人，没有特异的服饰，没有奇怪的行动，所有的人都被包括到法的范围里为君主服务。所以圣明君主必须永远坚持的有两条：一是明确宣布法度而坚定地执行它，二是禁止人民行私而管束役使他们，这两条是君主应当永远坚持的。法，是君主用来统一人民行动使用属下的；私，是属下用来侵犯法度扰乱君主的。所以，圣明君主立下法度而坚定地执行着它，这样，那么所谓能干的人、懂法的人、多识博学的人们，就不可能扰乱法度了；人多势强、富贵而有私勇的人们，就不可能侵犯法度了；君主的亲信、近臣、亲属和宠爱的人们，就不可能违背法度了，珍奇宝物就不可能惑乱君主执法之心了，对任何事物的处理，不在法度之中的，也都不可能行得通了。所以，法是天下的最高准则，是圣明君主的法宝。

【原文】

今天下则不然，皆有善法而不能守也。然故谌杵习士闻识博学之士能以其智乱法惑上，众强富贵私勇者能以其威犯法侵陵①，邻国诸侯能以其权置子立相，大臣能以其私附百姓，蘬②公财以禄私士。凡如是而求法之行，国之治，不可得也。

【注释】

①侵陵：侵害君主。②蘬：夺去。

【译文】

现在天下的情况则不是如此，本来有良好的法度却不能坚持。因此，所谓能干的、懂法律的和多识博学的人们，能够运用他们的智谋来扰乱法度，迷惑君主；人多势强、富贵而有私勇的人们，能够运用他们的威势来破坏法度，侵害君主；邻国诸侯能够运用他们的权力来废置太子，任用辅相；国内大臣能够运用他们的私行来拉拢百姓，并克扣公财豢养私党。像这样的情况，要求法度通行，国家太平，那是不可能的。

【原文】

圣君则不然，卿相不得蘬其私，群臣不得辟其所亲爱，圣君亦明其法而固守之，群臣修通辐凑①，以事其主，百姓辑睦②，听令道法以从其事。故曰：有生法，有守法，有法于法。夫生法者，君也；守法者，臣也；法于法者，民也。君臣上下贵贱皆从法，此谓为大治。

【注释】

①辐凑：指围绕在君主身边。②辑睦：团结和睦。

【译文】

圣明君主就不是这样，不允许国家卿相克扣公财豢养私党，不允许群臣任用自己亲近的人为官，君主自身也明确宣布制度而坚定地执行它。这样，群臣协力同心，围绕着君主来为他服务；百姓也团结和睦，听令守法，做他们应做的事情。所以说，有创制法度的，有执行法度的，有遵照法度行事的。创制法度的是君主，执行法度的是大臣官吏，遵照法度行事的是人民。君臣、上下、贵贱皆从法，这就叫作大治。

【原文】

故主有三术：夫爱人不私赏也，恶人不私罚也，置仪设法①以度量断者，上主也。爱人而私赏之，恶人而私罚之，倍②大臣，离左右，专以其心断者，中主也。臣有所爱而为私赏之，有所恶而为私罚之，倍其公法，损其正心，专听其大臣者，危主也。故为人主者，不重爱人，不重恶人。重爱曰失德，重恶曰失威。威德皆失，则主危也。

【注释】

①置仪设法：确立仪法制度。②倍：同"背"。

【译文】

所以，君主有三种不同的做法：喜爱某人却不进行私赏，厌恶某人却不进行私罚，确立仪法制度，以法断事的，是上等的君主。喜爱某人就进行私赏，厌恶某人就进行私罚，既不听大臣忠言，又脱离左右属下，专凭个人之心断事的，是中等的君主。大臣喜爱某人，就替他进行私赏；大臣憎恶某人，就替他进行私罚；违背公法，丧失正心，一味听大臣摆布的，是危险的君主。所以做君主的，不可注重私爱于人，也不可注重私恶于人。注重私爱，叫作错用恩德，注重私恶，叫作错用刑威。刑威和恩德都用错，君主就危险了。

任法第二十五

【原文】

故明王之所操者六：生之、杀之、富之、贫之、贵之、贱之。此六柄者，主之所操也。主之所处者四：一曰文，二曰武，三曰威，四曰德。此四位者，主之所处也。借人以其所操，命曰夺柄；借人以其所处，命曰失位。夺柄①失位，而求令之行，不可得也。法不平，令不全，是亦夺柄失位之道也。故有为枉法，有为毁令，此圣君之所以自禁也。故贵不能威，富不能禄，贱不能事，近不能亲，美不能淫②也。植固而不动，奇邪乃恐，奇革③而邪化，令往而民移。故圣君失度量，置仪法，如天地之坚，如列星之固，如日月之明，如四时之信，然故令往而民从之。而失君则不然，法立而还废之，令出而后反之，枉法而从私，毁令而不全。是贵能威之，富能禄④之，贱能事之，近能亲之，美能淫之也。此五者不禁于身，是以群臣百姓人挟其私而幸其主，彼幸而得之，则主日侵。彼幸而不得，则怨日产。夫日侵而产怨，此失君之所慎也。

【注释】

①夺柄：失去权力。②淫：迷惑。③奇革：乖异邪僻。④禄：同"赂"。

【译文】

因此，英明君主所要掌握的有六项：使人活，使人死，使人富，使人贫，使人贵，使人贱，这六种权柄，是君主所要掌握住的。君主所要占据的也有四方面：一是文治，二是武事，三是刑威，四是施德。这四个领域，是君主所要占据住的。把自己掌握的权力交给别人，叫作"夺柄"，把自己占据的领域交给别人，叫作"失位"。处在失权失位的状态，还希望法令能够推行，是办不到的。法度不公平，政令不完备，也是导致失权、失位的原因。所以，歪曲法度、毁弃政令的事情，从来是圣明君主禁止自己去做的。因此，贵臣不能威胁他，富人不能贿赂他，贱者不能讨好他，近臣不能亲近他，美色不能迷惑他。执法之心坚定而不动摇，乖异邪僻的人就自然恐惧，乖异邪僻的人都有了改变，法令一颁布下去，民众就跟着行动了。所以，圣明君主设立制度仪法，像天地那样的坚定，像列星那样的稳固，像日月那样的光明，像四时运行那样的准确，这样，那么法令一出人民就会听从。失国之君就不是这样，法度立下以后又废除了，命令发出以后又收回了，歪曲公法而使之迁就私意，毁坏政令而使之残缺不全。于是权贵就能威胁他了，富人就能贿赂他了，贱者就能讨好他了，近臣就能亲近他了，美色也就能迷惑他了。这五方面，君主不能自己禁止自己，那么群臣百姓就人人怀着私意来讨好君主。他们讨好达到了目的，君主的权力就天天受到侵害。他们讨好达不到目的，就天天产生着怨恨。天天被侵害，又产生着怨恨，这就是为人君者所要谨慎的。

【原文】

凡为主而不得用其法，不能适其意，顾臣而行，离法而听贵臣，此所谓贵而威之也。富人用金玉事主而来焉，主离法而听之，此所谓富而禄之也。贱人①以服约卑敬悲色告愬其主，主因离法而听之，所谓贱而事之也。近者以逼近亲爱有求其主，主因离法而听之，此谓近而亲之也。美者以巧言令色请其主，主因离法而听之，此所谓美而淫之也。

【注释】

①贱人：指品格不高的人。

【译文】

凡是身为君主而不能运用自己的法度，也不能适应自己的意愿，只是看着贵臣的脸色行事，离开法度而听从贵臣摆布，这就叫作贵臣能够威胁他。富人用金珠宝玉侍奉君主而提出要求，君主就背离法度而听从这些要求，这就叫作富人能够贿赂他。贱者做出一副驯顺屈服、卑下可怜的样子哀告君主，君主就背离法度听从了他们的哀告，这就叫作贱者能够讨好他。近臣利用他和君主亲密的关系恳求于君主，君主就背离法度听从了他们的恳求，这就叫作近臣能够亲近他。美人用花言巧语和狐媚之态请托于君主，君主就背离法度听从了她的请托，这就叫作美色能够迷惑他。

【原文】

治世则不然，不知亲疏、远近、贵贱、美恶，以度量断之。其杀戮人者不怨也，其赏赐人者不德也。以法制行之，如天地之无私也，是以官无私论，士无私议，民无私说①，皆虚其匈②以听于上。上以公正论，以法制断，故任天下而不重也。今乱君则不然，有私视③也，故有不见也；有私听也，故有不闻也；有私虑也，故有不知也。夫私者，壅蔽④失位之道也。上舍公法而听私说，故群臣百姓皆设私立方以教于国，群党比周以立其私，请谒任举以乱公法，人用其心以幸于上。上无度量以禁之，是以私说日益，而公法日损，国之不治，从此产矣。

【注释】

①私说：私人的主张。②虚其匈：即虚心。③私视：认识不到的地方。④壅蔽：遭受蒙蔽。

【译文】

治世的情况就不是这样，不分亲疏、远近、贵贱和美丑，一切都用法度来判断。他定罪杀人，人不怨恨；按功行赏，人也不必感激。全凭法制办事，好像天地对万物那样没有私心。所以官吏没有私人的政见，士人没有私人的议论，民间没有私人的主张，大家都虚心听从君主。君主凭公正原则来考论政事，凭法制来裁断是非，所以担负治理天下的大任而不感到沉重。现在的昏君就不是如此，用私心来看事物，所以就有看不见的地方；用私心来听情况，所以就有听不见的地方；用私心来考虑问题，所以就有认识不到的地方。这私心正是遭受蒙蔽、造成失位原因。君主离开了公法而去听信私说，那么，群臣和百姓都将创立自己的一套学说和主张，在国内到处宣扬；还将勾结徒党，来建立私人势力；还将请托保举，来扰乱国家公法；还将用尽心机，来骗取君主的宠信。君主若没有法度来禁止这些现象，于是私说一天比一天增多，公法一天比一天削弱，国家的不安定，就将从此产生了。

【原文】

夫君臣者，天地之位也；民者，众物之象也。各立其所职以待君令，群臣百姓安得各用其心而立私乎？故遵主令而行之，虽有伤败，无罚；非主令而行之，虽有功利，罪死。然故下之事上也，如响之应声也；臣之事主也，如影之从形也。故上令而下应，主行而臣从，此治之道也。夫非主令而行，有功利①，因赏之，是教妄举也；遵主令而行之，有伤败，而罚之，是使民虑利害而离法也。群臣百姓人虑利害，而以其私心举措，则法制毁而令不行矣。

【注释】

①功利：成就和名利。

【译文】

　　君和臣好比天和地的位置，老百姓好比万物并列的样子，各自按其职务听候君主的命令，群臣百姓怎么可以各自用心谋取私利呢？所以，遵从君主的命令去办事，虽遭到挫折失败，也不应处罚；不遵从君主的命令办事，虽然取得功利，也要处死罪。这样，那么下对上，就像回响反应声音一样；臣事君，就像影子跟着形体一样。所以上面发令，下面就贯彻；君主行事，臣民就遵从，这是天下太平的道路。如果不按君主命令行事，取得了功利便进行赏赐，这等于教导人妄自行事；按照君主命令行事，遭到了挫折失败，就加以处罚，这等于使人们考虑利害背离法度。群臣百姓若是人人都考虑利害而按其私意行事，法制也就归于毁灭，命令也就不能推行了。

明法第二十六

【题解】

　　明法，使法显明，要强调法的意思。本篇论述要以法治国，君主的一切治国行为都要按照法来进行，这样，才能把国家治理好。否则，便是丧权失势的国君。本篇强调君主要牢牢地掌握制法和出令的权柄才能实现法治。所以本篇以论述主道即君道开篇，然后才围绕君道的得失论述到法治的各个方面。

【原文】

　　所谓治国者，主道①明也；所谓乱国者，臣术胜也。夫尊君卑臣，非计亲也，以势胜也；百官识，非惠也，刑罚必也。故君臣共道则乱，专授则失。夫国有四亡：令求不出谓之灭，出而道留谓之拥，下情求不上通谓之塞，下情上而道止谓之侵。故夫灭、侵、塞、拥之所生，从法之不立也。是故先王之治国也，不淫意于法之外，不为惠于法之内也。动无非法者，所以禁过而外私也。威不两错②，政不二门。以法治国则举错而已。是故有法度之制者，不可巧以诈伪；有权衡之称者，不可欺以轻重；有寻③丈之数者，不可差以长短。今主释法以誉进能，则臣离上而下比周矣；以党举官，则民务交而不求用矣。是故官之失其治也，是主以誉为赏，以毁为罚也。然则喜赏恶罚之人，离公道而行私术矣。比周④以相为慝，是忘主私交，以进其誉。故交众者誉多，外内朋党，虽有大奸，其蔽主多矣。是以忠臣死于非罪，而邪臣起于非功。所死者非罪，所起者非功也，然则为人臣者重私而轻公矣。十至私人之门，不一至于庭；百虑其家，不一图国。属数虽众，非以尊君也；百官虽具，非以任国也；此之谓国无人。国无人者，非朝臣之衰也，家与家务于相益，不务尊君也；大臣务相贵，而不任国；小臣持禄养交，不以官为事，故官失其能。是故先王之治国也，使法择人，不自举也；使法量功，不自度也。故能匿而不可蔽，败而不可饰也；誉者不能进，而诽者不能退也。然则君臣之间明别，明别则易治也，主虽不身下为，而守法为之可也。

【注释】

①主道：指君道。②两错：由两家占有。③寻：古代长度量词，八尺为一寻。④比周：比，与坏人勾结。周，与人勾结。指结党营私。

【译文】

所谓治理得好的国家，是因为君道强明；所谓混乱的国家，是因为臣下的私术太盛。君尊臣卑，不是由于臣对君的亲爱，而是君主通过权势压服的；百官尽职，不是由于君对臣的恩惠，而是刑罚坚决的结果。所以，君道与臣道混淆不分，国家就要混乱；把国权专授于人，君主就会失国。国家有四种危亡的表现：法令一开始就发不出去，叫作"灭"；发出而中道停留，叫作"壅"；下情一开始就不能上达，叫作"塞"；上达而中道停止，叫作"侵"。灭、侵、塞、壅现象的产生，都是由于法度没有确立造成的。所以先王治国，不在法度外浪费心机，也不在法度内私行小惠。所谓任何行动都不离开法度，就正是为了禁止过错而排除行私的。君权不能由两家占有，政令不能由两家制定。以法治国不过是一切都按法度来处理而已。因此，有了法度的裁断，人们就不能通过伪诈来取巧；有了权衡的称量，人们就不能利用轻重搞欺骗；有了寻丈的计算，人们就不能利用长短搞差错。君主若放弃法度，按照虚名用人，群臣就背离君主而在下结党营私；君主若听信朋党任官，人民就专务结交而不求工作实效。因此，官吏的治理不好，正是君主按照虚名行赏，根据诽谤行罚的结果。而这样下去，那些喜赏恶罚的人们就要背离公法而推行私术，也就是朋比为奸共同做伪。于是他们忘记君主，拼命结交，而进用同党；所以交人多同党也多，朝廷内外都成朋党，虽有大的奸恶，也是多半能把君主蒙蔽过去的。因此忠臣往往无罪而遭死，邪臣往往无功而发迹。由于无罪遭死和无功发迹，那么，为人臣的就自然重私轻公了。他们可以十次奔走于私人的家门，而一次不到朝廷；百般考虑其自家，而一次不谋国事。朝廷所属的人员虽然很多，但不是拥护君主的；百官虽然很齐备，但不是治理国事的。这种情况就叫作国中无人。所谓国中无人，并不是说朝廷大臣不足，而是说私人之间力求互相帮助，不力求尊奉国君；大臣之间力求互相抬举，而不肯为国任事；

小臣拿着俸禄搞拉拢交结，也不以公职为事，所以官吏就没有作用了。因此，先王的治国，用法度录取人才，自己并不推荐；用法度计量功劳，自己并不裁定。所以贤能不可能被掩蔽，败类也不可能伪装；夸誉者不能进用人，诽谤者也不可能罢免人。这样，君臣的界限就分明了，分明就容易治理，因为君主虽不自身下去办事，但依靠法度去办就行了。

内业第二十七

【题解】

内业，心的修养内容。本篇论述心的修养，强调精气的作用。作者以为精气是万物和生命的本源，精气的得失，关系到事业的成败，关系到人的生死。要保持心中的精气，就必须丢弃喜怒哀乐，使心处于虚静，则精气自来，自充自盈，发挥心的正常作用。分为四节。第一节论述精气和心的特点，第二节论述道和心的关系，第三节论述治心必须专一，第四节论述心的修养与身体健康的关系。

【原文】

凡物之精，此则为生。下生五谷，上为列星。流于天地之间，谓之鬼神；藏于胸中，谓之圣人。是故民气，杲①乎如登于天，杳②乎如入于渊，淖③乎如在于海，卒乎如在于己。是故此气也，不可止以力，而可安以德；不可呼以声，而可迎以音。敬守勿失，是谓成德，德成而智出，万物果得。

【注释】

①杲（gǎo）：明亮。②杳（yǎo）：幽暗。③淖（chuò）：通"绰"，宽也。

【译文】

物的精气，结合起来就有生机。在下就产生地上的五谷，在上就是天体的群星。流动在大地之间的叫作鬼神，藏在人的心里就成为圣人。因此，这种气有时光亮得好像升在天上，有时幽暗得好像藏入深渊，有时宽阔得好像浸在海里，有时高峻得好像立在山上。这种气，不可以用强力留住它，却可以用德性来安顿它；不可以用声音去呼唤它，却可以用心意去迎接它。恭敬地守住它而不失掉，这就叫作"成德"。德有成就就会产生出智慧，对万事万物全都能掌握理解了。

【原文】

凡心之刑①，自充自盈，自生自成。其所以失之，必以忧乐喜怒欲利。能去忧乐喜怒欲利，心乃反济。彼心之情，利安以宁，勿烦勿乱，和乃自成。折折乎②如在于侧，忽忽乎③如将不得，渺渺乎如穷无极。此稽不远，日用其德。

【注释】

①刑：同"形"，形状。②折折乎：清楚的样子。③忽忽乎：恍惚的样子。

【译文】

心的形体，它本身就能自然充实，自然生成。它之所以有所损伤，必然是由于忧、乐、喜、怒、嗜欲和贪利。能除掉忧、乐、喜、怒、嗜欲和贪利，心就可以回到完满的状态。心的特性，最需要安定和宁静，保持不烦不乱，心的和谐就可以自然形成。这些道理，有时清楚得好像就在身边，有时恍惚得好像寻找不到，又有时好像渺茫得抵达不到尽头，实际上考察它并不很远，因为人们天天都在享用着它的德惠。

【原文】

夫道者，所以充形也，而人不能固。其往不复，其来不舍。谋乎莫闻其音，卒乎乃在于心；冥冥乎①不见其形，淫淫乎②与我俱生。不见其形；不闻其声，而序其成，谓之道。凡道无所，善心安爱。心静气理，道乃可止。彼道不远，民得以产；彼道不离，民因以知。是故卒乎其如可与索，眇眇乎其如穷无所。彼道之情，恶音与声，修心静音，道乃可得。道也者，口之所不能言也，目之所不能视也，耳之所不能听也，所以修心而正形也；人之所失以死，所得以生也；事之所失以败，所得以成也。凡道，无根无茎，无叶无荣。万物以生，万物以成，命之曰道。

【注释】

①冥冥乎：昏暗的样子。②淫淫乎：滋润的样子。

【译文】

道，是用来充实心的形体的，但人们往往不能固守。它走开就不再来，来了又不肯安家常住。模糊得没有人听出它的声音，却又高大地显现在人的心里；昏暗得看不到它的形状，却又滋润地与我们共同生长。看不到形体，听不到声音，却是有步骤地使万物成长着，它就是道。凡是道都没有固定的停留场所，碰到善心就藏居下来。心静而气不乱，道就可以留住在这里。道并不在远方，人们就是靠它生长的；道并不离开人们，人们就是靠它得到知识的。所以道是高大的，似乎可以寻找得到；又是细微的，似乎追寻不出它的所在。道的本性，讨厌声音语言，只有修心静意，才能得道。道这个东西，是口不能言传，目不能察看，耳朵也听不到的；它是用来修养内心和端正形貌的；人们失掉了它就会死亡，得到了它就能生长；事业失掉了它就将失败，得到了它就能成功。凡是道，没有根也没有茎，没有叶子也没有花朵。但万物得到它才产生，得到它才成长，所以把它叫作"道"。

【原文】

天主正，地主平，人主安静。春秋冬夏，天之时也；山陵川谷，地之枝也；喜怒取予，人之谋也。是故圣人与时变而不化，从物而不移。能正能静，然后能定。定心在中，耳目聪明，四肢坚固，可以为精舍。精也者，气之精者也。气道乃生，生乃思①，思乃知，知乃止矣。凡心之形，过知失生。

【注释】

①思：思想。

【译文】

天在于正，地在于平，人在于安静。春秋冬夏是天的时令，山陵川谷是地的物材，喜怒取予是人的谋虑。所以圣人总是允许时世变化而自己却不变化，听任事物变迁而自己却不转移。能正能静，然后才能够安定。有一个安定的心在里面，那就能耳目聪明，四肢坚固，就可以作为"精"的留住场所。所谓"精"，就是气中最精的东西。气，通达开来就产生生命，有生命就有思想，有了思想就有知识，有知识就应及时停止了。凡心的形体，求知过多，则失其生机。

【原文】

　　一物能化谓之神，一事能变谓之智。化不易气，变不易智，惟执一①之君子能为此乎！执一不失，能君万物。君子使物，不为物使，得一之理。治心在于中，治言出于口，治事加于人，然则天下治矣。一言得而天下服，一言定而天下听，公之谓也。

【注释】

　　①执一：坚持专一。

【译文】

　　一概听任于物而能掌握物的变化叫"神"，一概听任于事而能掌握事的变化叫"智"。物变化而自己的气不变，事变化而自己的智不变，这只有坚持专一的君子才能做到吧！专一而不失，就能够统率万物了。君子使用万物，不受外物支配，就是因为掌握了专一的原则。内里有一个治理好的心，口里说的就会是治理好的话，加于民众的就将是治理好的事，这样，天下也就会治理好了。所谓"一言得而天下服，一言定而天下听"，就是这个道理。

【原文】

　　形不正，德不来；中不静，心不治。正形摄德①，天仁地义，则淫然②而自至神明之极，照乎知万物。中义守不忒，不以物乱官，不以官乱心，是谓中得。

【注释】

　　①摄德：修行内德。②淫然：渐渐地。

【译文】

外形不端正的人，是因为德没有养成；内里不虚静的人，是因为心没有治好。端正外形，修伤内德，如天之仁，如地之义，那就将渐渐到达神明的最高境界，明彻地认识万物。内心守静而不生差错，不让外物扰乱五官，不让五官扰乱内心，这就叫作"中有所得"。

【原文】

有神自在身，一往一来，莫之能思。失之必乱，得之必治。敬除其舍，精将自来。精想思之，宁念治之，严容畏敬，精将至定。得之而勿舍，耳目不淫①。

【注释】

①淫：迷惑。

【译文】

本来有"神"存在心内，不过一往一来，难得猜测。但心内失去了神就纷乱，得到了神就安定。严肃地把心里的杂念打扫干净，精就会自然到来。纯洁思想来记住它，宁息杂念来梳理它，抱着严肃而畏敬的态度，精就会极为安定。得到精而不舍弃，耳目等器官就不会迷惑了。

【原文】

心无他图，正心在中，万物得度①。道满天下，普在民所，民不能知也。一言之解，上察于天，下极于地，蟠满九州②。何谓解之？在于心安。我心治，官乃治，我心安，官乃安。治之者心也，安之者心也。

【注释】

①度：标准。②蟠满九州：布满在九州。

【译文】

心别无所图，只一个平正的心在里面，对待万物就会有正确标准。道布满在天下，并且普遍地存在人们的身边，人们自己却不能认识。只要有一个字的了解，就能够上通于天，下至于地，而且布满在九州。怎样才能了解呢？在于心定。我的心能平定，五官就会平定；我的心能安静，五官就会安静。平定要由心，安静也要由心。

【原文】

心以藏心，心之中又有心焉。彼心之心，音①以先言。音然后形②，形然后言，言然后使③，使然后治。不治必乱，乱乃死。

【注释】

①音：意识。②形：具体形象。③使：使唤调遣的作用。

【译文】

心中包藏着心，心里面又有个心。那个心里面的心，先生意识，再说出话来。有了意识，然后理解具体形象；理解形象，然后有话可说；有了话，然后有着使唤调遣的作用；有了使唤调遣作用，然后可以管理事物。不能管理，就会造成纷乱；纷乱了，就会造成灭亡。

【原文】

精存自生，其外安荣①，内藏以为泉原②，疾然和平，以为气渊。渊之不涸，四体乃固；泉之不竭，九窍遂通。乃能穷天地，破四海③。中无惑意，外无邪菑，心全于中，形全于外，不逢天菑，不遇人害，谓之圣人。

【注释】

①安荣：仪态安详。②泉原：不洁的源泉。③破四海：普察四海。

【译文】

精存在心，人就自然生长，表现在外面就是仪态安闲而颜色光鲜，藏在内部则是一个不竭的泉源，浩大而和平，形成气的渊源。渊源没有枯竭，四肢才能坚强；泉源没有淤塞，九窍才能通达。这样就能全面认识天地，普察四海。心中没有迷惑不明的东西，体外就没有邪恶的灾祸。心在内部保持健全，形体在外部保持健全,不逢天灾,不遇人害,这样的人就叫作圣人。

【原文】

人能正静①,皮肤裕宽,耳目聪明,筋信而骨强。乃能戴大圜②,而履大方,鉴于大清,视于大明。敬慎无忒,日新其德,遍知天下,穷于四极。敬发其充,是谓内得。然而不反,此生之忒。

【注释】

①正静:正和静的境界。②大圜:指天地。

【译文】

人如能达到正和静的境界,形体上就表现为皮肤丰满,耳目聪明,筋骨舒展而强健。他进而能够顶天立地,目视如同清水,观察如同日月。严肃谨慎地保持正静而没有差失,德行将与日俱新,并且遍知天下事物,以至四方极远的地域。这样恭敬地发展其内部的精气,就叫作内心有得。然而有些人不能返回到这样的境界,那是生活上的差失造成的。

【原文】

凡道,必周必密,必宽必舒,必坚必固。守善勿舍,逐淫泽薄①,既知其极,反于道德。全心在中,不可蔽匿,和于形容,见于肤色。善气迎人,亲于弟兄;恶气迎人,害于戎兵。不言之声,疾于雷鼓;心气之形,明于日月,察于父母。赏不足以劝善,刑不足以惩过,气意得而天下服,心意定而天下听。

【注释】

①逐淫泽薄:驱逐淫邪,去掉浮薄。

【译文】

道,一定是周到而细密、宽大而舒放、坚实而且强固的。能做到守善而不舍,驱逐淫邪,去掉浮薄,充分领会守善的最高准则,就可以返回到道德上来了。健全的心在内部,外面是不能隐蔽的,自然表现在形体容貌上面,也表现在肌肤颜色上面。善气迎人,相亲如同兄弟;恶气迎人,相害如同刀兵。这种不说出来的声音，比打雷击鼓还传得快；这心和气的形体，比太阳和月亮还更光明，体察事情比父母了解子女还更透彻。赏赐不一定能够劝善，刑罚不一定能够惩过。而气的意向符合，天下就可以顺服；心的意向安定，天下就可以听从。

【原文】

　　抟气如神，万物备存①。能搏乎？能一乎？能无卜筮而知吉凶乎？能止乎？能已乎？能勿求诸人而得之己乎？思之，思之，又重思之。思之而不通，鬼神将通之。非鬼神之力也，精气之极也。

【注释】

　　①备存：把万物完全收存心中。

【译文】

　　能够专心一意在气上，就会像神明一样，可以把万物完全收存在心中。问题是人们能专心么？能一意么？能做到不用占卜而预知凶吉么？能够要止就止么？能够要完就完么？能做到不外求于人而靠自己解决问题么？思考吧，思考吧，再重复思考下去吧。思考不通，鬼神将帮你想通。其实这不是鬼神的力量，而是精气的最高作用。

【原文】

　　四体既正，血气既静，一意抟心，耳目不淫①，虽远若近。思索生知，慢易生忧，暴傲生怨，忧郁生疾，疾困乃死。思之而不舍，内困外薄，不早为图，生将巽舍②。食莫若无饱，思莫若勿致，节适之齐，彼将自至。

【注释】

　　①淫：迷惑。②巽（xùn）舍：指生命离开身体。

【译文】

　　四体都能端正，血气都能平静，一意专心，耳目不受外物的迷惑，这样，对于遥远事物的了解就像对于近旁的一样。思索产生智慧，懈怠疏忽产生忧患，残暴骄傲产生怨恨，忧郁产生疾病，疾病困迫乃导致死亡。一个人思虑过度而不休息，就会内生困窘，外受胁迫，如不早想办法，生命就离开他的躯体。吃东西最好不要吃饱，心思最好不要用尽，调节得当，生命自会到来。

【原文】

凡人之生也，天出其精，地出其形，合此以为人。和乃生，不和不生。察和之道，其精不见，其征不丑。平正擅匈①，论治在心，此以长寿。忿怒之失度，乃为之图。节其五欲，去其二凶，不喜不怒，平正擅匈。

【注释】

①擅匈：占据胸怀。

【译文】

人的生命，是由天给他精气，地给他形体，两者相结合而成为人。两者调和则有生命，不和就没有生命。考察"和"的规律，它的真实情况是不可能看得见的，它表现的征象是不能类比的。但能使平和中正占据胸怀，融化在心里，就是长寿的来源。愤怒过度了，应该设法消除。节制那五种情欲：耳、目、口、鼻、心，除去那两种凶事：喜、怒，不喜不怒，平和中正就可以占据胸怀了。

【原文】

凡人之生也，必以平正①。所以失之，必以喜怒忧患。是故止怒莫若诗，去忧莫若乐，节乐莫若礼，守礼莫若敬，守敬莫若静。内静外敬，能反其性，性将大定。

【注释】

①平正：平和中正。

【译文】

人的生命，一定要依靠平和中正。生命有失，一定是因为喜怒忧患。可以说，制止愤怒什么都比不上诗歌，消除忧闷什么都比不上音乐，控制享乐什么都比不上守礼，遵守礼仪什么都比不上保持敬慎，保持敬慎什么都比不上虚静。内心虚静，外表敬慎，就能恢复精气，精气也将大大地得到稳定。

【原文】

凡食之道：大充①，伤而形不臧；大摄②，骨枯而血沍③。充摄之间，此谓和成，精之所舍，而知之所生，饥饱之失度，乃为之图。饱则疾动，饥则广思，老则长虑。饱不疾动，气不通于四末；饥不广思，饱而不废；老不长虑，困乃遬竭。大心而敢，宽气而广，其形安而不移，能守一而弃万苛，见利不诱，见害不惧，宽舒而仁，独乐其身。是谓云气，意行似天。

【注释】

①充：指吃得饱。②摄：指吃得少。③沍（hù）：冻结，闭塞。

【译文】

关于食的规律：吃得太多，就伤胃而身体不好；吃得太少，就骨枯而血液停滞。吃得多少适中，才可以实现舒和，使精气有所寄托，智慧能够生长。如果是饥饱失度，那就要设法解决。太饱了就要赶快活动，太饿了就要停止思考，老年人就更要珍惜动脑筋思考。吃饱而不赶快活动，血气就不能通达于四肢；饥饿而不停止思考，就不能消除饿意；老人而不珍惜思虑，衰老的躯体就加快死亡。心胸宽广而敞亮，意气宽舒而开阔，形体安定而不游移，能保持心意专一而摆脱各种骚扰，见利不被引诱，见害不生畏惧，心情宽舒而仁慈，自身能独得其乐，这些就叫作精气如行，意念运行如在天上。

【原文】

凡人之生也，必以其欢。忧则失纪，怒则失端。忧悲喜怒，道乃无处。爱欲静之，遇乱正之，勿引勿推，福将自归。彼道自来，可藉与谋，静则得之，躁则失之。灵气在心，一来一逝，其细无内，其大无外。所以失之，以躁为害。心能执静，道将自定。得道之人，理丞①而屯泄，匈中无败。节欲之道，万物不害。

【注释】

①丞：同"蒸"，蒸发排泄。

【译文】

人的生命，一定要依靠欢畅。忧愁与恼怒一来就会失去生命的正常秩序。心里有忧悲喜怒，道就无地可容。有了爱欲的杂念就应当平息它，有了愚乱的思想就应当改正它。不用人为地引来推去，幸福将自然地降临。道是自然到来的，人可以借助道来谋虑，虚静就能得到道，急躁就会失掉道。灵气在人的心里，有时来有时消逝，它的小可以说没有内实，它的大可以说没有边界。人所以失掉灵气是由于急躁为害。要是心能够平静，道自然会安定下来。得道的人，邪气能从肌理毛孔中蒸发排泄出去，胸中没有郁积败坏的东西。能实行节欲之道，就可以不受万事万物危害了。

禁藏第二十八

【题解】

本篇取篇首二字为题目。本篇论述君主在治国中需要特别警惕的问题，归结起来有：1.必须坚持"必诛而不赦，必赏而无迁"，严格依法行事；2.必须节俭，要克服人情的喜乐恶忧，宫室、食饭、礼仪、丧葬都要适可而止；3.要善于引导，使民自富。4.治国治民必须要落到实处。5.要建立霸王之业，必须使用离间、收买等手段对付敌国。

【原文】

禁藏于胸胁之内，而祸避于万里之外。能以此①制彼②者，唯能以己知人者也。夫冬日之不滥，非爱③冰也；夏日之不炀④，非爱火也，为不适于身不便于体也。夫明王不美宫室，非喜小也；不听钟鼓，非恶乐也，为其伤于本事，而妨于教也。故先慎于己而后彼，官亦慎内而后外，民亦务本而去末。

【注释】

①此：指"禁"。②彼：指"祸"。③爱：吝惜。④炀（yáng）：烘干。

【译文】

把禁字深记在心，可以避祸于万里之外。能做到以禁防祸，只有能以自身苦乐理解别人的苦乐才行。冬天不洗冰水，并不是吝惜冰；夏天不烤火，也不是舍不得火。而是因为这样做对身体不适宜。明主不建造华丽的宫殿，不是因为他喜欢简陋的房屋；不听钟鼓之音，也不是因为他讨厌音乐。而是因为这样做会伤害农业生产，妨碍教化推行。所以，君主首先严格要求自己，然后再要求别人；官吏也才能首先管好内部，然后管好外部；百姓也才能专心于农业而放弃工商业。

【原文】

居民于其所乐，事之于其所利，赏之于其所善①，罚之于其所恶，信之于其所馀财，功之于其所无诛。于下无诛者，必诛者也；有诛者，不必诛者也。以有刑至无刑者，其法易而民全；以无刑至有刑者，其刑烦而奸多。夫先易者后难，先难而后易，万物尽然。明王知其然，故必诛而不赦，必赏而不迁者，非喜予而乐其杀也，所以为人致利除害也。于以养老长弱，完活万民，莫明焉。

【注释】

①善：当作"喜"。

【译文】

要使百姓住在他们乐于居住的地方，使他们从事有利于自身的工作，奖励他们所赞成的事情，惩罚他们所厌恶的行为，保证百姓的余财不被剥夺，并致力于百姓不受刑罚。使百姓不受刑罚，是坚持有罪必罚的结果；百姓有受刑现象，是没有坚持有罪必罚造成的。从有刑到无刑，能做到法律简易而人民得到保全；从无刑到有刑，法律就将烦琐而恶人反会增多。先易者后难，先难而后易，万事都是如此。明君懂得这个道理，所以，该罚的绝不赦免，该赏的绝不拖延，这不是因为君主喜欢赏赐和乐于杀人，而是要为百姓兴利除害的缘故。对于养老扶幼，保全万民来说，没有比这更可贵的了。

【原文】

夫不法法①则治。法者天下之仪②也，所以决疑而明是非也，百姓所县命也。故明王慎之，不为亲戚故贵易其法，吏不敢以长官威严危③其命，民不以珠玉重宝犯其禁。故主上视法严于亲戚，吏之举令敬于师长，民之承教重于神宝。故法立而不用，刑设而不行也。夫施功而不钧④，位虽高为用者少；赦罪而不一，德虽厚不誉者多；举事而不时，力虽尽，其功不成；刑赏不当，断斩虽多，其暴不禁。夫公之所加，罪虽重，下无怨气；私之所加，赏虽多，士不为欢。行法不道，众民不能顺；举错⑤不当，众民不能成；不攻不备，当今为愚人。

【注释】

①法法：即"废法"。②仪：仪表，准则。③危：毁坏。④钧：通"均"。⑤错：通"措"。

【译文】

不废法才能管好国家。法，是天下的仪表，是用来解除疑难而判明是非的，是与百姓生命攸关的。所以明君对于法非常慎重，绝不为亲故权贵而改变法律，他的官吏也就不敢利用长官权威破坏法令，百姓也就不敢利用珠宝贿赂触犯禁律。这样，君主把法律看得比亲贵还庄重，官吏就把行令看得比敬师还严肃，百姓也就把接受政教看得比祭祀祖先还要神圣。这样，法虽然建立起来，实际上并不需要动用；刑罚虽然确立，实际上并不需要执行。如果赏功制度不公平，赏给的官位再高，肯效力的人也会很少；赦罪尺度不一致，施予的恩德再大，不赞成的人也会很多；举事不合时令，即使把力量用尽，效果也不会好；判刑不合法度，即使刑罚再多，暴乱也制止不住。按公法行事，刑罚重，下边的人也没有怨气；按私意行事，赏赐多，战士也不会受到鼓励。执行法令不合理，民众就不会顺从；措施不得当，民众就不能成事。不研习法度，不完善法度，就应当叫作愚人。

【原文】

故圣人之制事也，能节宫室、适车舆以实藏，则国必富、位必尊；能适衣服、去玩好以奉本，而用必赡、身必安矣；能移无益之事、无补之费，通币行礼，而党必多、交必亲矣。夫众人者多营于物，而苦其力、劳其心，故困而不赡，大者以失其国，小者以危其身。凡人之情：得所欲则乐，逢所恶则忧，此贵贱之所同有也。近之不能勿欲，远之不能勿忘，人情皆然。而好恶不同，各行所欲，而安危异焉，然后贤不肖之形见也。夫物有多寡，而情不能等；事有成败，而意不能同；行有进退，而力不能两也。故立身于中，养有节。宫室足以避燥湿，食饮足以和血气，衣服足以适寒温，礼仪足以别贵贱，游虞足①以发欢欣，棺椁足以朽骨，衣衾足以朽肉，坟墓足以道记。不作无补之功，不为无益之事，故意定而不营气情。气情不营则耳目榖②、衣食足；耳目榖、衣食足，则侵争不生，怨怒无有，上下相亲，兵刃不用矣。故适身行义，俭约恭敬，其唯无福，祸亦不来矣；骄傲侈泰，离度绝理，其唯无祸，福亦不至矣。是故君于上观绝理者以自恐也，下观不及者以自隐也。故曰：誉不虚出，而患不独生；福不择家，祸不索人，此之谓也。能以所闻瞻察，则事必明矣。

【注释】

①游虞足：游乐充分。②耳目毂（gǔ）：耳聪目明。

【译文】

因此，圣明君主的行事，能够俭治宫室，撙节车驾来充实国家贮备，则国必富而位必尊；能够撙节衣服、抛弃玩好之物来加强农业生产，则财用必足而地位必然巩固；能够摆脱无益的活动、无益的开支，来进行通币行礼的外交活动，则盟国必多而关系必然亲睦。至于一般的君主，多半迷恋于物质享受，并为此费力操心，所以弄得困顿不堪而国用不足，大者可致亡国，小者也危害自身。人的常情是：满足了要求就高兴，碰上厌恶之事就忧愁，这是不论地位高低的人都如此的。对接近的东西不能不追求，对远离的东西不能不遗忘，人情也莫不如此。然而每个人的好恶不同，各行所好，结局的安危则不一样，这里就区别出贤、不肖来了。物产有多有少，而人的要求却不能和它吻合；事情有成有败，而人的意愿却不能和它一致；行动有进有退，而人的力量却不能和它适应。所以为人行事要保持适中，生活享受要有节制：宫室能够避燥湿，饮食能够调和血气，衣服能够抵御寒热，礼仪能够区别贵贱，游乐能够抒发欢情，棺椁能够收藏朽骨，葬服能够包裹尸体，坟墓能够做标记就行了。不要搞没有意义的工作，不要做无益的事情，这样就意气安定，思想感情不受迷惑。思想感情不受迷惑则耳目聪明、衣食丰足；耳聪目明、衣食丰足，就不会彼此争夺，不会互相怨怒，上下可以相亲，用不着动用武力了。所以，克制自身，遵行仪法，再加上节约谨慎，即使不会得福，也不至于灾祸临头。骄傲奢侈，背离法度，违反常理，即使没有祸害，幸福也不会来临。因此，君子一方面要从违背常理的人身上记取教训，警惕自己；另一方面又要从努力不足的人身上取得借鉴，而自行反省。所以说，荣誉不会凭空出现，忧患不会无故发生，幸福不挑选人家，灾祸不自动找到人的头上，就是这个意思。能用自己的亲身见闻探察反省，事情就清楚了。

【原文】

故凡治乱之情，皆道上始。故善者圉①之以害，牵之以利。能利害者，财多而过寡矣。夫凡人之情，见利莫能勿就，见害莫能勿避。其商人通贾，倍道兼行，夜以续日，千里而不远者，利在前也；渔人之入海，海深万仞，就波逆流，乘危百里，宿夜不出者，利在水也。故利之所在，虽千仞之山无所不上；深源之下，无所不入焉。故善者势利之在，而民自美安。不推而往，不引而来，不烦不扰，而民自富。如鸟之覆卵，无形无声，而唯见其成。

【注释】

①圉（yǔ）：约束。

【译文】

一切治乱的根源，都从上面开始。所以，善治国者要用"害"来约束人们，用"利"来引导人们，能掌握人们利害者，则财富增加而过错减少。凡人之常情，见利没有不追求的，见害没有不想躲避的。商人做买卖，一天赶两天的路，夜以继日，千里迢迢而不以为远，是因为利在前面；渔人下海，海深万仞，在那里逆流冒险，航行百里，昼夜都不出来，是因为利在水中。所以，利之所在，即使千仞的高山，人们也要上；即使深渊之下，人们也愿意进去。所以，善治国者，掌握住利源之所在，人民就自然羡慕而甘心接受。无须推动，他们也会前进；无须引导，他们也会跟来。不烦民又不扰民，而人民自富。这就像鸟孵卵一样，不见其形，不闻其声，而只能看见事情办成。

【原文】

夫为国之本，得天之时而为经①，得人之心而为纪②，法令为维纲③，吏为网罟，什伍以为行列，赏诛为文武。缮农具当器械，耕农当攻战，推引铫耨以当剑戟，被蓑以当铠鑐，菹笠以当盾橹。故耕器具则战器备，农事习则功战巧矣。当春三月，荻室熯造，钻燧易火，杼井易水，所以去兹毒也。举春祭，塞久祷，以鱼为牲，以蘖④为酒，相召，所以属亲戚也。毋杀畜生，毋拊卵，毋伐木，毋夭英，毋拊竿，所以息百长也。赐鳏寡，振⑤孤独，贷无种，与无赋，所以劝弱民也。发五正，赦薄罪，出拘民，解仇雠，所以建时功，施生谷也。夏赏五德，满爵禄，迁官位，礼孝弟，复贤力，所以劝功也。秋行五刑，诛大罪，所以禁淫邪，止盗贼。冬收五藏，最万物，所以内作民也。四时事备，而民功百倍矣。故春仁、夏忠、秋急、冬闭，顺天之时，约地之宜，忠人之和，故风雨时，五谷实，草木美多，六畜蕃息，国富兵强，民材而令行，内无烦扰之政，外无强敌之患也。

【注释】

①经：织物的纵线。②纪：乱丝的头绪，比喻重要条件。③维纲：比喻总纲领。④蘖（niè）：酒曲，酿酒用的发酵剂。⑤振：通"赈"，赈济。

【译文】

治国的根本，掌握天时叫作"经"，收得民心叫作"纪"，法令好比网罟的大纲，官吏好比网和罟，居民的什伍编制好比军队的行列，赏罚好比进退的金鼓。应当整治农具，当作武器，把耕作当作攻战，锄头好比剑戟，披蓑好比铠甲，斗笠好比盾牌。所以农具完备则如武器完备，农事熟习攻战也精巧了。在春季三月时节，要点燃灶火熏烤房间，更换钻燧取火的木料，淘井换水，为的是消除其中毒气。举行春祭，祈祷不生疾病，用鱼做成供品，用曲做成米酒，互相宴请，为的是密切亲戚关系。不屠杀禽兽，不敲击禽卵，不砍伐树木，不采摘花朵，不损伤竹笋之芽，为的是保养万物生长。帮助鳏寡，赈济孤独，贷放种子给无种子的农户，救助无力纳税的人家，为的是劝勉贫弱人民。颁发各种政令，赦免罪轻的人，放出拘押的人，调解纠纷，为的是及时完成农事，致力于粮食生产。在夏季时节，奖赏各种有德的行为，加爵禄，提官职，礼敬孝悌卓著的人，为艰苦劳动者免除徭役，为的是鼓励人们努力工作。在秋天，行使各种刑罚，处杀罪大恶极的人，为的是禁淫邪而止盗贼。在冬天，做好五谷收藏，收聚各类产品，为的是收纳农民贡税。一年四季的事情安排齐备，人民的劳动就能有百倍的功效。这样，春天仁慈，夏天忠厚，秋天严峻，冬天收闭，顺应天时，遵守地宜，再合乎人和，就可以风调雨顺，五谷丰登，草木繁茂，六畜兴旺，国富兵强，人民富裕而法令通行，国内没有烦民扰民的政令，外部也没有强敌的祸患了。

【原文】

　　夫动静顺然后和也，不失其时然后富，不失其法然后治。故国不虚富，民不虚治。不治而昌，不乱而亡者，自古至今未尝有也。故国多私勇者其兵弱，吏多私智者其法乱，民多私利者其国贫。故德莫若博厚，使民死之；赏罚莫若必成，使民信之。

【译文】

　　举措得宜国事才能协调，不误农时国家才能富裕，不失法度国家才能治好。所以国家没有无缘无故富起来的，人民没有无缘无故治理好的。没有治理而国家昌盛，没有动乱而国家灭亡的事情，自古及今是不存在的。所以，国家勇于私斗的人多，其兵力削弱；官吏表现个人智慧的人多，其法度混乱；人民图谋私利的人多，国家陷于贫穷。因此，施德必须博厚，使人民能够以死报效；赏罚必须坚决，使人民能够坚信不疑。

【原文】

　　夫善牧民者，非以城郭也，辅之以什，司之以伍。伍无非其人，人无非其里，里无非其家。故奔亡者无所匿，迁徙者无所容，不求而约，不召而来。故民无流亡之意，吏无备追之忧。故主政可往于民，民心可系于主。夫法之制民也，犹陶之于埴①，冶之于金也。故审利害之所在，民之去就，如火之于燥湿，水之于高下。夫民之所生，衣与食也；食之所生，水与土也。所以富民有要，食民有率，率三十亩而足于卒岁。岁兼美恶，亩取一石，则人有三十石，果蓏②素食当十石，糠秕③六畜当十石，则人有五十石，布帛麻丝，旁入奇利，未在其中也。故国有余藏，民有馀食。夫叙钧者，所以多寡也；权衡者，所以视重轻也；户籍田结④者，所以知贫富之不訾也；故善者必先知其田，乃知其人，田备然后民可足也。

【注释】

　　①埴（zhí）：黏土。②蓏（luǒ）：瓜类。③糠秕：没有成熟的谷子。④田结：田地的证明文书。

【译文】

　　善于统治人民的君主，不是依靠内城外郭。而是依靠什伍的居民组织来管理。使伍中没有非本伍的人，人们没有不住在本里的，里内没有非本里的人家。这样，逃亡者无处隐藏，迁徙者无处容身，不用强求人们就受到约束，不用召唤人们也会前来。这样，人民无逃亡之意，官吏无戒备追捕之忧。这样，君主政令可以贯彻于民间，民心也可以和君主联系起来了。用法制管理人民，应当像制陶了解黏土的特性，冶金了解金属的特点一样。只要判明利害的所在，人民去就的方向，就像火避湿就干，水避高就低一样明白了。人民赖以生活的，不外衣食；食物赖以生产的，不外水土。所以使人民富裕是有要领的，满足民食是有标准的，这个标准是一个人有三十亩地就可以生活一年。按好坏年景平均计算，亩产一石，则每人有三十石。瓜果蔬菜相当十石粮食，糠麸瘪谷与畜产相当十石粮食，则每人共五十石，而布帛麻丝和其他副业收入还没有计算在内。这样，国家有积蓄，人民也有余粮。就像钧用来算定多少、权和衡用来计量轻重一样，户籍和田册正是用来了解贫富差别的。所以，善治国者，一定要先知道土地的情况，然后再知道人的情况。土地够用，人民生活就可以富足。

【原文】

　　凡有天下者，以情伐者帝，以事伐者王，以政伐者霸。而谋有功者五，一曰视其所爱，以分其威，一人两心，其内必衰也。臣不用，其国可危。二曰视其阴所憎，厚其货赂，得情可深，身内情外，其国可知。三曰听其淫乐，以广其心，遗①以竽瑟美人，以塞其内；遗以谀臣文马，以蔽其外。外内蔽塞，可以成败。四曰必深亲之，如典之同生。阴内②辩士，使图其计，内勇士，使高其气。内人他国，使倍其约，绝其使，拂其意，是必士斗。两国相敌，必承其弊。五曰深察其谋，谨其忠臣，揆其所使，令内不信，使有离意。离气不能令，必内自贼③。忠臣已死，故政可夺。此五者，谋功之道也。

【注释】

　　①遗：赠送。②内：通"纳"。③贼：杀害。

禁藏第二十八

【译文】

　　凡是据有天下的，靠人心取天下者成帝业，靠事业取天下者成王业，靠征战取天下者成霸业。至于谋攻敌国的手段则有五条。第一，查明敌国君主的爱臣，设法削减他的权力。他若怀有二心，对君主的亲近程度必然衰退。大臣不为君主效力，其国家就岌岌可危。第二，查明敌国君主暗地里憎恶的大臣，设法加以贿赂，这可以深刻了解敌情。有人身居国内，情通国外，其国家实况就能掌握。第三，了解敌国君主淫乐情况，设法消磨他的意志。送给他乐队美人，在内蒙蔽他；送给他谄媚的侍臣和美丽的乘马，在外蒙蔽他。内外蒙蔽，可以促成其国败。第四，尽量同敌国表示亲密。形同兄弟。暗中派智辩之士帮助他图谋别国，派勇力之士投奔他使之骄傲。又派人到别国去，唆使别国同他背约、断交、反目，由此战争必起。两国相敌，就必能利用其失败的局面。第五，深入了解敌国君主的谋划，敬事其忠臣，挑拨其属下，使他们内部互不信任，离心离德。离不能合，一定自相残杀。忠臣死掉，就可以夺取他的政权。这五者便是谋攻敌国的办法。

桓公问第二十九

【题解】

桓公问，是桓公问管仲。这是一篇对话体的论文。本篇论述君主纳谏的作用，并列举历代圣主的纳谏机构及其制度，要求桓公继承这一传统，并为此提出了纳谏机构的具体名称、管理办法，以及负责此项工作的人选。

【原文】

齐桓公问管子曰："吾念有而勿失，得而勿忘①，为之有道乎？"对曰："勿创勿作，时至而随。毋以私好恶害公正，察民所恶，以自为戒。黄帝立明台之议者，上观于贤也；尧有衢室之问者，下听于人也；舜有告善之旌②，而主不蔽也；禹立谏鼓③于朝，而备讯唉；汤有总街之庭，以观人诽也；武王有灵台之复，而贤者进也。此古圣帝明王所以有而勿失，得而勿忘者也。"桓公曰："吾欲效而为之，其名云何？"对曰："名曰啧室之议。曰：法简而易行，刑审而不犯，事约④而易从，求寡而易足。人有非上之所过，谓之正士，内⑤于啧室之议。有司执事者咸以厥事奉职，而不忘为，此啧室之事也，请以东郭牙为之。此人能以正⑥事争于君前者也。"桓公曰："善。"

【注释】

①忘：当作"亡"。②告善之旌：设旌旗以奖励人臣的建议。③谏鼓：进谏时所击之鼓。④约：简约，简要。⑤内：通"纳"。⑥正：通"政"。

【译文】

桓公问管仲说："我想常有天下而不失，常得天下而不亡，能办到么？"回答说："不急于创始，不急于作新，等到条件成熟再随之行事。不可以个人好恶损害公正原则。要调查了解人民之所恶,以便自身为戒。黄帝建立明台的咨议制度,就是为了从上面搜集贤士的意见;尧实行衢室的询问制度,也是为了从下面听取人们的呼声;舜有号召进谏的旌旗,君主就不受蒙蔽;禹把谏鼓立在朝堂上,可以准备人们上告;汤有总街的厅堂,可以搜集人们的非议;周武王有灵台的报告制度,贤者都得以进用。这就是古代圣帝明王能够常有天下而不失、常得天下而不亡的原因。"桓公说:"我也想效法他们实行这项制度,应当叫什么名字呢?"回答说:"名称可叫作'啧室的咨议制度'。就是说:国家法度要简而易行,刑罚要审慎而无人犯罪,政事要简而易从,征税要少而容易交足。老百姓有在这些方面提出君主过失的,就称之为'正士',其意见都纳入'啧室'的咨议制度来处理。负责办事的人员,都要把受理此事作为本职工作,而不许有所遗忘。这项'啧室'的大事,请派东郭牙主管。此人是能够为政事在君主面前力争的。"桓公说:"好"。

立政九败解第三十

【题解】

本篇为《立政》篇中"九败"一节的逐句诠释。"九败"指九种将使国家败亡的错误观点,即"寝兵""兼爱""私议自贵""群徒比周""金玉货财""观乐玩好""请谒任举""谄谀饰过""全身"。

【原文】

人君唯毋听寝兵①,则群臣宾客莫敢言兵。然则内之不知国之治乱,外之不知诸侯强弱,如是则城郭毁坏,莫之筑补;甲弊兵彫②,莫之修缮。如是则守圉③之备毁矣。辽远之地谋,边竟④之士修,百姓无圉敌之心。故曰:"寝兵之说胜,则险阻不守。"

【注释】

①寝兵:停息兵备。②甲弊兵彫(diāo):盔甲、兵器破败。③圉:同"御"。④边竟:指边境。

【译文】

人君只要听信废止军备的议论,群臣宾客便不敢讲求军事。那么,既不知国内的情况是太平还是动乱,又不知国外的诸侯是强大还是虚弱。这样城郭就毁坏,无人筑补;盔甲、兵器就破败,无人修缮了。这样也就使国防的军备归于毁灭了。远方的国土失落,边境的战士懒惰,百姓也将丧失御敌的斗志。所以说:"寝兵之说胜,则险阻不守。"

【原文】

人君唯毋听兼爱之说,则视天下之民如其民,视国如吾国。如是则无并兼攘夺①之心，无覆军败将②之事。然则射御勇力之士不厚禄，覆军杀将之臣不贵爵，如是则射御勇力之士出在外矣。我能毋攻人可也，不能令人毋攻我。被求地而予之，非吾所欲也，不予而与战，必不胜也。彼以教士③，我以驱众④；彼以良将，我以无能，其败必覆军杀将。故曰："兼爱之说胜，则士卒不战。"

【注释】

①攘夺：指掠夺。②败将：指杀将。③教士：指训练有素的士兵。④驱众：指驱赶乌合之众。

【译文】

人君只要听信泛爱人类的议论，就会把天下的民众都看成他自己的人，把别的国家都看成自己的国家。这样就没有兼并争夺别国的心机，也没有战败敌军敌将的事迹。那么，射敌和车战的勇士没有厚禄，消灭敌军敌将的功臣没有贵爵，这些射敌和车战的勇士就要投奔外国去了。自己不攻打别人是可以做得到的，但不能管住人家不攻打自己。敌国要求割地给他们，自然不是我们所满意的，不割地而与之战斗，又一定打不赢。人家用经过训练的士兵，我们用临时征集的乌合之众；人家用良将，我们用无能之辈。其败局一定是军士覆亡而将领被杀。所以说："兼爱之说胜，则士卒不战。"

【原文】

人君唯无好全生，则群臣皆全其生，而生又养。生养何也？曰：滋味也，声色也，然后为养生。然则从①欲妄行，男女无别，反②于禽兽。然则礼义廉耻不立，人君无以自守③也。故曰："全生之说胜，则廉耻不立。"

【注释】

①从：同"纵"。②反：同"返"。③自守：约束自己。

【译文】

人君只要专好保命，群臣也就都来保命，而大讲养生之道。什么叫作养生呢？回答说：饮食滋味，声色享受，然后归结为保养生命就是了。那么，纵欲妄行，男女无别，就要返回到禽兽状态。那么，礼义廉耻就立不起来，人君就不肯自我约束了。所以说："全生之说胜，则廉耻不立。"

【原文】

人君唯无听私议自贵，则民退静隐伏①，窟穴就山②，非世间上③，轻爵禄而贱有司。然则令不行禁不止。故曰："私议自贵之说胜，则上令不行。"

【注释】

①退静隐伏：退身静处而隐匿行踪。②窟穴就山：窟居洞府而远就深山。③间上：对抗君上。

【译文】

人君只要听信私立异说、清高自贵的议论，人们就将要退身静处而隐匿行踪，窟居洞府而远就深山，反对世俗而对抗君上，看轻爵禄而无视官吏了。那么，君主简直是令不能行而禁不能止。所以说："私议自贵之说胜，则上令不行。"

【原文】

人君唯无好金玉货财，必欲得其所好，然则必有以易之。所以易之者何也？大官尊位，不然则尊爵重禄也。如是则不肖者在上位矣。然则贤者不为下，智者不为谋，信者不为约，勇者不为死。如是则驱国而捐①之也。故曰："金玉货财之说胜，则爵服下流。"

【注释】

①驱国而捐：把国家拿出来抛弃掉了。

【译文】

人君只要喜好金玉财货，而且一定要得到它们，那么就必须有条件同它们交换。用什么来换取呢？只好用大官尊位，不然就是用高爵重禄。这样，不贤之辈就要在上面掌权了。那么，贤者将不肯甘为属下，智者将不肯设谋献策,信实的人将不肯缔结盟约,勇敢的人将不来效死。这样就等于把国家拿出来抛弃掉了。所以说:"金玉货财之说胜,则爵服下流。"

【原文】

人君唯毋听群徒比周,则群臣朋党,蔽美扬恶。然则国之情伪①不见于上。如是则朋党者处前,寡党者处后。夫朋党者处前,贤、不肖不分,则争夺之乱起,而君在危殆之中矣。故曰:"群徒比周之说胜,则贤、不肖不分。"

【注释】

①国之情伪:国家的真实情况。

【译文】

人君只要听信结交朋党的议论,群臣就要结为朋党,讲话蔽美扬恶,那么,君主就无法了解情况的真假。这样就形成有朋党的活跃在台前,党羽少的被挤到台后。有朋党的人们在台前活动,贤者与不贤者就将无法分清,争夺的祸乱就要发生,而君主就将处在危险境地。所以说:"群徒比周之说胜,则贤、不肖不分。"

【原文】

人君唯毋听观乐玩好,则败。凡观乐者,宫室、台池、珠玉、声乐也。此皆费财尽力伤国之道也。而以此事君者,皆奸人也。而人君听之,焉得毋败?然则府仓虚,蓄积竭;且奸人在上,则壅遏①贤者而不进也。然则国适有患,则优倡侏儒②起而议国事矣。是驱国而捐之也。故曰:"观乐玩好之说胜,则奸人在上位。"

【注释】

①壅遏:壅塞阻止。②优倡侏儒:古时称演出歌舞杂技的艺人,此指下层小人。

【译文】

人君只要听信观乐玩好的议论，就会导致失败。凡观乐之事，不外是宫室、台池、珠玉与声乐之类。这都是浪费钱财、消耗民力、伤害国家的事情。而用这些东西侍奉君主的都是奸臣。君主若是听信他们。怎么能够不败亡？那么，府库空虚了，积蓄枯竭了，而且奸臣掌权，阻碍着贤者不得进用了。那么，一旦国家有难，优伶丑角之流就都出来议决国事了。这也就等于把整个国家拿出来抛弃掉了。所以说："观乐玩好之说胜，则奸臣在上位。"

【原文】

人君唯毋听请谒任誉①，则群臣皆相为请。然则请谒得于上，党与成于乡。如是则货财②行于国，法制毁于官，群臣务佼而不求用，然则无爵而贵，无禄而富。故曰："请谒任举之说胜，则绳墨不正。"

【注释】

①任誉：当作"任举"。②货财：指贿赂。

【译文】

人君只要听信请托保举的议论，群臣就都来互相拉拢请托。那么，请托之风在上面发展，结党之事也就在乡中完成。这样，贿赂之事在国内到处通行，法律制度也就在官府中遭到破坏。群臣都努力发展私交而不求为国效力，那么，无爵位也可以成为贵者，无俸禄也可以发财致富。所以说："请谒任举之说胜，则绳墨不正。"

【原文】

人君唯无听谄谀饰过之言，则败。奚以知其然也？夫谄臣者，常使其主不悔其过不更其失者也，故主惑而不自知也，如是则谋臣①死而谄臣尊矣。故曰："谄谀饰过之说胜，则巧佞者用。"

【注释】

①谋臣：指谏臣。

【译文】

　　人君只要听信阿谀奉承、掩饰过错的议论，就会导致失败。为什么是这样呢？谄媚之臣是常常使君主不知悔过又不知改过的，所以君主受迷惑而自己尚不觉察。这样，就导致谏臣死亡而谄臣高升了。所以说："谄谀饰过之说胜，则巧佞者用。"

臣乘马第三十一

【题解】

臣乘马之"臣",或作"巨",或作"匡",指经济筹划的策略。本篇围绕经济筹划的策略,即国家控制物价高低的"高下之策"展开论述。先论政令失宜,民失农时,动乱纷起。然后提出"臣乘马"的方法是在"王者不夺农时"。最后说明"高下之策"的具体做法:国家春时以货币向百姓发放贷款;秋后谷价下跌,"以币准谷"收回贷款藏于仓库;待谷价上涨再"以谷准币"购入器械;从而使国家"谷器皆资,无藉于民"。

【原文】

桓公问管子曰:"请问乘马。"管子对曰:"国无储在令。"桓公曰:"何谓国无储在令?"管子对曰:"一农之量壤百亩也,春事①二十五日之内。"桓公曰:"何谓春事二十五日之内?"管子对曰:"日至②六十日而阳冻释,七十日而阴冻释。阴冻释而秋稷,百日不秋稷,故春事二十五日之内耳也。今君立扶台③、五衢之众皆作。君过春而不止,民失其二十五日,则五衢之内阻弃之地④也。起一人之繇,百亩不举;起十人之繇,千亩不举;起百人之繇,万亩不举;起千人之繇,十万亩不举。春已失二十五日,而尚有起夏作,是春失其地,夏失其苗,秋起繇而无止,此之谓谷地数亡。谷失于时,君之衡藉而无止,民食什伍之谷,则君已籍九矣,有衡求币⑤焉,此盗暴之所以起,刑罚之所以众也。随之以暴,谓之内战。"桓公曰:"善哉!"

【注释】

①春事:春耕之事。②日至:太阳运行至黄道南北的极点,有冬至、夏至,此指冬至。③扶台:假设的建筑。④阻弃之地:被废弃不耕之地。⑤求币:指要

求以货币纳税，不要实物。

【译文】

桓公问管仲说："请问经济的筹算计划。"管仲回答说："国家没有财物积蓄，原因出在政令上。"桓公说："为什么说国无积蓄的原因在于政令呢？"管仲回答说："一个农民只能种百亩土地，而春耕春种只能在二十五天内完成。"桓公说："为什么说春耕春种只能在二十五天以内呢？"管仲回答说："冬至后六十天地面解冻，到七十五天地下解冻。地下解冻才可以种谷，过冬至一百天就不能再种，所以春耕春种必须在二十五天内完成。现在君上修建扶台，国内五方的民众都来服役。一直过了春天您还不下令停止，百姓就失去了春耕二十五天的时机，全国五方之地就成为废弃之地了。征发一人的徭役，百亩地不得耕种；征发十人，千亩不得耕种；征发百人，万亩不得耕种；征发千人，十万亩不得耕种。春季已失去了春耕的二十五天，夏天又再来征发徭役，这就是春天误了种地，夏天误了耘苗，秋天再无休止地征发，这就叫作粮食、土地不断地丧失。种谷既已延误了农时，君上的官吏又在不停地征税，农民吃用粮食通常只是收成的一半，现今则被君主拿去了九成。此外，官吏收税还要求交纳现钱。这些便是暴乱之所由起和刑罪增加的原因。如随之以暴力镇压，就要发生所谓'内战'了。"桓公说："讲得好啊！"

【原文】

"策乘马之数求尽也，彼王者不夺民时，故五谷兴丰①。五谷兴丰，则士轻禄，民简②赏。彼善为国者，使农夫寒耕暑耘，力归于上，女勤于纤微③而织归于府者，非怨民心伤民意，高下之策④，不得不然之理也。"

【注释】

①兴丰：兴盛繁茂。②简：简慢轻视。③纤微：指从事纺织一类精细的劳动。④高下之策：指国家控制物价高低的政策。

【译文】

管仲接着说："这就是因为没有充分利用计算筹划的理财方法。那些成王业的君主，从不侵夺百姓的农时，所以能五谷丰收。但是五谷丰收后，战士就往往轻视爵禄，百姓也难免轻视国家奖赏。那种善于治理国家的人，就能使农民努力耕作而把成果归于君上，妇女勤于纺织而把成果归于官府。这并不是想要伤害民心民意，而是实行了控制物价高低的理财政策，就不能不是这样的结果。"

【原文】

桓公曰："为之奈何？"管子曰："虞国得策乘马之数矣。"桓公曰："何谓策乘马之数？"管子曰："百亩之夫，予之策①：'率②二十七日为子之春事，资子之币。'春秋，子谷大登，国谷之重去分。谓农夫曰：'币之在子者，以为谷③而廪之州里。'国谷之分在上，国谷之重再十倍④。谓远近之县、里、邑百官，皆当奉器械备，曰：'国无币，以谷准币。'国谷之横，一切什九。还谷⑤而应谷，国器皆赀，无籍于民。此有虞之策乘马也。"

【注释】

①予之策：向他们发布命令。②率：概率，大约。③以为谷：指折算成谷物。④再十倍：二十倍。⑤还谷：指假币于民而使之以谷偿还。

【译文】

桓公说："具体做法如何？"管仲说："古代虞国是真正懂得运用计算筹划的理财方法的。"桓公说："到底什么是运用计算筹划的理财方法？"管仲说："对于种百亩田的农民们，下达通告说：'这个大约二十五天的时间，归你们自己进行春耕，国家发给你们贷款。'到了秋季，五谷大熟，国内粮价下降了一半。这时又通告农民们说：'你们的贷款，都要折成粮食偿还，而且要送交州、里的官府收藏。'等到国内市场的粮食有一半控制在国家手里时，就可使粮价提高二十倍。于是又通告远近各县、各里、各邑的官吏们，要求他们都必须交纳兵器和各种用具备用。同时通告说：'国家没有现钱，用粮食折成现钱购买。'这便在国内粮食价格上，一律取得十分之九的大利。经过偿还粮食来支付器械的贷款，国家的器物都得到供应，而用不着向百姓直接征收。这就是虞国运用计算筹划的做法。"

乘马数第三十二

【题解】

乘马数指经济筹划的具体办法。这篇是《臣乘马》的续篇，进一步阐述经济筹划的种种办法。文章先提出治国"以时行"事的原则，要求"出准之令，守地用人策"。然后阐述"守始"之法，主张控制物价，救济灾民。"相壤定籍"之法，主张让各等级土地互补，以安定百姓。文章还阐述了粮食与万物交换的关系，即所谓"谷重而万物轻，谷轻而万物重"。

【原文】

桓公问管子曰："有虞策乘马已行矣，吾欲立策乘马，为之奈何？"管子对曰："战国①修其城池之功，故其国常失其地用。王国②则以时行也。"桓公曰："何谓以时行？"管子对曰："出准之令，守地用人策③，故开阖皆在上，无求于民。"

【注释】

①战国：好战之国。②王国：成就王业之国。③人策：即人谋，指经济策略。

【译文】

桓公问管仲说："古代虞国是早已实行经济的计算筹划了，我也想实行它，该怎么办？"管仲回答说："好战之国致力于城池的修建，所以，这类国家常常耽误它们的农业生产。成就王业的国家则按照因时制宜的原则行事。"

桓公说："何谓按因时制宜的原则行事？"管仲回答说："发布平准的号令，既及时掌握农业生产，又及时掌握经济政策，因而经济开放收闭的主动权全在国家，不直接求索于百姓就是了。"

【原文】

"霸国①守分，上分下游于分之间而用足。王国守始②，国用一不足则加一焉，国用二不足则加二焉，国用三不足则加三焉，国用四不足则加四焉，国用五不足则加五焉，国用六不足则加六焉，国用七不足则加七焉，国用八不足则加八焉，国用九不足则加九焉，国用十不足则加十焉。人君之守高下，岁藏三分，十年则必有五年之余。若岁凶旱水泆，民失本，则修宫室台榭，以前无狗后无彘者为庸。故修宫室台榭，非丽其乐也，以平国策也。今至于其亡策乘马之君，春秋冬夏，不知时终始，作功起众③，立宫室台榭。民失其本事，君不知其失诸春策，又失诸夏秋之策数也。民无檀④卖子数矣。猛毅之人淫暴，贫病之民乞请，君行律度焉，则民被刑僇而不从于主上。此策乘马之数亡也。"

【注释】

①霸国：成就霸业之国。②守始：指控制财货的开始。③起众：征发民工。④无檀：贫穷。

【译文】

"成霸业的国家只能掌握一半的财富，君主与民间总是游动在半数之间来保持国用充足。成王业的国家掌握财富产生的开始，使国家财用缺一补一，缺二补二，缺三补三，缺四补四，缺五补五，缺六补六，缺七补七，缺八补八，缺九补九，缺十补十。国君控制物价的高低，可以做到每年贮备粮食十分之三，十年必有三年的积蓄。如果遇上大旱大水的灾年，百姓无法务农，则修建宫室台榭，雇用那些养不起猪狗的穷人以做工为生。所以，修建宫室台榭，不是为观赏之乐，而是实行国家的经济政策。至于那种不懂得运用计算筹划的国君，春秋冬夏，不分年始年终，兴工动众；建筑宫室台榭。百姓不能经营农事，君主还不知道他已失去了春天的理财时机，又丢掉了夏天、秋天的理财时机。人民饥饿，卖儿卖女的就多起来了。强悍的人发生严重暴乱，贫病之民乞讨求食，国君若动用法律制裁，人民则宁受刑杀也不肯服从君主。这都是没有运用计算筹划理财方法的结果。"

【原文】

"乘马之准①，与天下齐准。彼物轻则见泄②，重则见射③。此斗国相泄，轻重之家④相夺也。至于王国，则持流⑤而止矣。"桓公曰："何谓持流？"管子对曰："有一人耕而五人食者，有一人耕而四人食者，有一人耕而三人食者，有一人耕而二人食者。此齐力而功地。田策相圆，此国策之时守也。君不守以策，则民且守于下，此国策流已。"

【注释】

①乘马之准：指经济筹划的标准。这里指物价标准。②泄：泄散。③射：射利。④轻重之家：指精通轻重之术的行家。⑤持流：即守流，控制流通。

【译文】

"经过计算筹划的物价标准，应当同各诸侯国的标准保持一致。各类商品，价格偏低则泄散外流，偏高则别国倾销取利。这便是对立国家互相倾销商品，精通轻重之术的人互相争利的由来。至于成王业的统一国家，控制住国内市场流通就可以了。"桓公说："何谓控制流通？"管仲回答说："有一人种田而粮食可供五人食用的，有一人种田而粮食可供四人食用的，有一人种田而粮食可供三人食用的，有一人种田而粮食只够两人食用的。他们都是花费同样劳力种地的。掌握他们的农业生产与掌握国家的物价政策相辅而行，这就是国家理财政策在按时进行控制了。如果君上不用政策去控制，富民商人就会在下面控制，这样，国家的理财政策就落空了"

【原文】

桓公曰："乘马之数尽于此乎？"管子对曰："布织财物，皆立其赀①。财物之货与币高下，谷独贵独贱。"桓公曰："何谓独贵独贱②？"管子对曰："谷重而万物轻，谷轻而万物重。"

【注释】

①立其赀：指给物品定价。②独贵独贱：指单独定其贵贱。

【译文】

桓公说:"计算筹划的理财方法,就到此为止了么?"管仲回答说:"对布帛和各种物资,也都要规定价格。各种物资的价格,要与所值的货币多少相当。粮食则单独定其贵贱。"桓公说;"单独定其贵贱是什么意思?"管仲回答说:"粮价高则百物贱,粮价贱则百物贵。"

【原文】

公曰:"贱策乘马之数奈何?"管子对曰:"郡县上臾之壤①守之若干,间壤②守之若干,下壤守之若干。故相壤定籍而民不移。振贫补不足,下乐上。故以上壤之满补下壤之众,章③四时,守诸开阖,民之不移也,如废方于地。此之谓策乘马之数也。"

【注释】

①上臾之壤:上等肥沃的土地。②间壤:中等土地。③章:"章"读如"障",指阻挡。

【译文】

桓公说:"经常运用计算筹划的理财方法还要怎么办?"管仲回答说:"对郡县上等土地,掌握它相当数量的粮食,中等土地掌握它相当数量的粮食,下等土地掌握它相当数量的粮食。由此,按土地好坏确定征收标准,则百姓安定;赈济贫困而补助不足,百姓也对君主满意。所以,国家用上等土地提供的盈余,补下等土地的空虚,控制四时的物价变化,掌握市场的收放大权,则百姓的安定,就像把方形的东西放在平地上一样。这就叫作运用计算筹划的理财方法。"

事语第三十三

【题解】

本篇论述治国的经济策略,使用管仲对齐桓公问的体例。本篇认为"不定内不可以持天下",主张积蓄为治国的经济策略。分为两段:第一段论述不能用奢侈散财而必须用积蓄聚财的方法治国;第二段论述不能依靠他国的财力、人力治国,而必须依靠自己发展生产,积蓄粮食,才能成为战无不胜的强国。

【原文】

桓公问管子曰:"事之至数①可闻乎?"管子对曰:"何谓至数?"桓公曰:"秦奢教我曰:'帷盖不修,衣服不众,则女事②不泰。俎豆③之礼不致牲,诸侯太牢,大夫少牢,不若此,则六畜不育。非高其台榭,美其宫室,则群材不散。'此言何如?"管子曰:"非数也。"桓公曰:"何谓非数?"管子对曰:"此定壤④之数也。彼天子之制,壤方千里,齐诸侯方百里,负海子七十里,男五十里,若胸臂之相使也。故准徐疾、赢不足,虽在下⑤也,不为君忧。彼壤狭而欲举与大国争者,农夫寒耕暑耘,力归于上,女勤于缉绩徽织,功归于府者,非怨民心伤民意也,非有积蓄不可以用人,非有积财无以劝下。泰奢之数,不可用于危隘之国。"桓公曰:"善。"

【注释】

①至数:指良策。②女事:女工生产之事。③俎豆:祭祀时盛物的器具。④定壤:分封土地。⑤在下:指财货在民间流通。

【译文】

桓公问管仲说:"治理国事的最佳办法,可以说给我听听么?"管仲回答说："什么叫最佳办法？"桓公说："秦奢教我说：'不修饰车帷车盖，不大量添置衣服，女工的生产就不能发展。祭祀之礼不用牲，比如诸侯依礼用牛，大夫依礼用羊，不如此，六畜就不能繁育。不高建楼台亭榭，美修华丽宫室，各种木材就没有出路。'这种说法对不对？"管仲说："这是错误办法。"桓公说："为什么说是个错误办法？"管仲回答说："这是定地管理的方法。天子的管辖，方圆千里土地，列国诸侯方圆百里，滨海的子国七十里，男国五十里，像身体上的胸臂一样互相为用。所以调节缓急余缺，即使粮财散在民间，也不致成为统一国家君主的忧虑。但是，领土狭小而还要起来与大国争强的国家，必须使农夫努力耕耘，成果归于君主，使妇女勤于纺织，成果归于官府，这并不是想要伤害民心与民意，而是因为国无积蓄就不能用人，国无余财就不能鼓励臣下。过分奢侈的办法，不可用在领土狭小的国家。"桓公说："好。"

【原文】

桓公又问管子曰："佚田谓寡人曰：'善者①用非其有，使非其人，何不因诸侯权以制天下？'"管子对曰："佚田之言非也，彼善为国者，壤辟举②则民留处，仓廪实则知礼节。且无委致围，城脆致冲。夫不定内，不可以持天下。佚田之言非也。"管子曰："岁藏一③，十年而十也。岁藏二，五年而十也。谷十而守五，绨素满之，五在上。故视岁而藏，县时④积岁，国有十年之蓄，富胜贫，勇胜怯，智胜愚，微胜不微，有义胜无义，练士胜驱众。凡十胜者尽有之，故发如风雨，动如雷霆，独出独入，莫之能禁止，不待权舆。故佚田之言非也。"桓公曰："善。"

【注释】

①善者：善为国者。②壤辟举：指土地全都被开辟。③一：指当年粮食收成的一成。④县时：指时间久。

【译文】

桓公又问管仲说："佚田对我说：'善于治国的人，能够运用不归他所有的资财，使用不归他所有的人力，为什么不利用各诸侯盟国的外援来控制天下呢？'"管仲回答说："佚田的话不对。那种善于治国的人，总是使国内荒地开发，人民就安心留住；仓廪粮食充裕，人民就懂得礼节。而且国无积蓄将受敌国围困，城防不固将受敌国冲击。内部不安定，就无法掌握天下。佚田的话是不对的。"管仲接着说："每年贮备粮食一成，十年就是十成。每年贮备二成，五年就是十成。十成粮食由国家掌握五成，注意用蔬菜补助民食，就可以保住这五成常在政府手里。这样，看农业年景增减贮备，积年累月，国家若有十年的积蓄，就可以做到以富胜贫，以勇胜怯，以智胜愚，以用兵精妙胜不精妙，以有义胜不义，以有训练的士卒战胜无训练的乌合之众，这全部制胜的因素都具备了。于是发兵如风雨，动作如雷霆，独出独入，无人阻止，根本不需要外国的帮助。所以佚田的话是不对的。"桓公说："好。"

国蓄第三十四

【题解】

本篇较全面地论述了"轻重"理论的基本内容。文章提出，君主治理天下，就要完全掌握百姓的命运。因此，国家必须将关系国计民生的粮食和货币牢牢控制在手中，进而根据粮食、万物和货币的不同比价，运用"轻重"之术调通民利。国家应设立一定的平准基金，在物价落下时收进，在物价上涨时抛出，这样既打击了"大贾蓄家"操纵市场的行为，稳定了物价，又使国家从中获取了"十倍之利"。

【原文】

国有十年之蓄，而民不足于食，皆以其技能望君之禄也；君有山海之金①，而民不足于用，是皆以其事业交接于君上也。故人君挟其食②，守其用③，据有余而制不足，故民无不累于上也。五谷食米，民之司命也；黄金刀币，民之通施也。故善者执其通施以御其司命④，故民力可得而尽也。

【注释】

①山海之金：指盐铁专卖所得货财。②挟其食：指控制粮食。③守其用：指掌握财货。④司命：生命的主宰。

【译文】

国家有十年的粮食贮备，而人民的粮食还不够吃，人民就想用自己的技能求取君主的俸禄；国君有经营山海(盐铁)的大量收入，而人民的用度还不充足，人民就想用自己的事业换取君主的金钱。所以，国君能控制粮食，掌握货币，依靠国家的有余控制民间的不足，人民就没有不依附于君主的了。粮食，是人民生命的主宰；货币，是人民的交易手段。所以，善于治国的君主，掌握他们的流通手段来控制主宰他们生命的粮食，就可以最大限度地使用民力了。

【原文】

　　夫民者亲信而死利①，海内皆然。民予则喜，夺则怒，民情皆然。先王知其然，故见②予之形，不见夺之理。故民爱③可洽于上也。租籍者，所以强求也；租税者，所虑而请也。王霸之君，去其所以强求，废其所虑④而请，故天下乐从也。

【注释】

　　①死利：为利而死。②见：同"现"。指显现给予利益的形迹，掩盖剥夺利益的本质。③民爱：百姓爱戴之心。④虑：谋虑。

【译文】

　　人们总是相信亲近之人而死于谋求财利，这是普天下的通例。百姓又总是予之则喜，夺之则怒，这也是人之常情。先王知道这个道理，所以在给予人民利益时，要求形式鲜明；在夺取人民利益时，则要求不露内情。这样，人民就与君主亲爱了。"租籍"，是强制进行征收的；"租税"，是经过谋划索取的。成就王霸之业的君主，避免强制征收的形式，保留他经过谋划的索取，这样，天下就乐于服从了。

【原文】

　　利出于一孔①者，其国无敌；出二孔者，其兵不诎②；出三孔者，不可以举兵；出四孔者，其国必亡。先王知其然，故塞民之养，隘③其利途。故予之在君，夺之在君，贫之在君，富之在君。故民之戴上如日月，亲君若父母。

【注释】

　　①孔：穴，指门。②诎：指屈，穷。③隘：限制，阻止。

【译文】

　　经济权益由国家统一掌握，这样的国家强大无敌；分两家掌握，军事力量将削弱一半；分三家掌握，就无力出兵作战；分四家掌握，其国家一定灭亡。先王明白这个道理，所以杜绝民间谋取高利，限制他们获利的途径。因此，予之、夺之决定于国君，贫之、富之也决定于国君。这样，人民就拥戴国君有如日月，亲近国君有如父母了。

【原文】

凡将为国，不通于轻重，不可为笼①以守民；不能调通民利，不可以语制②为大治。是故万乘之国有万金之贾，千乘之国有千金之贾，然者何也？国多失利，则臣不尽其忠，士不尽其死矣。岁有凶穰，故谷有贵贱；令有缓急③，故物有轻重。然而人君不能治，故使蓄贾游市，乘民之不给，百倍其本。分地若一，强者能守；分财若一，智者能收。智者有什倍人之功，愚者有不赓本之事。然而人君不能调，故民有相百倍之生也。夫民富则不可以禄使也，贫则不可以罚威也。法令之不行，万民之不治，贫富之不齐也。且君引錣④量用，耕田发草，上得其数矣；民人所食，人有若干步亩之数矣，计本量委则足矣。然而民有饥饿不食者何也？谷有所藏也。人君铸钱立币，民庶之通施也，人有若干百千之数矣。然而人事不及、用不足者何也？利有所并藏也。然则人君非能散积聚，钧羡不足，分并财利而调民事也，则君虽强本趣⑤耕，而自为铸币而无已，乃令使民下相役耳，恶能以为治乎？

【注释】

①笼：指鸟笼，比喻对经济的垄断。②语制：讲求对经济的控制。③缓急：指国家征收期限有宽有紧。④錣（zhuì）：指计数的筹码。⑤本趣：指农业。

【译文】

凡将治国，不懂得轻重之术，就不能垄断经济来控制民间；不能够调剂民利，就不能讲求管制经济来实现国家大治。所以，一个万乘之国如果出现了万金的大商贾，一个千乘之国如果出现了千金的大商贾，这说明什么呢？这说明国家大量流失财利，臣子就不肯尽忠，战士也不肯效死了。年景有丰有歉，故粮价有贵有贱；号令有缓有急，故物价有高有低。如果人君不能及时治理，富商就进出于市场，利用人民的困难，牟取百倍的厚利。相同的土地，强者善于掌握；相同的财产，智者善于收罗。往往是智者可以攫取十倍的高利，而愚者连本钱都捞不回来。如果人君不能及时调剂，民间财产就会出现百倍的差距。人太富了，利禄就驱使不动；太穷了，刑罚就威慑不住。法令不能贯彻，万民不能治理，是社会上贫富不均的缘故。而且，君主经过计算度量，耕田垦地多少，本来是心中有数的；百姓口粮，每人也算有一定亩数的土地。统计一下产粮和存粮本来是够吃够用的。然而人民仍有挨饿吃不上饭的，这是为什么呢？因为粮食被囤积起来了。君主铸造发行的货币，是民间的交易手段。这也算好了每人需要几百几千的数目。然而仍有人用费不足，钱不够用，这又是为什么呢？钱财被积聚起来了。所以，一个君主，如不能散开囤积，调剂余缺，分散兼并的财利，调节人民的用费，即使加强农业，督促生产，而且自己在那里无休止地铸造货币，也只是造成人民互相奴役而已，怎么能算得上国家大治呢？

【原文】

岁适美①，则市籴②无予，而狗彘食人食。岁适凶，则市籴③釜十緺，而道有饿民。然则岂壤力固不足而食固不赡也哉？夫往岁之粜贱，狗彘食人食，故来岁之民不足也。物适贱，则半力而无予，民事不偿其本；物适贵，则什倍而不可得，民失其用。然则岂财物固寡而本委不足也哉？夫民利之时失，而物利之不平也。故善者委施于民之所不足，操事④于民之所有余。夫民有余则轻之⑤，故人君敛之以轻；民不足则重之，故人君散之以重。敛积之以轻，散行之以重，故君必有十倍之利，而财之横①可得而平也。

【注释】

①美：指丰年。②粜（tiào）：卖出粮食。③籴（dí）：买进粮食。④操事：把持，掌握。⑤轻之：指低价出售。

【译文】

年景遇上丰收，农民粮食卖不出去，连猪狗都吃人食。年景遇上灾荒，买粮一釜要花十贯钱，而且道有饿民。这难道是因为地力不足而粮食不够吃所造成的么？这是因为往年粮价太低，猪狗都吃人食，所以下一年的民食就不足了。商品遇上落价，就按照工价的一半也卖不出去，人民生产不够本钱。商品遇上涨价，就是出十倍高价也买不到手，人民需要不得满足。这难道是由于东西本来太少，生产和贮存不够所造成的么？这是因为错过了调节人民财利的时机，财物价格就波动起来。所以善治国者总是在民间物资不足时，把库存的东西供应出去；而在民间物资有余时，把市场的商品收购起来，民间物资有余就肯于低价卖出，故君主应该以低价收购；民间物资不足就肯于高价买进，故君主应该以高价售出。用低价收购，用高价抛售，君主不但有十倍的盈利，而且物资财货的价格也可以得到调节后的稳定。

【原文】

凡轻重之大利，以重射轻，以贱泄平。万物之满虚随财，准平①而不变，衡绝②则重见。人君知其然，故守之以准平，使万室之都必有万钟之藏，藏繈千万；使千室之都必有千钟之藏，藏繈百万。春以奉③耕，夏以奉芸。耒耜械器，种穰粮食，毕取赡于君。故大贾蓄家④不得豪夺吾民矣。然则何？君养其本谨也。春赋以敛缯帛，夏贷以收秋实，是故民无废事而国无失利也。

【注释】

①准平：即平准基金。②衡绝：供求平衡遭到破坏。③奉：供奉，供应。④蓄家：指囤积居奇者。

【译文】

轻重之术的巨大利益，就在于先用较高价格购取廉价的商品，然后再用较低价格销出这些平价的物资。各种物资的余缺随季节而有不同，注意调节则维持正常不变，失掉平衡那就价格腾贵了。人君懂得这个道理，所以总是用平准措施来进行掌握。使拥有万户人口的都邑一定藏有万钟粮食和一千万贯的钱币；拥有千户人口的都邑一定藏有千钟粮食和一百万贯的钱币。春天用来供应春耕，夏天用来供应夏锄。一切农具、种子和粮食，都由国家供给。所以，富商大贾就无法对百姓巧取豪夺了。那么这样做是为什么呢？是因为君主严肃认真地发展农业。春耕时放贷于民，用以敛收丝绸；夏锄时发放贷款、用以收购秋粮。这样，人民不会荒废农业，国家也不会流失财利于私商了。

【原文】

凡五谷者，万物之主①也。谷贵则万物必贱，谷贱则万物必贵。两者为敌，则不俱平。故人君御谷物之秩相胜，而操事于其不平之间。故万民无籍[2]而国利归于君也。夫以室庑籍，谓之毁成；以六畜籍，谓之止生；以田亩籍，谓之禁耕；以正人籍[3]，谓之离情；以正户籍，谓之养赢。五者不可毕用，故王者遍行而不尽也。故天子籍于币[4]，诸侯籍于食。中岁之谷，粜石十钱。大男食四石，月有四十之籍；大女食三石，月有三十之籍；吾子食二石，月有二十之籍。岁凶谷贵，粜石二十钱，则大男有八十之籍，大女有六十之籍，吾子有四十之籍。是人君非发号令收啬而户籍也，彼人君守其本委谨，而男女诸君吾子无不服籍者也。一人廪食，十人得余；十人廪食，百人得余；百人廪食，千人得余。夫物多则贱，寡则贵，散则轻，聚则重。人君知其然，故视国之羡不足而御其财物。谷贱则以币予食，布帛贱则以币予衣。视物之轻重而御之以准，故贵贱可调而君得其利。

【注释】

①主：主宰。②无籍：不征税。③以正人籍：按人征税。④籍于币：指以币施行轻重政策之本钱。

【译文】

粮食是万物之主。粮食价格高则万物必贱，粮价低则万物必贵。粮价与物价是互相对立的，而涨落不同。所以，君主要驾驭粮价与物价的交替涨落，在其涨落变化中进行掌握。即使不向万民征税，国家财利也可以归于君主。若是征收房屋税，会造成毁坏房屋；若是征收六畜税，会限制六畜繁殖；若是征收田亩税，会破坏农耕；若是按人丁收税，会使人们不愿生儿育女；若是按门户收税，无异优待富豪。这五者不能全面实行。所以，成王业的君主虽然每一种都曾用过，但不能同时完全采用。因此，天子应该靠运用货币来"征"得收入，诸侯应该靠买卖粮食来"征"得收入。粮食在中等年景，每卖出一石如果加价十钱，每月成年男子吃粮四石，就等于每月征收四十钱的税；成年女子吃粮三石，就等于每月征收三十钱的税；小孩吃粮二石，就等于每月征收二十钱的税。若是凶年谷贵的情况，买粮每一石加二十钱，则成年男子每月纳八十钱的税，成年女子纳六十钱的税，小孩纳四十钱的税。这样，人君并不需要下令挨户征税，只谨慎掌握粮食的生产和贮备，男人女人大人小孩就没有不纳税的了。一人从国家仓库买粮，比十人交人丁税还有余；十人从国家仓库买粮，比百人交人丁税还有余；百人从国家仓库买粮，就比千人交税还有剩余了。各种商品都是多则贱，寡则贵，抛售则价跌，囤积则价涨。君主懂得这个道理，所以根据国内市场物资的余缺状况来控制国内市场的财物。粮食价低就用所发的货币投放于粮食，布帛价低就用所发的货币投放于布帛。再观察物价的涨落而用平准之法来控制。这样，既可以调剂物价高低，君主又能够得其好处。

【原文】

前有万乘之国，而后有千乘之国，谓之抵国。前有千乘之国，而后有万乘之国，谓之距国。壤正方，四面受敌，谓之衢国①。以百乘衢处，谓之托食之君。千乘衢处，壤削少半。万乘衢处，壤削太半。何谓百乘衢处托食之君也？夫以百乘衢处，危慑②围阻千乘万乘之间，夫国之君不相中，举兵而相攻，必以为捍挌蔽圉之用。有功利不得乡。大臣死于外，分壤而功；列陈③系累获虏，分赏而禄。是壤地尽于功赏，而税臧殚于继孤也。是特名罗于为君耳，无壤之有；号有百乘之守，而实无尺壤之用，故谓托食之君。然则大国内款④，小国用尽，何以及此？曰：百乘之国，官赋轨符，乘四时之朝夕，御之以轻重之准，然后百乘可及也。千乘之国，封天财之所殖，械器之所出，财物之所生，视岁之满虚而轻重其禄，然后千乘可足也。万乘之国，守岁之满虚，乘民之缓急，正其号令而御其大准，然后万乘可资也。

【注释】

①衢国：四面受敌之国。②危慑：受威胁。③列陈：指列阵之士。④内款：内部空虚。

【译文】

前有万乘之国，后有千乘之国，这种国家叫作"抵国"。前有千乘之国，后有万乘之国，这种国家叫作"距国"。国土见方，四面受敌，这种国家叫作"衢国"。以百乘小国处在四面受敌地位，其君主谓之寄食之君。千乘之国处在四面受敌地位，国土将被削去大半。万乘之国处在四面受敌地位，国土也将被削去少半。什么叫作百乘而四面受敌的寄食之君呢？以一个仅有百辆兵车的小国，处在千乘与万乘大国的威胁与包围之中。一旦大国之君不和，互相举兵相攻，必然会把这小国当作攻守的工具。即使有战果小国也不得享受。而小国的大臣战死在外，还需要分封土地酬功；将士俘获敌虏，还需要分给奖赏提供俸禄。结果，土地全用于论功行赏，税收积蓄全用于抚恤将士的遗孤了。这样的国君仅是虚有其名，实际上没有领土。号称拥有百乘的国家力量，实无一尺的用武之地，所以叫寄食的君主。那么，大国财力空虚，小国财用耗尽，怎样才能补给呢？办法是：百乘的小国可以由国家发行法定债券，然后根据不同季节的物价涨落，运用轻重之术的调节措施加以掌握，这样百乘小国就可以得到补给了。千乘的中等国家，可以封禁自然资源的基地，这是器械和财物的来源。再根据年景的丰歉，运用轻重之术来调节官吏军队的俸禄。然后千乘之国就可以得到满足了。万乘的大国可以根据年景的丰歉，利用人民需要的缓急，正确运用号令.而掌握全国性的经济调节，然后万乘之国也就可以够用了。

【原文】

玉起于禺氏①，金起于汝汉②，珠起于赤野，东西南北距周七千八百里。水绝壤断，舟车不能通。先王为其途之远，其至之难，故托用于其重，以珠玉为上币，以黄金为中币，以刀布为下币。三币握之则非有补于煖也，食之则非有补于饱也，先王以守财物，以御民事，而平天下也。今人君籍求于民，令曰十日而具，则财物之贾什去一；令曰八日而具，则财物之贾什去二；令曰五日而具，则财物之贾什去半；朝令而夕具，则财物之贾什去九。先王知其然，故不求于万民而籍于号令③也。

【注释】

①禺氏：即月氏，古代民族的名字，以产玉著称。②汝汉：当时黄金的主要产地。③籍于号令：指通过政令调节物价。

【译文】

玉出产在禺氏地区，金出产在汝河汉水一带，珍珠出产在赤野，东西南北距离周都七千八百里。山水隔绝，舟车不能相通。先王因为这些东西距离遥远，得来不易，所以就借助于它们的贵重，以珠玉为上币，黄金为中币，刀布为下币。这三种货币，握之不能取暖，食之不能充饥，先王是运用它来控制财物，掌握民用，而治理天下的。现在君主向民间征收货币税，命令规定限十天交齐，财物的价格就下降十分之一。命令规定八天交齐，财物的价格就下降十分之二。命令规定限五天交齐，财物价格就下降一半。早晨下令限在晚上交齐，财物的价格就下降十分之九。先王懂得这个道理，所以不向百姓直接求取钱币，而是运用轻重之术的号令来征得收入。

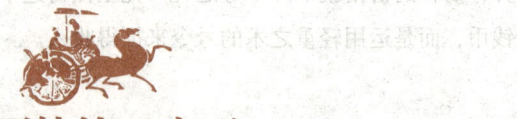

山国轨第三十五

【题解】

本篇主要论述运用国家统计的手段，实现轻重之权的主张。文章首先提出"国轨"的重要性，并举例说明实行统计的内容和方法。文章提出，可用盐铁专卖的收入作为统计官府的借贷资金，来为国家谋利。由此可见，"国轨"是"轻重之术"的一项具体内容，统计工作是调控经济的具体手段之一。

【原文】

桓公问管子曰："请问官国轨①。"管子对曰："田有轨，人有轨，用有轨，乡有轨，人事②有轨，币有轨，县有轨，国有轨。不通于轨数而欲为国，不可。"

【注释】

①官国轨：指管理国家统计工作。②人事：即民事，指常费。

【译文】

桓公问管仲说："请问关于国家统计理财工作的管理。"管仲回答说："土地要有统计，人口要有统计，需用要有统计，常费要有统计，货币要有统计，乡要有统计，县要有统计，整个国家都要有统计。不懂得统计理财方法而想要治理国家，不行。"

【原文】

桓公曰："行轨数奈何？"对曰，"某乡田若干？人事之准①若干？谷重若干？曰：某县之人若干？田若干？币若干而中用？谷重若干而中②币？终岁度人食，其余若干？曰：某乡女胜事者③，终岁绩，其功业若干？以功业直时而横之，终岁，人已衣被之后，余衣若干？别群轨，相壤宜。"

【注释】

①准：标准。②中：合，相当。③女胜事者：指有劳动力的女工。

【译文】

桓公说："实行统计理财方法应该怎么办？"回答说："一个乡有土地多少？用费的一般标准多少？粮食总值多少？还有：一个县的人口多少？土地多少？货币多少才合于该县需要？谷价多高才合于货币流通之数？全年计算供应人民的粮食后，余粮多少？还有一乡的女劳力全年进行纺织，其成品多少？应当把成品按时价算出总值，经过一整年，供全部人口穿用后，余布多少？还要有另外一组统计项目，调查土地的情况。"

【原文】

桓公曰："何谓别群轨，相壤宜？"管子对曰："有芫蒲①之壤，有竹箭檀柘②之壤，有汜下渐泽③之壤，有水潦鱼鳖之壤。今四壤之数，君皆善官而守之，则籍于财物，不籍于人。亩十鼓之壤，君不以轨守之，则民且守之。民有过移长力，不以本为得，此君失也。"

【注释】

①芫蒲：两种水草，可以织席，多生于沼泽。②檀柘：两种优质木材，多生于山地。③汜下渐泽：指低下潮湿多水。

【译文】

桓公说："为什么要用另一组统计项目，调查土地情况呢？"管仲回答说："有生长芫蒲的沼泽地，有生长竹箭檀柘的山地，有低下潮湿的低洼地，有生长鱼鳖的水潦地。这四种土地，君主若都善于管理和控制，就可以从产品上取得收入，而不必向人们征税。至于亩产十鼓的上等土地，君主若不纳入统计来控制其产品，富民商人就要来控制。他们手中有钱，从不以务农为重，这便是君主的失策了。"

山国轨第三十五

【原文】

桓公曰："轨意安出？"管子对曰："不阴据其轨，皆下制其上。"桓公曰："此若言何谓也？"管子对曰："某乡田若干？食者若干？某乡之女事若干？余衣若干？谨行①州里，曰：'田若干，人若干，人众田不度食若干。'曰：'田若干，余食若干。'必得轨程，此谓之泰轨也。然后调立环乘之币②。田轨之有余于其人食者，谨置公币焉。大家众，小家寡。山田、间田，曰终岁其食不足于其人若干，则置公币焉，以满其准③。重岁丰年，五谷登，谓高田之萌④曰：'吾所寄币于子者若干，乡谷之横若干，请为子什减三。'谷为上，币为下。高田抚、闲田、山田不被，谷十倍。山田以君寄币，振其不赡，未淫失也。高田以时抚于主上，坐长加十也。女贡织帛，苟合于国奉者，皆置而券之。以乡横市准曰：'上无币，有谷。以谷准币。'环谷而应策，国奉决。谷反准，赋轨币，谷廪重有加十。谓大家、委赀家曰：'上且修游，人出若干币。'谓邻县曰：'有实者皆勿左右。不赡，则且为人马假其食民。'邻县四面皆横⑤，谷坐长而十倍。上下令曰：'赀家假币，皆以谷准币，直币而庚之。'谷为下，币为上。百都百县轨据，谷坐长十倍。环谷而应假币。国币之九在上，一在下，币重而万物轻。敛万物，应之以币。币在下，万物皆在上，万物重十倍。府官以市横出万物，隆而止。国轨，布于未形，据其已成，乘令而进退，无求于民。谓之国轨。"

【注释】

①谨行：谨慎巡视。②环乘之币：统筹所获得的货币。③满其准：满足其最低生活标准。④萌：指田民。⑤四面皆横：四面都受到物价的影响。

【译文】

桓公说："统计预测的内容怎样产生？"管仲回答说："此事如不保守机密，朝廷就将受制于下面的富民商人。"桓公说："这些话是什么意思呢？"管仲回答说："一个乡土地多少？吃粮人口多少？一乡从事纺织的妇女有多少？余布有多少？认真巡视各州各里后，有的情况是：'地多少，人多少，粮食不够有多少。'有的情况是：'地多少，粮食剩余有多少。'必须调查出一个标准数据来，这叫作总体的统计。然后就计划发行一笔经过全面筹算的货币。对于预计其土地收成超过口粮消费的农户，就主动借钱给他们。大户多借，小户少借。山地和中等土地的农户，是全年口粮不够消费的，也要借钱给他们，以保持其最低生活水平。次年，年景好，五谷丰登，官府就对据有上等土地的农户说：'我所贷给你们的共多少钱？乡中粮食的现价多少？请按照十成减三的比例折价还粮。'这样粮价就会上涨，币值就会下跌。因为上等土地的余粮被官府掌握起来，中等土地又无法补足山地的缺粮，故粮价将上涨十倍。但山地农户因已有国家贷款，接济其不足，也不至于过分损失。只是上等土地的余粮及时被国家掌握，使粮价坐长了十倍。这时对妇女所生产的布帛，只要合于国家需用，都加以收购并立下合同。合同按乡、市的价格写明：'官府无钱，但有粮。用粮食折价来收购。'这样又用卖回粮食的办法清偿买布的合同，国家需用的布帛便可以解决。接着粮价又降回到原来水平了。再贷放经过统筹发行的货币，再囤积粮食，粮价又上涨十倍。这时通告豪富之家和高利贷者们说：'国君将巡行各地，尔等各应出钱若干备用。'还通告邻近各县说：'有存粮的都不准擅自处理。如果巡行用粮不够，国君将为解决人马食用向民间借粮。'邻县四周都由此影响粮价，粮价又坐涨十倍。国君便下令说：'从富家所借的钱，一律以粮食折价偿还。'这样，粮食的市价又会降下来了，币值又要上升了。全国的百都百县，其统计理财工作都可按此法行事。首先使粮价坐长十倍。其次用粮食支付借款。再次因国家货币的九成在官府，一成在民间，币值高而万物贱，便收购物资而投出货币。再其次因货币放在民间，物资都集在官府，万物价格乃上涨十倍；府官便按照市价抛售物资，至物价回降而止。这样的国家统计理财工作，安排在产品未成之前，掌握经营在产品已成之后，运用国家号令而收放进退，不必向民间直接求索。所以叫作国家的'统计理财'。"

【原文】

桓公问于管子曰："不籍而赡国①，为之有道乎？"管子对曰："轨守其时②，有官天财③，何求于民。"桓公曰："何谓官天财？"管子对曰："泰春民之功繇；泰夏民之令之所止，令之所发；泰秋民令之所止，令之所发；泰冬民令之所止，令之所发。此皆民所以时守也，此物之高下之时也，此民之所以相并兼之时也。君守诸四务。"桓公曰："何谓四务？"管子对曰："泰春，民之且所用者，君已廪之矣；泰夏，民之且所用者，君已廪之矣；泰秋，

山国轨第三十五

民之且所用者，君已廪之矣；泰冬，民之且所用者，君已廪之矣。泰春功布日④，春缣衣、夏单衣、捍、宠、累、箕、胜、籯、屑、糇若干日之功，用人若干，无赀之家皆假之械器，胜、籯、屑、糇、公衣，功已而归公衣折券。故力出于民，而用出于上。春十日不害耕事，夏十日不害芸事，秋十日不害敛实，冬二十日不害除田。此之谓时作⑤。"

【注释】

①赡国：满足国家财政的需要。②轨守其时：指运用统计方法掌握时机。③有官天财："有官"同"又管"。天财，指自然资源。④功布日：农事公布之日。⑤时作：指及时而作。

【译文】

桓公问管仲说："不征收赋税而满足国家财政需要，有办法么？"管仲回答说："运用统计理财工作掌握时机，又能管好自然资源，何必向民间征税呢？"桓公说："何谓管好自然资源？"管仲回答说："除春天是人民种地与服徭役的时节外，夏天就要明令规定何时禁止、何时开发山泽，秋天与冬天也都要明令规定何时禁止、何时开发山泽，这都是富民乘时控制市场的时节，这又是物价涨落、贫富兼并的时节。君主一定要注意掌握'四务'。"桓公接着说："什么叫作四务呢？"管仲回答说："大春，人民将用的东西，君主早有贮备了；大夏，人民将用的东西，君主早有贮备了；大秋，人民将用的东西，君主早有贮备了；大冬，人民将用的东西，君主早有贮备了。大春，安排农事的时候就计算好：春天的夹衣、夏天的单衣、竿子、篮子、绳子、青箕、口袋、筐子、竹盒、捆绳等物品，使用多少天，使用的人有多少，凡无钱的农家都可以租借这些工具器物：口袋、筐子、竹盒、绳子和公衣等。完工后归还公家，并毁掉合同。所以，劳力出自百姓，器用出自国家。春季最紧要的十天不误耕种，夏季最紧要的十天不误锄草，秋季最紧要的十天不误收获，冬季最紧要的二十天不误整治土地，这就叫作保证按照农时进行作业了。"

【原文】

桓公曰："善。吾欲立轨官①，为之奈何？"管子对曰："盐铁之策②，足以立轨官。"桓公曰："奈何？"管子对曰："龙夏之地，布黄金九千，以币赀金③，巨家以金，小家以币。周岐山至于峥丘之西塞丘者，山邑之田也，布币称贫富而调之。周寿陵而东至少沙者，中田也，据之以币，巨家以金、小家以币。三壤已抚，而国谷再什倍。梁渭、阳琐之牛马满齐衍，请驱之颠齿④，量其高壮，曰：'国为师旅，战车驱就敛子之牛马，上无币，请以谷视市㭊而庚子。'牛马为上，粟二家。二家散其粟，反准。牛马归于上。"管子曰："请立赀于民，有田倍之。内毋有其外，外皆为赀壤。被鞍之马千乘，齐之战车之具，具于此，无求于民。此去丘邑之籍也。"

【注释】

①轨官：指专司统计工作的部门。②盐铁之策：指盐铁专卖的政策。③以币赀金：指以货币黄金作为政策的辅助。④驱之颠齿："驱"当为"区"，指区别马之颠齿，以相其长壮也。

【译文】

桓公说："好，我想筹办一个统计理财的机构，该怎么办呢？"管仲回答说："利用盐铁专营的收入，就足够办好这个机构了。"桓公说："筹办后怎样展开工作？"管仲回答说："在龙夏地区，贷放黄金九千斤，可以用钱币辅助黄金。大户用金，小户用币。在岐山周围至峥丘以西的塞丘地区，是山地之田，只贷放钱币，而且按贫富分别调度。在寿陵周围往东至少沙一带，是中等土地，也用贷款控制，大户用金，小户用币。三个地区的出产都已掌握起来以后，粮价就可以涨二十倍。梁渭、阳琐两家的牛马遍齐国田野，请去区分一下牛马的长相，验看一下它们的高壮程度，然后就对这两家说：'国家为建设军队，将为配备战车征购你们的牛马，但国家手里无钱，就用粮食按市价折算偿付。'这样，牛马为国家掌握，粮食归此两家。两家把粮食出卖以后，粮价回到原来的水平，牛马则落到国家手中了。"管仲接着说："请国家与人民订立合同，有田者加倍贷放预购款。内地可不办，边地则可作为签订契约的地区。这里可用之马足够配备千辆兵车，齐国战车的配备，就在这里解决，不必向民间求索。这也就免除按丘、邑等单位向居民征课马匹了。"

【原文】

"国谷之朝夕①在上，山林、廪械器之高下在上，春秋冬夏之轻重在上。

行②田畴，田中有木者，谓之谷贼③。宫中四荣，树其余曰害女功。宫室械器非山无所仰。然后君立三等之租于山，曰：握以下者为柴楂，把以上者为室奉，三围以上为棺椁之奉。柴楂之租若干，室奉之租若干，棺椁之租若干。"

管子曰："盐铁抚轨④，谷一廪十，君常操九，民衣食而繇，下安无怨咎。去其田赋，以租其山：巨家重葬其亲者服重租，小家菲葬其亲者服小租；巨家美修其宫室者服重租；小家陋为室庐者服小租。上立轨于国，民之贫富如加之以绳，谓之国轨。"

【注释】

①朝夕：即潮汐，指涨落。②行：巡行。③谷贼：种粮之害。④盐铁抚轨：指以盐铁收入为资金，而据守国轨也。

【译文】

"国内粮价的涨落决定于国家，山林和库藏械器的价格涨落决定于国家，春秋冬夏的物价高低也决定于国家。下一步还要巡行各地的农田，凡在田地里面植的树，都把它叫作粮食之害来除掉。凡房屋四周不种桑树而要种其他杂木的，都斥为妨害妇女养蚕禁止之。使盖房子、造器械的人们，不靠国家的山林就没有其他来源。然后，君主就可以确定山地的三个等级的租税：树粗不足一握的叫小木散柴，一把以上的为建筑用材，三围以上是制造棺椁的上等木材。小木散柴应收租税若干，建筑用材应收租税若干，棺椁用材应收若干。"

管仲说："用盐铁的收入来办理统计理财事业，可以使粮食经过囤积而一涨为十，君主掌控九成，人民还照常衣食服役，安而无怨。现在又免除田赋，收税于山林资源：富户厚葬者出高价，小户薄葬者出低价；富户盖好房子出高价，贫户盖小房子出低价。君主设立统计制度于国内，就像使用绳索一样控制人民的贫富，这就叫作国家的统计理财工作。"

地数第三十六

【题解】

"地数"即利用各种地理条件的谋略和方法，本篇主要阐述在利用各种地理条件中运用轻重之术的方法。全篇共五节。第一节总论利用好天下土地是历代君王得失的基础。第二节论述金银铜矿等矿产为天财地利之所在。第三节论述通过提高盐价为手段，以实现内守国财、外因天下的目标。第四节论述治国的过程中要采取适当的贸易政策。第五节论述应利用地利优势，达到天下财宝为我所用的目标。

【原文】

桓公曰："地数可得闻乎？"管子对曰："地之东西二万八千里，南北二万六千里。其出水者①八千里，受水者②八千里，出铜之山四百六十七山，出铁之山三千六百九山。此之所以分壤树谷也，戈矛之所发，刀币之所起也。能者有余，拙者不足。封于泰山，禅于梁父，封禅之王七十二家，得失之数，皆在此内。是谓国用。"桓公曰："何谓得失之数皆在此？"管子对曰："昔者桀霸有天下而用不足，汤有七十里之薄而用有余。天非独为汤雨菽粟，而地非独为汤出财物也。伊尹善通移、轻重、开阖、决塞，通于高下徐疾之策，坐起之③，费时也。黄帝问于伯高曰：'吾欲陶天下而以为一家，为之有道乎？'伯高对曰：'请刈其莞而树之，吾谨逃其蚤牙，则天下可陶而为一家。'黄帝曰：'此若言可得闻乎？'伯高对曰：'上有丹砂者下有黄金，上有慈石者下有铜金，上有陵石者下有铅、锡、赤铜，上有赭者下有铁，此山之见荣者也。苟山之见其荣者，君谨封而祭之。距封十里而为一坛，是则使乘者下行，行者趋。若犯令者，罪死不赦。然则与折取之远矣。'修教④十年，而葛卢之山发而出水，金从之。蚩尤受而制之，以为剑、铠、矛、戟，是岁相兼者诸侯九。雍狐之山发而出水，金从之。蚩尤受而制之，以为雍狐之戟、芮戈，是岁相兼者诸侯十二。故天下之君顿戟一怒，伏尸满野。此见戈之本⑤也。"

【注释】

①出水者：指水的源头。②受水者：指河流、水域。③坐起之：指占据、利用这些地理条件。④修教：修令，行此政令。⑤见戈之本：指战争的根源。

【译文】

桓公说："利用地理条件的理财方法，可以讲给我听听么？"管仲回答说："土地的东西广度二万八千里，南北长度二万六千里。其中山脉八千里，河流八千里，出铜的矿山四百六十七处，出铁的矿山三千六百零九处。所有这些，是人们分别土地种植粮食的条件，也是兵器和钱币的最初来源。善于利用这些条件的君主，财用有余；不善于利用的，财用不足。古今封泰山、禅梁父的七十二代君王，他们得失的规律都在这里面。这叫国家的财政。"桓公说："为什么说他们得失的规律都在这里？"管仲回答说："从前，夏桀霸有全部天下而财用不足，商汤只有薄地七十里而财用有余。并不是天专为商汤降下粮食，也不是地专为商汤长出财物，而是由于伊尹善于经营交换、善于轻重之术、善于由国家掌握经济的开闭与决塞，伊尹还精通物价高低和号令缓急的政策来集中操纵这些条件。从前，黄帝也曾问过伯高说：'我想把天下结合为一家，有办法么？'伯高回答说：'请除掉各地矿山上的杂草而树立国有的标记，我们努力铲除各地的动乱势力，天下就可以合为一家。'黄帝说：'这个道理能进一步讲讲么？'伯高回答说：'山地表面上有丹砂的下有金矿，表面有慈石的下有铜矿，表面有陵石的下有铅、锡、红铜，表面有赤土的下有铁矿，这都是山上出现矿苗的情况。如发现山有矿苗，国君就应当严格封山而布置祭祀。离封山十里之处造一个祭坛，使乘车到此者下车而过，步行到此者快步而行。违令者死罪不赦。这样人们就不敢随便开采了。'然而黄帝行此禁令仅在第十个年头，葛卢山山洪过后，露出金属矿石，竟被蚩尤接管而控制起来，蚩尤制造了剑、铠、矛、戟，这年与九个诸侯国发生兼并战争。雍狐山山洪过后，露出金属矿石，也被蚩尤接管而控制起来，蚩尤制造了著名的戟和戈，这年与十二个诸侯国发生兼并战争。因此，天下各国国君顿戟于地而怒，形成伏尸遍野的局面，这种矿权分散的结果简直是大战的根源。"

【原文】

桓公问于管子曰："请问天财所出？地利①所在？"管子对曰："山上有赭者其下有铁，上有铅者其下有银。一曰：'上有铅者其下有鉒银，上有丹砂者其下有鉒金，上有慈石者其下有铜金。'此山之见荣者也。苟山之见荣者，谨封而为禁。有动封山者，罪死而不赦。有犯令者，左足入，左足断；右足入，右足断。然则其与犯之远矣。此天财地利之所在也。"桓公问于管子曰："以天财地利立功成名于天下者，谁子②也？"管子对曰："文武是也。"桓公曰："此若言何谓也？"管子对曰："夫玉起于牛氏边山，金起于汝汉之右洿，珠起于赤野之末光。此皆距周七千八百里，其涂远而至难。故先王各用于其重，珠玉为上币，黄金为中币，刀布为下币。令疾则黄金重，令徐则黄金轻。先王权度其号令之徐疾，高下其中币而制下上之用，则文武是也。"

【注释】

①地利：天财与地利均指自然资源。②谁子：何人。

【译文】

桓公问管仲说："请再谈谈天然的资源从那里来？地下的财利在那里？"管仲回答说："山地表面上有赤土的下有铁矿，表面有铅的下有银矿。另一种说法是：'表面有铅的下有主银，表面有丹砂的下有鉒金，表面有慈石的下有铜。'这些都是山上出现矿苗的情况。如发现山有矿苗，国家就应当严格封山而禁人出入。有破坏封山的，死罪不赦。有犯令的，左脚踏进，砍掉左脚；右脚踏进，砍掉右脚。这样人们就不敢触犯禁令了。因为这正是天地财利资源之所在。"桓公又问管仲说："以利用天地财利资源立功成名于天下的，有谁？"管仲回答说："周文王和周武王。"桓公说："这话是什么涵义？"管仲回答说："玉产在牛氏的边山，黄金产在汝河、汉水的右面洼地一带，珍珠产在赤野的末光一带。这些东西都与周朝中央相距七千八百里，路远而难得。所以先王区别它们的贵重程度，规定珠玉为上等货币，黄金为中等货币，刀布为下等货币。国家号令急就会导致金价上涨，号令缓则金价下跌。先王能够考虑号令的缓急，调节黄金价格的高低，而控制下币刀布和上币珠玉的作用，那就是周文王和周武王了。"

【原文】

桓公问于管子曰："吾欲守国财而毋税于天下，而外因天下，可乎？"管子对曰："可。夫水激而流渠，令疾而物重。先王理其号令之徐疾，内守国财而外因天下矣。"桓公问于管子曰："其行事奈何？"管子对曰："夫昔者武王有巨桥之粟、贵籴之数。"桓公曰："为之奈何？"管子对曰："武王立重泉①之戍，令曰：'民自有百鼓②之粟者不行。'民举所最粟③以避重泉之戍，而国谷二什倍，巨桥之粟亦二什倍。武王以巨桥之粟二什倍而市缯帛，军五岁毋籍衣于民④。以巨桥之粟二什倍而衡黄金百万，终身无籍于民。准衡之数⑤也。"桓公问于管子曰："今亦可以行此乎？"管子对曰："可。夫楚有汝汉之金，齐有渠展之盐，燕有辽东之煮。此三者亦可以当武王之数。十口之家，十人咶盐，百口之家，百人咶盐。凡食盐之数，一月丈夫五升少半，妇人三升少半，婴儿二升少半。盐之重，升加分耗而釜五十，升加一耗而釜百，升加十耗而釜千。君伐菹薪煮沸水为盐，正而积之三万钟，至阳春请籍于时。"桓公曰："何谓籍于时？"管子曰："阳春农事方作，令民毋得筑垣墙，毋得缮冢墓；丈夫毋得治宫室，毋得立台榭；北海之众毋得聚庸而煮盐。然盐之贾必四什倍。君以四什之贾，修河、济之流，南输梁、赵、宋、卫、濮阳。恶食无盐则肿，守圉之本，其用盐独重。君伐菹薪煮沸水以籍于天下，然则天下不减矣。"

【注释】

①重泉：戍名。②鼓：量器。③民举所最粟：指人民尽出其所有财物以聚粟也。④籍衣于民：为军用向百姓征衣。⑤准衡之数：指调节权衡的办法。

【译文】

桓公对管仲说："我要保住国内资源，不被天下各国捞取，反而要外取于天下，可以么？"管仲回答说："可以。水流激荡则流势湍急，征收的号令急则物价上升。先王就是掌握号令的缓急，对内据守国财而对外取之于天下的。"桓公继续问管仲说："他们是怎么做的？"管仲回答说："从前，武王曾用过提高巨桥仓粮食价格的办法。"桓公说："做法如何？"管仲回答说：

"武王故意设立了一种'重泉'的兵役，下令说："百姓自家储粮一百鼓的，可以免除此役。'百姓便尽其所有来收购粮食以逃避这个兵役，从而国内粮价上涨二十倍，巨桥仓的粮价也随之贵二十倍。武王用此二十倍的巨桥仓粮食收入购买丝帛，军队可以五年不向民间征收军服；用此项收入购买黄金百万斤，那就终身不必向百姓收税了。这就是'准衡'的理财之法。"桓公接着问："现在也可以照此办理么？"管仲回答说："可以。楚国有汝、汉所产的黄金，齐国有渠展所产的盐，燕国有辽东所煮的盐。运用这三者也可以相当于武王的理财之法。一个十口之家就有十人吃盐，百口之家就有百人吃盐。关于吃盐的数量，每月成年男子近五升，成年女子近三升，小孩近二升。如每升盐价提高半钱，每釜就增加五十钱；每升提高一钱，每釜就是百钱；每升提高十钱，每釜就是千钱。君上若下令砍柴煮盐，征集起来使之达三万钟，阳春一到，就可以按照时令征收税赋了。"桓公说："何谓在盐的时价上取得收入？"管仲回答说："在阳春农事开始时，命令百姓不许筑墙垣，不许修坟墓，大夫不可营建宫室台榭，同时也命令北海居民一律不准雇人煮盐。那么，盐价必然上涨四十倍。君上用这涨价四十倍的食盐，沿着黄河、济水流域，南运到梁、赵、宋、卫和濮阳等地出卖。粗食无盐则人们浮肿，保卫自己国家，用盐特别重要。君主通过砍柴煮盐以征籍于天下，那么，天下就无法削弱我们了。"

【原文】

桓公问于管子曰："吾欲富本①而丰五谷，可乎？"管子对曰："不可。夫本富而财物众，不能守，则税于天下；五谷兴丰，巨钱而天下贵，则税于天下。然则吾民常为天下虏矣。夫善用本者，若以身②济于大海，观风之所起。天下高则高，天下下则下，天下高我下，则财利税于天下矣。"

【注释】

①本：指国家。②身：译文从"舟"。

【译文】

桓公问管仲说："我想使国家富裕而只是丰产粮食，可以么？"管仲回答说："不可以。国富而财物繁多，不能经营掌握，则将被天下各国捞取；粮

地数第三十六

食丰产，我们贱而别国贵，也将被天下各国捞取。那样，我国百姓就成为天下各国掳掠的对象了。善于治国的人，就像大海行船一样，观察风势的起源，天下各国粮价高我们就高，粮价低我们就低。如果天下各国粮价高而我们独低，我们的财利就将被天下各国捞取去了。"

【原文】

桓公问于管子曰，"事尽于此乎？"管子对曰："未也。夫齐衢处①之本，通达所出也，游子胜商之所道。人求本者，食吾本粟，因吾本币，骐骥黄金然后出。令有徐疾，物有轻重，然后天下之宝壹为我用。善者用非有，使非人。"

【注释】

①衢处：地处交通要道。

【译文】

桓公问管仲说："理财之事就到此为止了么？"管仲回答说："没有。齐国是一地处交通要冲的国家，是四通八达的地方，从而是游客富商的必经之处。外人来到我国，吃我们的粮食，用我们的钱币，然后，好马和黄金也被用于支付。我们掌握号令要有缓有急，掌握物价要有高有低，然后天下的宝物都可以为我所用。善治国者，可以使用不是他自己所有的东西，也可以役使不是他自己管辖的臣民。"

揆度第三十七

【题解】

本篇论述了轻重之术在治国谋划中的运用。全篇共分各自独立的十六节。第一节追述了共工等皇帝运用轻重之术治理天下的不同方法。第二节运用阴阳五行学说解释权衡轻重之术。第三节阐述以轻重之术治人之法。第四节说明轻重之术失去平衡的种种表现。第五节阐述国君应该掌握经济活动的本始。第六节阐述利用轻重之术实行商业国营。第七节阐述轻重之术在战争中和诸侯归附后的不同运用。第八节阐述以轻重之术治理人民。第九节阐述以轻重之术调剂货币流通量的多少。第十节阐述五谷、号令在治国中的重要地位。第十一节阐述用轻重之术使珍贵物产变成货币。第十二节阐述用轻重之术控制币值的涨跌。第十三节分别说明大小不同的国家的国力和贸易的问题。第十四节阐述优抚鳏寡孤独等治国措施。第十五节阐述"轻重不调"将导致亡国。第十六节阐述赈济荒年的办法。

【原文】

齐桓公问于管子曰："自燧人[①]以来,其大会可得而闻乎？"管子对曰："燧人以来,未有不以轻重为天下也。共工之王,水处什之七,陆处什之三,乘天势以隘制天下。至于黄帝之王,谨逃其爪牙[②],不利其器[③],烧山林,破增薮,焚沛泽,逐禽兽,实以益人,然后天下可得而牧也。至于尧舜之王,所以化海内者,北用禺氏之玉,南贵江汉之珠,其胜禽兽之仇,以大夫随之。"桓公曰："何谓也？"管子对曰："令：'诸侯之子将委质[④]者,皆以双武之皮,卿大夫豹饰,列大夫豹。'大夫散其邑粟与其财物以市虎豹之皮,故山林之人刺其猛兽若从亲戚之仇,此君冕服于朝,而猛兽胜于外；大夫已散其财物,万人得受其流。此尧舜之数也。"

【注释】

①燧人：相传是发明钻木取火的人。②谨逃其爪牙：指小心地躲避野兽的爪牙。③不利其器：没有锋利的器具。④委质：指献礼称臣。

【译文】

桓公问管仲说："从燧人氏以来，历史上的重大经济筹算，可以讲给我听听么？"管仲回答说："从燧人氏以来，没有不运用轻重之术治理天下的。共工当政的时代，天下水域占十分之七，陆地占十分之三，他就利用这个自然形势来控制天下。到了黄帝当政的时代，努力除掉各地的武装，限制他们制造武器，烧山林、毁草薮、火焚大泽、驱逐禽兽，实际上都是为控制他人，这然后才得以统治天下。至于尧舜当政，之所以能把天下治好，是因为在北方取用禺氏的玉石，从南方取用江汉的珍珠，他们还在驱捕野兽时，使大夫参与其事。"桓公说："这是什么意思？"管仲回答说："他们命令：'各国诸侯之子到本朝为臣的，都要穿两张虎皮做成的皮裘。国内上大夫要穿豹皮做的皮裘，中大夫要穿豹皮衣襟的皮裘。'这样，大夫们就都卖出他们的粮食、财物去购买虎豹皮张，因此，山林百姓捕杀猛兽就像驱逐父母的仇人那样卖力。这就是说，国君只消冠冕堂皇地坐在堂上，猛兽就将被猎获于野外；大夫们散其财物，百姓都可在流通中得利。这就是尧舜曾经用过的轻重之术。"

【原文】

桓公曰："'事名二、正名五而天下治'，何谓'事名二'？"对曰："天策①阳也，壤策②阴也，此谓'事名二'。""何谓'正名五'③？"对曰："权也，衡也，规也，矩也，准也，此谓'正名五'。其在色者，青黄白黑赤也；其在声者，宫商角徵羽也；其在味者，酸辛咸苦甘也。二五者，童山竭泽，人君以数制之人。味者所以守民口也，声者所以守民耳也，色者所以守民目也。人君失二五者亡其国，大夫失二五者亡其势，民失二五者亡其家。此国之至机也，谓之国机④。"

【注释】

①天策：天数。②壤策：地数。③正名五：指运用阴阳五行之说来解释权衡轻重之术。④国机：治理国家的机要。

【译文】

桓公说："在'事名二、正名五而天下治'这句话里，什么叫作'事名二'呢？"管仲回答说："天道为阳，地道为阴，这就是事名二。""什么叫正名五呢？"回答说："权、衡、规、矩、准，这就是正名五。它们体现在颜色上，就分青、黄、白、黑、赤；体现在声音上，就分宫、商、角、徵、羽；体现在味觉上，就分酸、辣、咸、苦、甜。这里的利用'二五'，同上面的'童山竭泽'一样，都是人君用来控制人们的。五味，是用来控制人们饮食的；五声是用来控制人们听欲的；五色，是用来控制人们观赏的。人君丢掉了'二五'，就会亡国；大夫丢掉了'二五'，就丧失权势；普通人丢掉了'二五'，也不能治理一家。这是治理国家的机要，所以叫作'国机'。"

【原文】

轻重之法曰："自言能为司马不能为司马者，杀其身以衅其鼓；自言能治田土①不能治田土者，杀其身以釁其社；自言能为官不能为官者，劓以为门父。"故无敢奸能诬禄至于君者矣。故相任寅②为官都，重门击柝不能去，亦随之以法。

【注释】

①治田土：指主管农事的农官。②相任寅：相互保举引进。

【译文】

轻重家的法典上讲："自己说能做司马的官，但做起来不称职的，就杀掉他以血祭鼓；自己说能做农官，但做起来不称职的，就杀掉他以血祭祀社神；自己说能做一般官吏，但做起来不称职的，就砍掉他的双脚罚他守门。"这样，就不会有人敢在君主面前吹嘘自己以骗取禄位了。这样，无论是相互保举才当官的，或者守门小事都不称职的，也都可以依法处理了。

【原文】

桓公问于管子曰，"请问大准①。"管子对曰："大准者，天下皆制我而无我焉，此谓大准。"桓公曰："何谓也？"管子对曰："今天下起兵加我，

揆度第三十七

臣之能谋厉国定名②者，割壤而封；臣之能以车兵进退成功立名者，割壤而封。然则是天下尽封君之臣也，非君封之也。天下已封君之臣十里矣，天下每动，重封君之民二十里。君之民非富也，邻国富之。邻国每动，重富君之民，贫者重贫，富者重富。大准之数也。"桓公曰："何谓也？"管子对曰："今天下起兵加我，民弃其耒耜，出持戈于外，然则国不得耕。此非天凶也，此人凶也。君朝令而夕求具，民肆其财物与其五谷为雠，厌而去。贾人受而廪之，然则国财之一分在贾人。师罢，民反其事，万物反其重。贾人出其财物，国币之少分廪于贾人。若此则币重三分，财物之轻重三分，贾人市于三分之间，国之财物尽在贾人，而君无策焉。民更相制③，君无有事焉。此轻重之大准也。"

【注释】

①大准：当为"失准"，指轻重之术失去平衡。②厉国定名：有利于国家，彰显国尊。③民更相制：指百姓中富人和贫人相互控制役使。

【译文】

桓公问管仲说："请问失准的问题。"管仲回答说："失准就是天下各国都控制我们，而我们无能为力，这就叫作失准。"桓公说："这是什么意思呢？"管仲回答说："如果天下各国起兵进攻我们，对于凡能谋划利国定民的大臣，就要割地而封；凡能凭借作战成功立名的大臣，也要割地而封。这样，实际上是天下在封赏您的大臣了，而不是您本人进行封赏。天下已经使您把十里土地封给大臣，而随着天下每一次动兵，又要把二十里土地再次封给富民商人。您国的富民不是您使他们致富，而是别国使他们致富。邻国每动一次兵，都会造成您国的富民商人多发一次财，弄得贫者更贫，富者更富，这就是失准的必然结局。"桓公说："这又是什么意思呢？"管仲回答说："如果天下各国出兵攻打我国，百姓放下农具，拿起武器出外打仗，那么，举国不能种地，这并不是天灾，而是人祸造成的。国君在战时，早晨下令征税晚上就要交齐，百姓只好抛卖财物、粮食，折价一半脱手。商人买进而加以囤积，那么，国内的一半财货就进入商人之手。战争结束，百姓复归旧业，物价会回到战前水平。商人在此时售出他所囤积的财物，可以把国内市场一少半的货币积藏在自己手里。这样一来，币值可以提高十分之三，货物价格可以下跌十分之三。商人就在这十分之三中买来卖去，国家财物将全部落入商人之手，国君是束手无策的。百姓之中贫者与富者相互役使和控制，国君无能为力，这些就是轻重的失准。"

【原文】

管子曰："人君操本，民①不得操末；人君操始，民不得操卒。其在涂者，籍之于衢塞②；其在谷者，守之春秋；其在万物者，立赀而行③。故物动则应。故豫夺其涂，则民无遵；君守其流。则民失其高。故守四方之高下，国无游贾，贵贱相当④，此谓国衡；以利相守，则数归于君矣。"

【注释】

①民：指富商大贾。②籍之于衢塞：指百物必先于通衢要塞尚未登途之前，预为布置，若至途中在行征敛，则已无及矣。③立赀而行：指万物均用订立合同实行预购。④贵贱相当：指物价得到平抑。

【译文】

管仲说："人君掌握了本，富商大贾就抓不到末；人君掌握了开始，富民商人就抓不到结局。对于贩运过程的商品，必须在通衢要道市场上谋取收入；对于粮食，必须在春秋两季来掌握；对于其他物资，则订立预购合同。这样，商品一动，措施就跟着变动。预先阻断买卖的途径，商人就无法行事；君主控制流通，商人就无法抬高物价。所以，掌握好各地物价的涨落，国内没有投机商人，商品贵贱相当，这就叫作'国衡'。能够用理财之法来掌握，财利就自然归于君主了。"

【原文】

管子曰："善正商任①者省有肆，省有肆则市朝②闲，市朝闲则田野充，田野充则民财足，民财足则君赋敛焉不穷。今则不然，民重而君重，重而不能轻；民轻而君轻，轻而不能重。天下善者不然，民重则君轻，民轻则君重，此乃财余以满不足之数也。故凡不能调民利者，不可以为大治。不察于终始，不可以为至矣。动左右以重相因，二十国之策也；盐铁二十国之策也；锡金二十国之策也。五官③之数；不籍于民。"

【注释】

①正商任：即计算商车之意。②市朝：指自由市场。③五官：指上述五种官营专卖。

【译文】

管仲说："善于管理商业的君主，就要令国家同时开办商业；国家开办商业，私人的市场就清淡冷落；市场清淡冷落，农业劳动力就充足；农业劳力充足，人民财物就丰富；人民财物丰富，君主的税收就取之不竭了。现在的情况则不然，商人贵卖，君主跟着贵买，贵而不能使之贱；商人贱卖，君主跟着贱买，贱而不能使之贵。善于管理天下的君主不是这样，私商卖贵则国家商业卖得贱，私商卖贱则国家商业卖得贵。这乃是损有余以补不足的理财方法。所以，凡国家不能调剂民财，就不能做到大治；不洞察商业始终，就不能把管理做得最好。由国家掌握利用物价涨跌，可取相当二十个财政年度的收入；由国家经营盐铁商业，也可取得相当二十个财政年度的收入；由国家经营锡金商业，又可取得相当二十个财政年度的收入。这五种官商的理财之道，都不是向民间直接征税的。"

【原文】

桓公问于管子曰："轻重之数恶终？"管子对曰："若四时之更举①，无所终。国有患忧②，轻重五谷以调用，积余臧羡以备赏。天下宾服，有海内，以富③诚信仁义之士，故民高辞让，无为奇怪者，彼轻重者，诸侯不服以出战，诸侯宾服以行仁义。"

【注释】

①更举：更迭往来。②患忧：指战争。③富：使富裕，奖赏。

【译文】

桓公问管仲说："轻重之术何时终止？"管仲回答说："有如四季周而复始的运转一样，没有终止之时。当国家遭遇战争忧患时，就调节粮价高低来解决国家用度，积累余财赢利来筹备战士奖赏。当天下归服，海内统一时，就奖赏诚信仁义的人士，使百姓崇尚礼让，而不搞违礼的活动。可见，轻重之术的用处，在各诸侯国尚不归顺时，可以为战争服务；在各诸侯国归顺时，就可用来推行仁义的政教。"

【原文】

管子曰："一岁耕，五岁食，粟贾五倍[①]。一岁耕，六岁食，粟贾六倍。二年耕而十一年食。夫富能夺，贫能予，乃可以为天下。且天下者，处兹行兹，若此而天下可壹也。夫天下者，使之不使，用之不用。故善为天下者，毋曰使之，使不得不使；毋曰用之，用不得不用也。"

【注释】

①粟贾五倍：指将粮价提高五倍来促进粮食生产。

【译文】

管仲说："要做到一年耕种，可供五年食用，就把粮价提高五倍来促进生产；要做到一年耕种，可供六年食用，就把粮价提高六倍来促进生产。果能这样，两年耕作的产量就可能够十一年的消费了。对富者能够夺取，对贫者能够给予，才能够主持天下。而对天下的人们，能使之安于这项政策，遵行这项政策，这样，就可以统一调度了。对于天下的人们，驱使他们不要明白表示驱使，利用他们不要明白表示利用。因此，善治天下的君主，不直接说出驱使的语言，使百姓不得不为其所驱使；不直接说出利用的语言，使百姓不得不为其所利用。"

【原文】

管子曰："善为国者，如金石之相举，重钧则金倾。故治权则势重，治道则势赢。今谷重于吾国，轻于天下，则诸侯之自泄，如源水之就下。故物重则至，轻则去。有以重至而轻处者，我动而错[①]之，天下即已[②]于我矣。物臧则重，发则轻，散则多。币重则民死利[③]，币轻则决而不用，故轻重调于数而止。"

【注释】

①错：同"措"。②已：译文从"泄"。③死利：为利而死。

【译文】

管仲说："善于主持国家的，就像把黄金和秤锤放在天平上一样，只要加重秤锤，金子就能够倾跌下来。所以，讲求通权达变则国家力量强盛，讲求遵循常道则国家力量衰弱。现在，粮食在我国价高，在其他诸侯国价低，各国的粮食就像水源向下一样流入我国。所以，价格高则财货聚来，价格低则财货散走，有因高价聚来而跌价尚未散走的物资，我们及时动手掌握之，天下的这项财富就归于我们了。把财货囤积起来则价格上涨，发售出去则价格下降，放散于民间则显得充足。钱币贵重则人们拼命追求，钱币贬值则人们弃而不用。所以，要把贵贱的幅度调整到合乎理财之术的要求才行。"

【原文】

"五谷者，民之司命也；刀币者，沟渎也；号令者，徐疾也。'令重于宝，社稷重于亲戚①'，胡谓也？"对曰："夫城郭拔，社稷不血食②，无生臣③。亲没之后，无死子。此社稷之所重于亲戚者也。故有城无人，谓之守平虚④；有人而无甲兵而无食，谓之与祸居。"

【注释】

①亲戚：指父母。②血食：指祭祀，古代要杀牲取血。③无生臣：指国灭后臣子都要殉难。④虚：同"墟"，废墟。

【译文】

"粮食，是人们生命的主宰；钱币，是物资流通的渠道；号令，是控制经济过程缓急的。所谓'号令重于宝物，社稷重于父母'，这些话都是什么意思呢？"回答说："当城郭陷落，国家宗庙不能继续祭祀时，大臣都要殉难；但父母死亡，却没有殉死的儿子。这就是社稷重于父母的例证。所以有城而无人，等于是空守废墟；有人而无武器和粮食，也只是与灾祸同居而已。"

【原文】

桓公问管子曰："吾闻海内玉币有七策，可得而闻乎？"管子对曰："阴山之礝磻，一策也；燕之紫山白金，一策也；发、朝鲜之文皮，一策也；汝、汉水之右衢黄金，一策也；江阳之珠，一策也；秦明山之曾青，一策也；禺氏边山之玉，一策也。此谓以寡为多，以狭为广。天下之数尽于轻重矣。"

【译文】

桓公说："我听说有七种利用海内珍贵货币的办法，可以讲给我听听么？"管仲回答说："使用阴山所产的礝磻，是一种办法；使用燕地紫山所产的白银，是一种办法；使用发和朝鲜所产带花纹的皮张，是一种办法；使用汝水、汉水所产的黄金，是一种办法；使用江阳所产的珍珠，是一种办法；使用秦地明山所产的曾青，是一种办法；使用禺氏边山所产的玉石，是一种办法。这些都是以少掌握多，以狭掌握广的办法。天下的理财之法，莫过于轻重之术了。"

【原文】

桓公问于管子曰："阴山之马具驾者①千乘，马之平贾②万也，金之平贾万也。吾有伏金千斤，为此奈何？"管子对曰："君请使与正籍者③，皆以币还于金，吾至四万，此一为四矣。吾非埏埴摇炉橐而立黄金也，今黄金之重一为四者，数也。珠起于赤野之末光，黄金起于汝汉水之右衢，玉起于禺氏之边山。此度去周七千八百里，其涂远，其至厄。故先王度用其重而因之，珠玉为上币，黄金为中币，刀布为下币。先王高下中币，利下上之用。"

【注释】

①具驾者：具备载驾兵车要求的马。②平贾：指封建国家规定之官价而言。③与正籍者：指纳税人，即负有纳税义务之人。

【译文】

桓公问管仲说："阴山的马，可供驾驶兵车之用的有四千匹。每匹马的价格是一万钱，每斤黄金也是一万钱，我只存有黄金一千斤，应当怎么办？"

揆度第三十七

管仲回答说："君上可以命令所有纳税的人们，必须按钱数交纳黄金。我们就可因金价上涨而得到四万钱的收入，这就一变为四了。我们并没有使用冶金钳锅和鼓风炉来冶炼黄金，现在黄金之所以一变为四，只是运用理财之术的结果。珍珠来自赤野的末光，黄金出在汝水、汉水的右衢，玉石出在禺氏的边山。这些地方估计距离周都七千八百里，路途遥远，来之不易。所以先王按其贵重程度而加以利用，规定珠玉为上币，黄金为中币，刀布为下币。先王正是通过提高或降低中币黄金的币值，制约着下币刀布、上币珠玉的作用。"

【原文】

"百乘之国，中而立市，东西南北度五十里。一日定虑①，二日定载②，三日出竟③，五日而反。百乘之制轻重④，毋过五日。百乘为耕，田万顷，为户万户，为开口十万人，为当分者万人，为轻车百乘，为马四百匹。千乘之国，中而立市，东西南北度百五十余里。二日定虑，三日定载，五日出竟，十日而反。千乘之制轻重，毋过一旬。千乘为耕田十万顷，为户十万户，为开口百万人，为当分者十万人，为轻车千乘，为马四千匹。万乘之国，中而立市，东西南北度五百里。三日定虑，五日定载，十日出竟，二十日而反。万乘之制轻重，毋过二旬。万乘为耕，田百万顷，为户百万户，为开口千万人，为当分者百万人，为轻车万乘，为马四万匹。"

【注释】

①定虑：制定计划。②定载：指装载货物。③竟：同"境"，国境。④百乘之制轻重：指百乘之国运用轻重之术在对外贸易中控制物价涨跌。

【译文】

"百乘之国，在中央地区建立市场，离四周边境估计五十里路。一天确定计划，两天装载货物，三天运出国境，五天可以来回。百乘之国要制约邻国物价高低，不超过五天。百乘之国，拥有耕地一万顷，户数一万户，人口十万人，有纳税义务的一万人，兵车百乘，战马四百匹。千乘之国，在中央地区建立市场，离四周边境估计一百五十里路。两天确定计划，三天装载货物，五天运出国境，十天可以来回。千乘之国制约邻国物价高低，不超过十天。千乘之国，拥有耕地十万顷，户数十万户，人口百万人，有纳税义务的十万人，兵车千乘，战马四千匹。万乘之国，在中央建立市场，离四周边境估计五百里路。三天确定计划，五天装载货物，十天运出国境，二十天来回。万乘之国制约邻国物价高低，不超过二十天。万乘之国，拥有耕地百万顷，户数百万户，人口千万人，有纳税义务的百万人，兵车万乘，战马四万匹。"

【原文】

管子曰："匹夫为鳏，匹妇为寡，老而无子者为独。君问其若有子弟师役而死者，父母为独，上必葬之：衣衾三领，木必①三寸，乡吏视事，葬于公壤。若产而无弟兄，上必赐之匹马之壤②。故亲之杀其子以为上用，不苦也。君终岁行邑里，其人力同而宫室美者，良萌也，力作者也，脯③二束、酒一石以赐之；力足，荡游不作，老者谯④之，当壮者遣之边戍。民之无本者，贷之圃强。故百事皆举，无留力失时之民。此皆国策之数也。

【注释】

①木必：指棺材。②匹马之壤：一匹马所能耕种的田地。③脯：肉干。④谯：责备。

【译文】

管仲说："单身男子叫作鳏，单身女子叫作寡，老而没有儿女的叫独。国君要调查了解凡有子弟因兵役而死亡的，父母也算作'独'，必须由政府负丧葬之责：衣食要有三领，棺木要厚三寸，乡中官吏亲管其事，葬于公家墓地。战死者如是独生，还要赏给父母一匹马一天所能耕种的土地。因此，做父母的即使牺牲自己的儿子为君主效力，也不引以为苦了。国君每到年终都视察邑里，看到劳力与别户相同而住房独好的人家，一定是好百姓，是努力耕作的人，要用两束干肉、一石酒奖赏他们。对于体力充足而闲游不肯劳动的，如是老年人，则谴责之，如是壮年，则遣送边疆服役。对于无本经营农业的，则贷与土地和钱币。由此，百业皆兴，没有懒惰和失掉农时的百姓。这都是国家政策的具体办法。

【原文】

"上农挟五，中农挟四，下农挟三。上女衣五，中女衣四，下女衣三。

农有常业，女有常事。一农不耕，民有为之饥者；一女不织，民有为之寒者。饥寒冻饿，必起于粪土。故先王谨于其始，事再其本①，民无餰者卖其子；三其本，若为食；四其本，则乡里给；五其本，则远近通，然后死得葬矣。事不能再其本，而上之求焉无止，然则奸涂不可独遵，货财不安于拘。随之以法，则中内撕民②也。轻重不调，无餰之民不可责理③，鬻子④不可得使，君失其民，父失其子，亡国之数也。"

【注释】

①事再其本：指人民生产事业所获之利能倍于其资本。②中内撕民：指从内部杀其百姓。③责理：督责管理。④鬻子：指被卖之子。

【译文】

"上等劳力的农民可负担五口人吃饭，中等劳力可负担四口，下等劳力可负担三口。上等劳力的妇女可供应五口人穿衣，中等劳力可供应四口，下等劳力可供应三口。农民要经常耕作，妇女要经常纺织。一农不耕，人民就可能有挨饿的；一女不织，人民就可能有受冻的。饥寒冻饿总是起因于懒惰。所以先王只有认真对待这个起因，使农事收获达到成本的二倍，农民才没有卖儿卖女的；达到三倍，才可以正常备粮吃饭；达到四倍，乡里富裕；达到五倍，则余粮远近流通，死人也得到妥善安葬了。如果农事收入达不到成本的二倍，君主再征敛不止，那么，充满危险的路上，单人都不敢出行，财货放在手上也不安宁了。如果用法律镇压，就等于自己在残害百姓。物价失调，不能管理饥民，被卖的孩子不能依靠自己，君失其民，父失其子，这乃是亡国之道。"

【原文】

管子曰："神农之数曰：'一谷不登，减一谷，谷之法什倍；二谷不登，减二谷，谷之法再十倍。'夷疏①满之，无食者予之陈②，无种者贷之新，故无什倍之贾③，无倍称之民④。"

【注释】

①夷疏：割取蔬菜。②陈：指陈谷。③什倍之贾：指盈利十倍的富商。④倍称之民：指利息加倍的高利贷者。

【译文】

管仲说："神农之术告诉我们：'一种粮食无收成，则缺少一种粮食，粮食的卖价将上涨十倍；两种粮食无收成，则缺少两种粮食，粮食的卖价将上涨二十倍。'遇此情况，国家应当提倡瓜菜补充民食。而对于没有口粮的农户，由国家供给旧年的陈粮；对于没有种子的农户，由国家贷给可用的新粮。这样，才不会出现赢利十倍的奸商，也不会出现加倍收息的高利贷者。"

国准第三十八

【题解】

"国准"指国家的平准政策，也是轻重之术的一部分。本篇提出的原则是"视时而立仪"，即根据时势而制订法度的政策。文章提出当今之世，君主应用五家之数而勿尽，主张兼采并用，又不拘泥。本章并对"来世之王者"提出了"好讥而不乱，亟变而不恋。时至则为，过则去"的要求，强调适时而变。全篇论述集中，条理清晰，在"轻重"篇中颇有特色。

【原文】

桓公问于管子曰："国准①可得闻乎？"管子对曰，"国准者，视时而立仪②。"桓公曰："何谓视时而立仪？"对曰："黄帝之王，谨逃其爪牙。有虞之王，枯泽童山。夏后之王，烧增薮③，焚沛泽④，不益民之利。殷人之王，诸侯无牛马之牢，不利其器⑤。周人之王，官能以备物。五家之数殊而用一也。"

【注释】

①国准：国家的平准政策。②视时而立仪：指根据时势而制定政策，因时制宜。仪，政策。③增薮：草地，草甸。④沛泽：湿润的土地。⑤不利其器：不让使用锋利的器具。

【译文】

桓公问管仲说："国家的平准措施可以讲给我听听么？"管仲回答说："国家的平准措施是按照不同时势而制定不同的政策。"桓公说；"何谓按不同时势而制定不同政策？"管仲回答说："黄帝当政的时代，努力除掉各地的武装。虞舜当政的时代，断竭水泽，伐尽山林。夏后氏当政的时代，焚毁草地和大泽，不准民间增加财利。殷人当政的时代，不许诸侯经营牛马畜牧事业，还限制他们制造武器和工具。周人当政的时代，统一管理有技能的人才，集中贮备各种物资。五家的办法虽有不同，而集中统一的作用是一样的。"

【原文】

桓公曰："然则五家之数，籍何者为善也？"管子对曰："烧山林，破增薮，焚沛泽，猛兽众也。童山竭泽者，君智不足也。烧增薮，焚沛泽，不益民利，逃械器①，闭智能者，辅己者也。诸侯无牛马之牢，不利其器者，曰淫器而壹民心者也。以人御人，逃戈刃②，高仁义，乘天固③以安己者也。五家之数殊而用一也。"

【注释】

①逃械器：指不采用器械工具。②逃戈刃：指避免杀戮。③天固：指天道稳固。

【译文】

桓公说："那么，对此五家的政策，借用哪家为好呢？"管仲回答说："烧山林、毁草地、火焚大泽等措施，是因为禽兽过多。伐尽山林，断竭水泽，是因为君智不足。焚烧草薮大泽，不使民间增加财利，既取消工具武器的发展，又闭塞人们的生产能力，都是为了加强自己。不许诸侯经营牛马畜牧事业，还限制他们制造武器工具，是为了不过分生产武器和工具而统一民心。派官吏管理人才，禁止私造刀枪，提倡仁义道德，是在稳固基础上安定自己的地位。五家的政策虽有不同，而作用是一样的。"

【原文】

桓公曰："今当时之王者立何而可？"管子对曰："请兼用五家而勿尽。"桓公曰，"何谓？"管子对曰："立祈祥①以固山泽，立械器以使万物，天下皆利而谨操重筴②。童山竭泽，益利搏流。出山金立币，存菹丘③，立骈牢④，以为民饶。彼菹菜之壤，非五谷之所生也，麋鹿牛马之地。春秋赋生杀老，立施⑤以守五谷，此以无用之壤臧民之赢。五家之数皆用而勿尽。"

【注释】

①祥：译文从"羊"。②谨操重筴：指严格掌握物价政策。③存菹丘：指设立牧场。④立骈牢：指建立并列的牛栏马圈。⑤立施：指铸造货币。

【译文】

桓公说："现时当政的王者，采用哪家的政策为好？"管仲回答说："可以兼用五家之法而不可全盘照搬。"桓公说："此话涵义如何？"管仲回答说："设立祭神的坛场来封禁山泽，统一制造武器工具来运用物资，使天下同来经营但却严格执行物价政策。实行伐尽山林与断竭水泽的办法，控制财利并掌握流通。开发矿山以铸造钱币，保存草地以建立牧场，使人民富饶起来。因为杂草丛生的洼地，不适合粮食生长，应作为饲养麋鹿牛马的牧场。春秋两季，把幼畜供应给百姓，把老畜杀掉卖出，发行货币来掌控粮食。这就利用了无用的土地吸收百姓余粮。五家的政策都采用了而没有全盘照搬。"

【原文】

桓公曰："五代之王以①尽天下数矣，来世之王者可得而闻乎？"管子对曰："好讥②而不乱，亟变而不变，时至则为，过则去。王数不可豫致。此五家之国准也。"

【注释】

①以：已。②讥：观察，调查。

【译文】

桓公说："上述五个朝代，已经概括了人们所知的各种办法了。以后成王业的君主如何，可以再谈一谈么？"管仲回答说："重视调查而做到有条不紊，积极改革而不留恋过去，条件成熟就应当实行，条件已变就应放弃。成王业的具体政策是不能事前安排好的。这里所说，只能是五家的平准措施。"

轻重甲第三十九

【题解】

本篇从各个角度阐述了轻重之术的具体运用，分为各自独立的十七节。第一节阐述运用轻重之术"来天下之财，致天下之民"。第二节论述夏桀失去天下和商汤得到天下的原因。第三节阐述通过五战学习用兵之法。第四节阐述运用轻重之术赈济阵亡者家属。第五节阐述运用轻重之术减轻百姓负担。第六节阐述解决弓弩不合用的难题。第七节主张借祭神而征税。第八节阐述"水豫"之法。第九节阐述北泽着火，农夫犹百倍之利的道理。第十节阐述运用轻重之术帮助北郭贫民摆脱贫困的方法。第十一节阐述齐国获取地利的方法。第十二节阐述用轻重之术控制山林草泽资源，以吸引百姓的方法。第十三节阐述君主敛征不止，必然导致百姓流散。第十四节阐述运用轻重之术防止豪门与国君争权。第十五节阐述运用轻重之术提高粮价，解决庞大的军费开支。第十六节阐述使用重禄重赏，使大臣尽忠，士兵效死。第十七节阐述将四夷宝物作为货币，达到互利，从而使四夷屈服。

【原文】

桓公曰："轻重有数[①]乎？"管子对曰："轻重无数，物发而应之，闻声而乘之。故为国不能来天下之财，致天下之民，则国不可成。"桓公曰："何谓来天下之财？"管子对曰："昔者桀之时，女乐三万人，端噪晨乐，闻于三衢，是无不服文绣衣裳者。伊尹以薄之游女工文绣纂组，一纯得粟百钟于桀之国。夫桀之国者，天子之国也，桀无天下忧，饰妇女钟鼓之乐，故伊尹得其粟而夺之流[②]。此之谓来天下之财。"桓公曰："何谓致天下之民？"管子对曰："请使州有一掌，里有积五窌。民无以与正籍者予之长假，死而不葬者予之长度。饥者得食，寒者得衣，死者得葬，不资者得振，则天下之归我者若流水，此之谓致天下之民。故圣人善用非其有③，使非其人，动言摇辞④，万民可得而亲。"桓公曰："善。"

【注释】

①数：定数，定律。②流：指流通。③用非其有：即所谓来天下之财也。④动言摇辞：指发号施令。

【译文】

桓公说："掌握轻重之策有定数么？"管仲回答说："掌握轻重之策没有定数。物资一动，措施就要跟上；听到消息，就要及时利用。所以，建设国家而不能吸引天下的财富，招引天下的人民，则国家不能成立。"桓公说："何谓吸引天下的财富？"管仲回答说："从前夏桀时，女乐有三万人，端门的歌声，清晨的音乐，大路上都能听到；她们无不穿着华丽的衣服。伊尹便叫薄地无事可做的妇女，织出各种华美的彩色丝绸。一匹织物可以从夏桀那里换来百钟粮食。桀的国家是天子之国，但他不肯为天下大事忧劳，只追求女乐享乐，所以伊尹便取得了他的粮食并操纵了他的商品流通。这就叫作吸引天下的财富。"桓公说："何谓招引天下的人民？"管仲回答说："请在每个州设一个主管官吏，在每个里贮备五窖存粮。对那种纳不起税的穷苦人家给予长期借贷，对那种无力埋葬死者的穷苦人家，给予安葬费用。如做到饥者得食，寒者得衣，死者得到安葬，穷者得到救济，那么，天下人归附我们就会像流水一样。这就叫作招引天下的人民。所以，圣明的君主善于利用不属于自己所有的财富，善于役使不属于自己统辖的人民，一旦发出号召，就能使万民亲近。"桓公说："好。"

【原文】

桓公问管子曰："夫汤以七十里之薄，兼桀之天下，其故何也？"管子对曰："桀者冬不为杠①，夏不束柎，以观冻溺。弛②牝虎充市，以观其惊骇。至汤而不然。夷竞而积粟，饥者食之，寒者衣之，不资者振之，天下归汤若流水，此桀之所以失其天下也。"桓公曰："桀使汤得为是，其故何也？"管子曰："女华者，桀之所爱也，汤事之以千金；曲逆者，桀之所善也，汤事之以千金。内则有女华之阴，外则有曲逆③之阳，阴阳之议合，而得成其天子。此汤之阴谋也。"

【注释】

①杠：小桥，独木桥。②弛：放纵。③曲逆：奸佞的大臣。

【译文】

桓公问管仲说："商汤仅用七十里的'薄'地，就兼并了桀的天下，其原因何在呢？"管仲回答说："桀不许百姓冬天在河上架桥，夏天在河里渡筏，以便观赏人们受冻和受淹的情况。他把雌虎放到市街上，以便观赏人们惊骇的情态。商汤则不是如此。收贮蔬菜和粮食，对饥饿的人给饭吃，对挨冻的人给衣穿，对贫困的人给予救济，天下百姓归附商汤如流水，这就是夏桀丧失天下的原因。"桓公说："夏桀何以导致商汤达到这种目的呢？"管仲说："女华，是桀所宠爱的妃子，汤用千金去贿赂她；曲逆，是桀所亲近的大臣，汤也用千金去贿赂他。内部有女华的暗中相助，外则有曲逆公开相助，暗地与公开计议相配合，而汤能够成就天子之位。这是商汤的机密策略。"

【原文】

桓公曰："轻重之数，国准之分①，吾已得而闻之矣，请问用兵奈何？"管子对曰："五战而至于兵②。"桓公曰："此若言何谓也？"管子对曰："请战衡、战准、战流③、战权、战势④。此所谓五战而至于兵者也。"桓公曰："善。"

【注释】

①国准之分：关于国家平准措施的区分。②五战而至于兵：指经过五方面经济策略上的战斗，就能够学会用兵。③流：货物流通。④势：指利用形势。

【译文】

桓公说："轻重的理财之法，国准的五种区别，我都已知道了，请问用兵怎么办？"管仲回答说："经过五个方面的战斗就可以作用到军事上了。"桓公说："这话是什么意思？"管仲回答说："请在平衡供求上作战，在调节物价上作战，在物资流通上作战，在运用权术上作战，在利用形势上作战。这

轻重甲第三十九

·303·

就是所谓的经过五个方面的战斗就可以作用到军事上了。"桓公说:"好。"

【原文】

桓公欲赏死事之后①,曰:"吾国者,衢处之国,馈食②之都,虎狼之所栖也。今每战,舆死扶伤③,如孤,荼首之孙,仰俾戟之宝,吾无由与之,为之奈何?"管子对曰:"吾国之豪家,迁封、食邑而居者,君章之以物则物重,不章以物则物轻;守之以物则物重,不守以物则物轻。故迁封、食邑、富商、蓄贾、积余、藏羡、跱蓄之家,此吾国之豪也,故君请缟素④而就士室,朝功臣、世家、迁封、食邑、积余、藏羡、跱蓄之家曰:'城脆致冲,无委致围。天下有虑,齐独不与其谋?子大夫有五谷菽粟者勿敢左右,请以平贾取之子。'与之定其券契之齿。金錮之数,不得为侈夯焉。困穷之民闻而籴之,金錮无止,远通不推⑤。国粟之粟坐长而四十倍。君出四十倍之粟以振孤寡,收贫病,视独老穷而无子者,靡得相鬻而养之,勿使赴于沟浍之中。若此,则士争前战为颜行,不偷而为用,舆死扶伤,死者过半。此何故也?士非好战而轻死,轻重之分使然也。"

【注释】

①死事之后:指阵亡将士的后代。②馈食:指依靠别国供应粮食。③舆死扶伤:指车载死者,人扶伤者。④缟素:丧服。⑤远通不推:通,当为"近"。不推即不推而往,不召而来。

【译文】

桓公想对死难者的后代进行抚恤,他说:"我们国家,是处在四面受敌地位的国家,是依靠国外输入粮食的国家,又是虎狼野兽栖息的山区。现在每次战争都有死伤。对于死难者的孤儿,那些白发老人的孙子,对靠丈夫当兵过活的寡妇,没有东西救济他们,该怎么办?"管仲回答说:"我们国家的豪门大族,那些升大官、有采邑囤积财物的人们,国君若控制这些人的财物,市场物价就可以上涨,不控制就下降;若把这些人的财物掌握起来,物价就可以上涨,不掌握就下降。因为当大官的、有采邑的、富商、蓄贾、积余财的、藏盈利的、囤积财物的人家,都是我们国家的富豪。所以,国君要穿上白布丧衣到官府去,召集那些功臣、世家、当大官的、有采邑的、积余财的、藏盈利的、囤积财物的人家，对他们说：'城防不固容易被敌人攻破，没有粮食贮备容易被敌人围困，天下各国都如此，齐国怎么能不加以考虑呢？你们各位大夫凡存有粮食的都不可自由处理。我要用平价向你们收购。'接着就定好合同。粮食数量，不许他们夸大或缩小。这样一来，缺粮无粮的百姓，都闻风而纷纷买粮，买多的、买少的，络绎不绝；远道的、近道的，不召而自来。国内粮价坐涨达四十倍。国君就可以拿出四十倍的粮食来赈济孤儿寡妇，收养贫病之人，照顾穷而无子的孤老。使他们不至于卖身为奴而得到生活供养，也使他们不至于死于沟壑。这样，广大战士就会争先作战而勇往直前，不贪生惜命而为国效力，舆死扶伤，为国牺牲者可达到半数以上。这到底是什么原因呢？战士们并非好战而轻死，是轻重之术的作用使之如此的。"

【原文】

桓公曰："皮、干、筋、角①之征甚重。重籍于民而贵市之皮、干、筋、角，非为国之数也。"管子对曰："请以令高杠柴池②，使东西不相睹，南北不相见。"桓公曰："诺。"行事期年，而皮、干、筋、角之征去分，民之籍去分。桓公召管子而问曰："此何故也？"管子对曰："杠、池平之时，夫妻服簟，轻至百里，今高杠柴池，东西南北不相睹，天酸然雨，十人之力不能上；广泽遇雨，十人之力不可得而恃。夫舍牛马之力所无因。牛马绝罢，而相继死其所者相望，皮、干、筋、角徒予人而莫之取。牛马之贾必坐长而百倍。天下闻之，必离其牛马而归齐若流。故高杠柴池，所以致天下之牛马而损民之籍③也，《道若秘》云：'物之所生，不若其所聚。'"

【注释】

①皮、干、筋、角：四者均为制造弓箭等兵器的材料。②高杠柴池：指筑高桥深池。③损民之籍：减少对百姓的征税。

【译文】

桓公说："皮、干、筋、角四种兵器材料的征收太重了。由于重征于百姓而使市场上皮、干、筋、角的价格昂贵，这不是治国之法。"管仲回答说："请下令修筑高桥深池，使行人站在桥东看不到桥西，站在桥南看不到桥北。"桓公说："可以。"过了一年，皮、干、筋、角的征收减少一半。人民在这方面的负担也就减少了一半。桓公召见管仲询问说:"这是什么缘故?"管仲回答说:"桥和池平坦的时候,夫妻两人拉着车子,可以轻松地走百里路。现在高架桥而深挖池,东西南北的行人互相看不到对方,一旦天下小雨,十个人的力量也不能推车上桥;洼地遇雨,十个人的力量也靠不住。除了利用牛马的力量别无其他方法。牛马骡被累坏了,而且不断死在路上,牛马的皮、干、筋、角白送都没有人要,牛马的价格也必然上涨百倍。天下各诸侯听到这个消息,势必像流水一样赶着牛马到齐国抛卖。所以,高架桥而深挖池,正是用来招引天下的牛马而减少人民这项负担的办法。诚如《道若秘》所说:'重视财物的生产,不如重视财物的收聚。'"

【原文】

桓公曰:"弓弩多匡𬒈①者,而重籍于民,奉缮工②,而使弓弩多匡𬒈者,其故何也?"管子对曰:"鹅鹜之舍近,鹔鸡鹄鹖之通远。鹄鹖之所在③,君请式璧而聘之。"桓公曰:"诺。"行事期年,而上无阙者,前无趋人。三月解衣④,弓弩无匡𬒈者。召管子而问曰,"此何故也?"管子对曰:"鹄鹖之所在,君式璧而聘之。菹泽之民闻之,越平而射远,非十钧⑤之弩不能中鹔鸡鹄鹖。彼十钧之弩,不得桒撒不能自正。故三月解医而弓弩无匡𬒈者,此何故也?以其家习其所也。"

【注释】

①匡𬒈:弓弯扭曲不好用。②缮工:修缮弓弩的工匠。③鹄鹖之所在:射有天鹅、鹔鸡的人家。④解衣:解开弓衣检查。⑤钧:三十斤。

【译文】

桓公说:"我们的弓弩有很多扭曲不好用的。我们向百姓收取重税,养活工匠,而弓弩反多扭曲碍用,这个原因是什么?"管仲回答说:"鹅、鸭的窝巢很低,鹔鸡、天鹅和大鸨则飞行很高。对于射取天鹅、鹔鸡的人家,请君上您送上玉璧去聘请他们。"桓公说:"可以。"过了一年,上面的弓弩供应没有短缺不足,眼前也没有随处奔走的闲人了。三个月解开弓衣检查,弓弩也没有扭曲不能用的了。桓公召见管仲询问说:"这是什么原因呢?"管仲回答说:"对于射取天鹅、鹔鸡的人家,您用玉璧礼聘,住在水草丰茂地方的百姓们知道以后，就都要越过平地去远方射猎。另外，没有三百斤拉力的硬弓，就不能射中鹍鸡、天鹅和大鸨。那些具有三百斤拉力的硬弓，如不使用矫正弓身的器械，它本身是不会正的。所以，三个月解开弓衣而弓弩没有扭曲碍用的，其原因何在呢？就是因为做弓的人家都熟悉这项专业的缘故。"

【原文】

桓公曰："寡人欲藉于室屋。"管子对曰："不可，是毁成也。""欲藉于万民。"管子曰："不可，是隐情也。""欲藉于六畜。"管子对曰："不可，是杀生也。""欲藉于树木。"管子对曰："不可，是伐生也。""然则寡人安藉而可？"管子对曰："君请藉于鬼神。"桓公忽然①作色曰："万民、室屋、六畜、树木且不可得藉，鬼神乃可得而藉夫？"管子对曰："厌宜乘势，事之利得也；计议因权，事之囹大也。王者乘势，圣人乘幼②，与物皆宜。"桓公曰："行事奈何？"管子对曰："昔尧之五吏五官无所食，君请立五厉之祭，祭尧之五吏，春献兰，秋敛落；原鱼以为脯，鲵③以为殽④。若此，则泽鱼之正，伯倍异日，则无屋粟邦布之藉。此之谓设之以祈祥，推之以礼义也。然则自足，何求于民也？"

【注释】

①忽然：译作"忿然"。②幼：指鬼神。③鲵：小鱼。④殽：指鱼肉等荤菜。

【译文】

桓公说："我想要征收房屋税。"管仲回答说："不行，这等于毁坏房屋。"又说："我想征人口税。"管仲回答说："不行，这等于让人们抑制情欲。"又说："我想要征收牲畜税。"管仲回答说："不行，这等于叫人们宰杀幼畜。"又说："我想征收树木税。"管仲回答说："不行，这等于叫人们砍伐幼树。""那么，我征收什么税才行呢。"管仲回答说："请您向鬼神征税。"桓公很不高兴地："人口、房屋、牲畜、树木尚且不能征税，还能向鬼神征税么？"管仲回答说："行事合宜而乘势，就可以得到好处；谋事利用权术，就可以得到大助。王者善于运用时势，圣人善于运用神秘，使万事各得其宜。"桓公说："做法如何？"管仲回答说："从前尧有五个功臣，现在无人祭祀，君上您建立五个死者的祭祀制度，让人们来祭祀尧的五个功臣。春天敬献兰花，秋天收新谷为祭；用生鱼做成鱼干祭品，用小鱼做成菜肴祭品。这样，国家的鱼税收入可以比从前增加百倍，那就无须敛取罚款和征收人口税了。这就叫作举行了鬼神祭祀，又推行了礼义教化。既然自己满足了财政需要，何必再向百姓求索呢？"

【原文】

桓公曰："天下之国，莫强于越，今寡人欲北举事孤竹、离枝①，恐越人之至，为此有道乎？"管子对曰："君请遏原流，大夫立沼池，令以矩游为乐，则越人安敢至？"桓公曰："行事奈何？"管子对曰："请以令隐三川，立员都，立大舟之都。大身之都有深渊，垒十仞。令曰：'能游者赐千金。'未能用金千，齐民之游水，不避吴越。"桓公终北举事于孤竹、离校。越人果至，隐曲菑以水齐。管子有扶身之士②五万人，以待战于曲菑，大败越人。此之谓水豫③。

【注释】

①孤竹、离枝：北方古代国名。②扶身之士：指习水善游之士。③水豫：指水战的预备。

【译文】

桓公说："天下各国，没有比越国再强的了。现在我想北伐孤竹、离枝，恐怕越国乘虚而至，有办法解决这个问题么？"管仲回答说："请君上阻住原山的流水，让大夫建筑游水大池，让人们游水为乐。这样，越国还敢于乘虚而至么？"桓公说："具体做法如何？"管仲回答说："请下令修筑三川，建圆形水池，还要修造能行大船的湖。这个行大船的湖应有深渊，深度达七十尺。然后下令说：'能游者赏千金。'还没有用去千金，齐国人的游泳技术就不弱于吴越的人了。"桓公终于北伐孤竹和离枝。越国果然兵至，筑堤屯堵淄水的曲处来淹灌齐国。但管仲有善于游泳的战士五万人，应战于淄水的曲处，大败越军。这叫作水战的预备。

【原文】

齐之北泽烧，火光照堂下。管子入贺桓公曰："吾田野辟，农夫必有百倍之利矣。"是岁租税九月而具，粟又美。桓公召管子而问曰："此何故也？"管子对曰："万乘之国、千乘之国，不能无薪而炊。今北泽烧，莫之续①，则是农夫得居装②而卖其薪荛，一束十倍。则春有以倳耜，夏有以决芸③。此租税所以九月而具也。"

【注释】

①莫之续：指柴草接续不上。②居装：指农夫得以积累束薪而卖之也。③决芸：指除去田中杂草。

【译文】

齐国的北部草泽发生大火，火光照射到齐国的朝堂之下。管仲祝贺桓公说："我国的土地将得到开辟，农民也一定有百倍的财利可得了。"当年的租税果然在九月就交纳完毕，粮食的收成也好。桓公召见管仲询问说："这是什么原因呢？"管仲回答说："任何万乘之国或千乘之国，做饭都不能没有柴草。现在北部草泽起火，柴草无以为继，这样，农夫从容装车出卖薪柴，一捆柴草可以价高十倍。春天得以耕种土地，夏天得以除草耘苗。这就是租税能在九月交纳完毕的原因。"

【原文】

桓公忧北郭民之贫，召管子而问曰、"北郭者，尽屦缕之甿也，以唐园①为本利，为此有道乎？"管子对曰："请以令：禁百钟之家不得事鞒，千钟之家不得为唐园，去市三百步者不得树葵菜。若此，则空闲②有以相给资，则北郭之甿有所雠。其手搔之功，唐园之利，故有十倍之利。"

【注释】

①唐园：指种植蔬菜的菜园。②空闲：指失业者。

【译文】

桓公忧虑北郭百姓的贫苦生活，召见管仲询问说："住在北郭的都是编织草鞋的贫民，又以种菜为主要收入来源，有办法帮助他们么？"管仲回答说："请下令：有百钟存粮的富家不得做鞋，有千钟存粮的富家不得经营菜园，住在城郊三百步以内的家庭不得自种蔬菜。这样失业的人家就可以得到帮助，北郭的贫民就可以打开产品销路。他们的劳动成果和菜园收入，都将由此有十倍的大利。"

【原文】

管子曰："阴王之国①有三，而齐与在焉。"桓公曰："此若言可得闻乎？"管子对曰："楚有汝、汉之黄金，而齐有渠展之盐，燕有辽东之煮，此阴王之国也。且楚之有黄金，中齐有菑石也。苟有操之不工，用之不善，天下倪而是耳。使夷吾②得居楚之黄金，吾能令农毋耕而食，女毋织而衣。今齐有渠展之盐，请君伐菹薪，煮沸火水为盐，正而积之。"桓公曰："诺。"十月始正，至于正月，成盐三万六千钟。召管子而问曰："安用此盐而可？"管子对曰："孟春既至，农事且起。大夫无得缮冢墓，理宫室，立台榭，筑墙垣。北海之众无得聚庸而煮盐。若此，则盐必坐长而十倍。"桓公曰："善。行事奈何？"管子对曰："请以令粜之梁、赵、宋、卫、濮阳，彼尽馈食之也。国无盐则肿，守圉之国，用盐独甚。"桓公曰："诺。"乃以令使粜之，得成金万一千余斤。桓公召管子而问曰："安用金而可？"管子对曰："请以令使贺献，出正籍者必以金，金坐长而百倍。运金之重以衡万物，尽归于君。故此所谓用若挹于河海③，若输之给马④。此阴王之业。"

【注释】

①阴王之国：指具有自然特产的优势而操纵天下的国家。②夷吾：管子之字。③若挹于河海：指国用之多，如取水于河海中。④若输之给马：指如有人输入筹码，取之无穷也。

【译文】

管仲说："大地资源最丰富的国家有三个，齐国也在其内。"桓公说：

"这话的涵义能说给我听听么？"管仲回答说："楚国有汝河、汉水的黄金，齐国有渠展所产的盐，燕国也有辽东所产的盐。这当然是大地资源丰富的国家。不过楚国的拥有黄金，相当于齐国的拥有蔷石，如果经营不好，运用不当，天下也是不以为贵的。若是我管夷吾拥有楚国的黄金，就可以使农民不耕而食，妇女不织而衣了。现今齐国既拥有渠展的盐产，就请君上您下令砍柴煮盐，然后由政府征收而积存起来。"桓公说："好。"从十月开始征集，到次年正月，共有成盐三万六千钟。于是召见管仲询问说："这些盐要怎样经营运用？"管仲回答说："初春一到，农事即已开始，规定各大夫家里不得修坟、修屋、建台榭和砌墙垣。同时就规定北海沿岸的人们不得聚众雇人煮盐。这样，盐价一定要上涨十倍。"桓公说："好。下一步如何行事？"管仲回答说："请下令卖到梁、赵、宋、卫和濮阳等地。它们都是靠输入食盐过活的。国内无盐则人们浮肿，守卫自己国家，用盐特别重要。"桓公说："好。"于是下令出卖，共得黄金一万一千多斤。桓公又召见管仲询问说："如何用这些黄金呢？"管仲回答说："请下令规定，凡朝贺献礼或交纳捐税的都必须使用黄金，金价将上涨百倍。运用黄金的高价收入，来折算收购各种物资，一切财富就全都归于君上了。所以，这就是所谓用财像从河海中取水一样丰富，又像不断地送来计算钱数的筹码一般。这就是大地资源丰富国家的事业。"

【原文】

管子曰："万乘之国必有万金之贾，千乘之国必有千金之贾，百乘之国必有百金之贾，非君之所赖①也，君之所与。故为人君而不审其号令，则中一国而二君二王也。"桓公曰："何谓一国而二君二王？"管子对曰："今君之籍取以正，万物之贾轻去其分，皆入于商贾，此中一国而二君二王也。故贾人乘其弊以守民之时，贫者失其财，是重贫也；农夫失其五谷，是重竭也。故为人君而不能谨守其山林、菹泽、草莱，不可以立为天下王。"桓公曰："此若言何谓也？"管子对曰："山林、菹泽、草莱者，薪蒸②之所出，牺牲之所起也。故使民求之，使民藉之，因此给之。私爱之于民，若弟之与兄，子之与父也，然后可以通财交殷也。故请取君之游财③，而邑里布积之。阳春，蚕桑且至，请以给其口食筹曲之强。若此，则缣丝之籍去分而敛矣。且四方之不至，六时制之：春日倳耜，次日获麦，次日薄芋，次日树麻，次日绝菹④，次日大雨且至，趣芸雍培。六时制之，臣给至于国都。善者乡⑤因其轻重，守其委庐，故事至而不妄。然后可以立为天下王。"

【注释】

①赖：利也。②薪蒸：指柴草。③游财：指多余之财。④绝菑：除草。⑤乡：同"向"，向来。

【译文】

管仲说："万乘之国如有万金的大商人，千乘之国如有千金的大商人，百乘之国如有百金的大商人，他们都不是君主所依靠的，而是君主所应剥夺的对象。所以，为人君而不严格注意号令的运用，那就等于一个国家存在两个君主或两个国王了。"桓公说："什么是一国而存在两个君主或两个王呢？"管仲回答说："现在国君收税采用直接征收正税的形式，老百姓的产品为交税而急于抛售，往往降价一半，落入商人手中。这就相当于一国而二君二王了。所以，商人乘民之危来控制百姓销售产品的时机，使贫者丧失财物，等于双重的贫困；使农夫失掉粮食，等于加倍的枯竭。故为人君主而不能严格控制其山林、沼泽和草地，也是不能成就天下王业的。"桓公说："这话是什么意思？"管仲回答说："山林、沼泽和草地，是出产柴薪的地方，也是出产牛羊等祭祀用品的地方。所以，应当让百姓到那里去开发，去追捕渔猎，然后由政府供应他们。对百姓的爱护，能够像弟之与兄，子之与父的关系一样，然后就可以沟通财利，直接相互支援了。因此，再请君上拿出一部分余钱，把它分别存放在各个邑里。阳春，养蚕季节一到，就用这笔钱预借给百姓，作为他们买口粮、买养蚕工具的本钱。这样一来，国家对丝的征收也可以减少一半。如果这样做四方百姓还不来投奔我国，那么还要掌握好六个时机：春天的耕地时机，下一步的收麦时机，再其次的种芋时机，再其次的种麻时机，再其次的除草时机，最后是大雨季节将临、农田的锄草培土时机。抓好这六个时节的农贷，老百姓就将被吸引到我们国都来。善治国者，一向是利用轻重之术，掌握充足的钱物贮备，所以，事件发生不至于混乱。这而后，才可以成就天下的王业。"

【原文】

管子曰："一农不耕，民或为之饥；一女不织，民或为之寒。故事再其本，则无卖其子者；事三其本，则衣食足；事四其本，则正籍给；事五其本，则远近通，死得藏①。今事不能再其本，而上之求焉无止，是使奸涂不可独行，遗财不可包止。随之以法，则是下艾民。食三升，则乡有正②食而盗；食二升，则里有正食而盗；食一升，则家有正食而盗。今操不反之事，而食四十倍之粟，而求民之毋失，不可得矣。且君朝令而求夕具，有者出其财，无有者卖其衣屦，农夫粜其五谷，三分贾而去。是君朝令一怒，布帛流越③而之天下。君求焉而无止，民无以待之，走亡而棲山阜。持戈之士顾不见亲，家族失而不分④，民走于中而士遁于外。此不待战而内败。"

【注释】

①藏：译文从"葬"。②正：译文从"乏"。③流越：流散。④失而不分：指夫妇失散，不能相见。

【译文】

管仲说："一个农民不耕田，人民就有可能挨饿；一个妇女不织布，人民就有可能受冻。农事收益达到工本的两倍，农民就没有卖儿卖女的；三倍，则衣食充足；四倍，则赋税有保证；五倍，则余粮远近流通，死人也得到妥善地安葬。如今农事收益若达不到工本两倍，君主又不停地征收苛捐杂税，那就路有盗贼，单人不敢走路，钱财不敢放在手里了。国家如果再用法律镇压，就等于暗中谋害百姓。五谷中只有三谷成熟，每个乡就会有因饥饿而偷盗的；五谷中只二谷成熟，每个里就会有因饥饿而偷盗的；五谷中只能收到一熟，每个家庭都会有因饥饿而偷盗的了。如果人们老是干着不够本钱的职业，吃着涨价四十倍的口粮，还想要他们不流离失所，是办不到的。加上君上早上下令征税，晚上就限令交齐，有钱人家拿得出来，穷苦人家只好变卖衣物，农民卖粮交税，仅能按十分之三的价钱出售。这就等于国君的朝廷命令一过头，财物就流失于天下了。国君对百姓的征敛没有止境，百姓无力应付，就只好逃亡而进入山林。战士见不到自己亲人，家庭破灭而不能各自存在，平民在国内流亡，而士人逃奔国外，这样，不用战争就会从内部垮台的。"

【原文】

管子曰："今为国有地牧民者，务在四时，守在仓廪。国多财则远者

轻重甲第三十九

·313·

来，地辟举则民留处；仓廪实则知礼节，衣食足则知荣辱。今君躬犁垦田，耕发草土，得其谷矣。民人之食，有人若干步亩之数，然而有饿馁于衢间者何也？谷有所藏也。今君铸钱立币，与民通移，人有百十之数，然而民有卖子者何也？财有所并也。故为人君不能散积聚，调高下，分并财，君虽强本、趣耕、发草、立币而无止，民犹若不足也。"桓公问于管子曰："今欲调高下，分并财，散积聚。不然，则世且并兼而无止，蓄余藏羡而不息，贫贱鳏寡独老不与得焉。散之有道，分之有数乎？"管子对曰："唯轻重之家为能散之耳，请以令轻重之家。"桓公曰："诺。"东车五乘，迎癸乙①于周下原。桓公因与癸乙、管子、宁戚相与四坐，桓公曰："请问轻重之数。"癸乙曰："重籍其民者失其下，数欺诸侯者无权与。"管子差肩而问曰："吾不籍吾民，何以奉车革②？不籍吾民，何以待邻国？"癸乙曰："唯好心为可耳！夫好心则万物通，万物通则万物运，万物运则万物贱，万物贱则万物可因。知万物之可因而不因者，夺于天下。夺③于天下者，国之大贼也。"桓公曰，"请问好心万物之可因？"癸乙曰："有余富无余乘者，责之卿诸侯；足其所，不赂其游者，责之令大夫。若止则万物通，万物通则万物运，万物运则万物贱，万物贱则万物可因矣。故知三准于筴者能为天下，不知三准之同筴者不能为天下。故申之以号令，抗④之以徐疾也，民乎其归我若流水。此轻重之数也。"

【注释】

①癸乙：假托的人名。②革：指甲胄。③夺：流失。④抗：举也。

【译文】

管仲说："现今主持国家拥有土地治理人民的君主，要注重四时农事，保证粮食贮备。国家财力充足，远方的人们就能自动迁来；荒地开发得好，本国的人民才能安心留住。粮食富裕，人们就知道礼节；衣食丰足，人们就懂得荣辱。现在君上亲身示范犁田垦地，开发草土，是可以得到粮食的。人民的口粮，每人也有一定数量的土地保证。然而大街小巷为什么还有挨饿受冻的人呢？这是因为粮食被人囤积起来了。现在君上铸造钱币，人民用来交易，每人也合有几百几十的数目。然而为什么还有卖儿卖女的呢？这是因为钱财被人积聚起来了。所以，作为人君，不能分散囤积的粮食，调节物价的高低，分散兼并的财利，即使他加强农业，督促生产，无休止地开发荒地和铸造钱币，人民也还是要贫穷的。"桓公问管仲说："现在我想调节物价高低，分散兼并的财利，散开囤积的粮食，否则社会上将会无休止地兼并，不停息地积累多余财物，贫贱、鳏寡以及老而无子的人们就将生活无着了。那么，这种'散'和'分'都有什么办法呢？"管仲回答说："只有精通轻重之术的专家能解决这个分散问题，请下令召见精通轻重之术的专家好了。"桓公说："好。"于是束车五乘，从周下原接来癸乙。桓公与癸乙、管仲、宁戚四人坐定。桓公说："请问关于轻重之术？"癸乙说："向人民征税过重，就失掉人民支持；对各国诸侯多次失信，就没有盟国追随。"管仲肩挨肩地问他说："我不向人民征税，用什么供养军队？不向人民征税，靠什么抵御邻国入侵？"癸乙说："只有弄空豪门贵族的积财才行。弄空他们的积财则货物有无相通，有无相通则货物流入市场，流入市场则物价下跌，物价下跌则万物可以利用了。懂得万物可以利用而不用，财货就流失到其他国家，流失到其他国家，是本国的大害。"桓公说："请问弄空豪门贵族的积财而使财货可以利用的做法。"癸乙回答说："国内财货有余但战车不足，就责成卿和附庸诸侯提供出来。个人家资富足但不拿外事费用，就责成令和大夫提供出来。这样财货就可以有无相通，有无相通则财货可以流入市场，流入市场则物价下降，物价下降则财货可以利用。所以，懂得三种调节措施依据同一政策的人，才能够主持天下，不懂就不能主持天下。所以要把这种措施用号令明确起来，配合以缓急合宜的步骤，天下百姓就会像流水般地归附于我们。这就是轻重之术。"

【原文】

桓公问于管子曰："今伐戟①十万，薪菜之靡日虚十里之衍；顿戟一譟②，而靡币之用日去千金之积。久之，且何以待之？"管子对曰："粟贾平四十，则金贾四千。粟贾釜四十则钟四百也，十钟四千也，二十钟者为八千也。金贾四千，则二金中八千也。然则一农之事，终岁耕百亩，百亩之收不过二十钟，一农之事乃中二金之财耳。故粟重黄金轻，黄金重而粟轻，两者不衡立，故善者重粟之贾。釜四百，则是钟四千也，十钟四万，二十钟者八万。金贾四千，则是十金四万也，二十金者为八万。故发号出令，曰一农之事有二十金之策。然则地非有广狭，国非有贫富也，通于发号出令，审于轻重之数然。"

轻重甲第三十九

【注释】

①傅戟：持戟的人，指战士。②顿戟一课：指进行一次作战。

【译文】

桓公问管仲说："现在十万甲兵，每天烧柴与吃菜的消耗可以用掉十里平原的收入；一次战争，每天的费用可以用掉千金的积蓄。久而久之，怎样维持下去？"管仲回答说："粮食的中等价格每釜四十钱，而金价为每斤四千钱。按粮价每釜四十钱计算，每钟才四百，二十钟才是八千钱。金价按每斤四千计算，两斤就是八千钱。这样，一个农民每年耕地百亩，百亩的收成不过二十钟，一个农民的耕作仅合两斤黄金的价值。粮贵黄金就贱，黄金贵粮食就贱，两者涨落刚好相反。所以，善于治国的人就是要提高粮食价格。如每釜提为四百，每钟就是四千钱，十钟四万，二十钟就是八万。金价每斤仍为四千，十斤才是四万，二十斤才八万。这样，君主一发号令，就能使一个农民一年的耕作有了二十斤黄金的收入。由此可见，国土不在广狭，国家不在贫富，关键在于善于发号施令和精通轻重之术。"

【原文】

管子曰："浑然①击鼓，士忿怒；镗然击金，士帅然②。筴桐鼓从之，舆死扶伤，争进而无止。口满用，手满钱，非大父母之仇也，重禄重赏之所使也。故轩冕③立于朝，爵禄不随，臣不为忠；中军④行战，委予之赏不随，士不死其列陈。然则是大臣执于朝，而列陈之士执于赏也。故使父不得子其子，兄不得弟其弟，妻不得有其夫，唯重禄重赏为然耳，故不远道里而能威绝域之民，不险山川而能服有恃之国，发若雷霆，动若风雨，独出独入，莫之能圉。"

【注释】

①浑然：击鼓声。②帅然：肃然。③轩冕：指君主。④中军：指主将。

【译文】

管仲说："咚咚击鼓，战士就愤怒前进；锵锵鸣金，战士就肃然而停。

继续用战鼓驱动他们，则有的战死，有的受伤，不停地争相前进。他们战斗得口角流沫，手满伤痍，并不是重在报父母之仇，而是厚赏重禄使之如此的。所以君主在朝廷上，如果安排的爵禄跟不上，臣下就不肯尽忠；统帅在行军中，如果提供的奖赏跟不上，士卒就不肯死战。由此看来，大臣是被朝廷制约着，而打仗的战士是被奖赏制约着的。所以，要使做父亲的舍得出自己的儿子，做哥哥的舍得出自己的弟弟，做妻子的舍得让丈夫牺牲，唯有重禄重赏才可以做到。能够做到了，将士们就可以不怕远征，而威震边地的臣民；不怕险阻，而征服有险可守的国家；发兵像雷霆一样猛烈，动兵像风雨一样迅速，独出独入，任何力量都抵挡不住。

【原文】

桓公曰："四夷不服，恐其逆政①游于天下而伤寡人，寡人之行为此有道乎？"管子对曰："吴越不朝，珠象而以为币乎！发、朝鲜不朝，请文皮、毡服而为币乎！禺氏不朝，请以白璧为币乎！昆仑之虚不朝，请以璆琳、琅玕②为币乎！故夫握而不见于手，含而不见于口，而辟千金者，珠也；然后，八千里之吴越可得而朝也。一豹之皮，容金而金也；然后，八千里之发、朝鲜可得而朝也。怀而不见于抱，挟而不见于掖③，而辟千金者，白璧也；然后，八千里之禺氏可得而朝也。簪珥而辟千金者，璆琳、琅玕也；然后，八千里之昆仑之虚可得而朝也。故物无主，事无接，远近无以相因，则四夷不得而朝矣。"

【注释】

①逆政：错误的观念。②璆琳、琅玕：皆美玉之名。③掖：同"腋"。

【译文】

桓公说："四夷不肯臣服，他们的错误观念怕会影响天下而使我受害，我们有办法解决么？"管仲回答说："吴国和越国不来朝拜，就用他们所产的珍珠和象牙作为货币。发和朝鲜不来朝拜，就用他们的高贵皮张和皮服作为货币。北方的禺氏不来朝拜，就用他们所产的玉璧作为货币。西方的昆仑虚不来朝拜，就用他们所产的良玉美石作为货币。所以，那种拿在手里或含在口里看不见而价值千金的东西，是珍珠，用它作为货币，八千里外的吴越就可以来臣服朝拜了。一张豹皮，是价值千金的，用它作为货币，八千里外的发和朝鲜就可以来朝拜了。揣在怀里或挟在腋下都不显眼而价值千金的，是白玉，用它作为货币，八千里外的禺氏就来臣服朝拜了。发簪耳饰之类而能价值千金的东西，是良玉璆琳和美石琅玕，用它们作为货币，八千里外的昆仑虚就来朝拜了。所以，对这些宝物若无人主持管理，对各地的经济事业若不去联系，远近各国不能互利，四夷也就不会前来朝拜了。"

轻重乙第四十

【题解】

这是本书专论轻重问题的第二篇专文，本篇共分各自独立的十四节。第一节主张设立土地分级管辖制度。第二节阐述通过控制黄金，解决国家财用。第三节主张让百姓自由经营铁器。第四节主张"见予之所，不见夺之理"。第五节阐述运用轻重之术的治民方法。第六节强调只有运用轻重之术才能"朝天下"。第七节阐述开辟大都市的方法。第八节阐述预许行赏、战胜敌国的计谋。第九节阐述运用轻重之术偿还战争借款。第十节阐述通过征购百姓藏粮解决国用不足。第十一节阐述运用轻重之术招来邻国的粮食。第十二节主张消减商人盈利，发展农业生产。第十三节阐述平衡供求没有定数的道理和掌握物价涨跌的时机。第十四节提出解决货物缺乏的办法。

【原文】

桓公曰，"天下之朝夕可定乎？"管子对曰："终身不定。"桓公曰："其不定之说可得闻乎？"管子对曰："地之东西二万八千里，南北二万六千里。天子中而立，国之四面，面万有余里。民之入正籍者，亦万有余里。故有百倍之力而不至①者，有十倍之力而不至者，有倪而是者②。则远者疏，疾怨上。边竟诸侯受君之怨民，与之为善，缺然不朝，是无子塞其涂。熟谷者③去，天下之可得而霸？"桓公曰："行事奈何？"管子对曰："请与之立壤列天下之旁④，天子中立，地方千里，兼霸之壤三百有余里，佖诸侯度百里，负海子男者度七十里，若此则如胸之使臂，臂之使指也。然则小不能分于民，准徐疾，羡不足，虽在下不为君忧。夫海出沸无止，山生金木无息，草木以时生，器以时靡币，沸水之盐以日消。终则有始，与天壤争，是谓立壤列也。"

【注释】

①不至：指到不了天子所居之地。②有倪而是者：指路途极近。③熟谷者：指精通粮食交易的人。④立壤列天下之旁：指土地分级管辖。

【译文】

桓公说："天下的物价涨跌可以使之停止么？"管仲回答说："永远不应当使之停止。"桓公说："其永远不应使之停止的有关理论，可以讲给我听听么？"管仲回答说："国土的东西距离二万八千里，南北二万六千里。天子在中央，国之四面，每面距离都有一万多里，百姓交纳贡赋远的要走一万多里。因此，有用百倍的劳力而送不到的，有用十倍劳力而送不到的，也有转瞬即到的。距离远的关系也就疏远，怨恨君主。边境诸侯收罗这些怨民，同他们亲善拉拢，以致缺空不来朝拜。这种情况等于是天子自己阻塞了统治的通道。精通粮食经济的官员都走了，还能够掌握天下什么事情？"桓公说："该怎么办？"管仲回答说："请在天下四方建立'壤列'制度，天子在中央，统治地方千里，大诸侯国三百多里，普通诸侯国大约百里，靠海的子爵、男爵大约七十里。这样就像胸使用臂，臂使用指一样方便。那么，小财小利都不会被民侵占，调节供求缓急，利用物价高低，虽在基层也不至给君主带来忧虑了。海不断出产盐，山不断出产金属和木材，草木按时生长，器物按时被消耗，海盐也会随着时间用完。就是完了又会重新开始，与天地的运动变化并行不止，这就是建立了'壤列'制度。"

【原文】

武王问于癸度①曰："贺献不重，身不亲于君；左右不足，友不善于群臣。故不欲收稿②户籍而给左右之用，为之有道乎？"癸度对曰："吾国者衢处之国也，远秸之所通、游客蓄商之所道，财物之所遵。故苟入吾国之粟，因吾国之币，然后，载黄金而出。故君请重重而衡轻轻，运物而相因，则国策可成。故谨毋失其度，未与，民可治？"武王曰："行事奈何？"癸度曰："金出于汝、汉之右衢，珠出于赤野之末光，玉出于禺氏之旁山。此皆距周七千八百余里，其涂远，其至陀。故先王度用于其重，因以珠玉为上币，黄金为中币，刀布为下币。故先王善高下中币，制下上之用，而天下足矣。"

【注释】

①癸度：假托的人名。②收穑：指按亩按户征收租税。

【译文】

周武王曾问癸度说："对天子的献礼不丰厚，天子就不亲近；不能满足左右的要求，又得不到君臣的爱戴。如不想挨家挨户征税又能满足左右的需要，该怎么办呢？"癸度回答说："我国是四通八达的国家，远道交纳赋税从这里通过，游客蓄商从这里经过，资财货物从这里转运。因此，只要他们吃我国的粮食，用我国的货币，然后，总是要用黄金来支付的。所以，君上要提高黄金价格并用来购买降价的普通万物，然后再掌握万物而互相利用，国家的理财政策就成功了。所以，要严肃地不忘记理财的谋划，否则，怎么能治理百姓？"武王说："具体做法如何？"癸度说："黄金产在汝河、汉水的右面一带，珍珠产在赤野的末光，玉产在禺氏的旁山。这些东西都与周朝中央相距七千八百里，路途遥远，运来困难。所以先王分别按其贵重程度考虑使用，把珠玉定为上等货币，黄金定为中等货币，刀布作为下等货币。先王就是妥善掌握黄金价格的高低，用来控制下币刀布和上币珠玉的作用，这就满足天下需要了。"

【原文】

桓公曰，"衡①谓寡人曰：'一农之事必有一耜、一铫。一镰、一镈、一椎、一铚，然后成为农。一车必有一斤、一锯、一釭②、一钻、一凿、一銶、一轲，然后成为车。一女必有一刀、一锥、一箴、一鉥，然后成为女。请以令断山木，鼓山铁。是可以无籍而用尽。'"管子对曰："不可。今发徒隶而作之，则逃亡而不守；发民，则下疾怨上，边竟有兵，则怀宿怨而不战。未见山铁之利而内败矣。故善者不如与民，量其重，计其赢，民得其十，君得其三。有杂之以轻重，守之以高下。若此，则民疾③作而为上虏矣。"

【注释】

①衡：假托的人名。②釭：车轮中受轴的铁制品。③疾：用力。

【译文】

桓公说："衡对我讲：'一个农夫的生产，必须有犁、大锄、镰、小锄、铁锹、短镰等工具，然后才能成为农夫。一个造车工匠，必须有斧、锯、铁钉、钻、凿、钵和轴铁等工具，然后才能成为车匠。一个女工，必须有刀、椎、针、长针等工具，然后才能成为女工。请下令砍伐树木，鼓炉铸铁，这就可以不征税而保证财用充足。'管仲回答说："不可以。如果派罪犯去开山铸铁，那就会逃亡而无法控制。如果征发百姓，那就会怨恨国君；一旦边境发生战事，则必怀宿怨而不肯为国出力。开山冶铁未见其利，而国家反遭'内败'了。所以，良好的办法不如交给民间经营，算好它的产值，计算它的盈利，由百姓分利七成，君主分利三成。国君再把轻重之术运用在这个过程，用价格政策加以掌握。这样，百姓就奋力劳动而甘听君主摆布了。"

【原文】

桓公曰："请问壤数①。"管子对曰："河崡诸侯，亩钟之国也。渍，山诸侯之国也。河崡诸侯常不胜山诸侯之国者，豫戒者也。"桓公曰："此若言何谓也？"管子对曰："夫河崡诸侯，亩钟之国也，故谷众多而不理，固不得有。至于山诸侯之国，则敛蔬藏菜，此之谓豫戒。"桓公曰："壤数尽于此乎？"管子对曰："未也。昔狄诸侯，亩钟之国也，故粟十钟而锱金，程诸侯，山之国也，故粟五釜而锱金。故狄诸侯十钟而不得僌戟②，程诸侯五釜而得僌戟，或十倍而不足，或五分而有余者，通于轻重高下之数。国有十岁之蓄，而民食不足者，皆以其事业望君之禄也。君有山海之财，而民用不足者，皆以其事业交接于上者也。故租籍③，君之所宜得也；正籍④者，君之所强求也。亡君废其所宜得而敛其所强求，故下怨上而令不行。民夺之则怒，予之则喜。民情固然。先王知其然，故见予之所，不见夺之理。故五谷粟米者，民之司命也；黄金刀布者，民之通货也。先王善制其通货以御其司命，故民力可尽也。"

【注释】

①壤数：指利用土地条件的方法。②僌戟：指建立军队。③租籍：指正常征收的税收。④正籍：指额外征收的税收。

【译文】

桓公说："请问适应土地条件的理财方法。"管仲回答说："近河沃土的诸侯国，是亩产一钟的国家。碛，是山地的诸侯国。但近河沃土的诸侯国反而常常赶不上山地诸侯国，这就是由于'预有所备'。"桓公说："这话是什么意思呢？"管仲回答说："近河沃土的诸侯国，是亩产高达一钟的国家，粮多而不加管理，当然不能维持。至于山地的诸侯国，则节约粗米，贮藏蔬菜，这个就叫作'预有所备'。"桓公说："适应土地条件的理财方法就到此为止了么？"管仲回答说："没有。从前有个狄诸侯，是亩产一钟粮食的国家，所以粮食十钟卖价才一镒金。另外有个程诸侯，是山地的诸侯国，所以粮食五釜卖价就是一镒金。问题是狄诸侯十钟而不能建立军队，程诸侯半钟而能建立。有时十倍还不足，有时五分还有余，原因全在于通晓轻重之术和物价高低的理财方法。国家有十年的粮食贮备，而人民的粮食还不够吃，人们就想用自己的事业求取君主的俸禄；国君有经营山海盐铁的大量收入，而人民的用度还不充足，人们就想用自己的事业换取君主的金钱。'租籍'是君主应得的，'正籍'是君主强征的。亡国之君，废其所应得而取其所强征，故百姓怨恨君主而政令无法推行。百姓是予之则喜，夺之则怒，人情无不如此。先王懂得这个道理，所以在给予人民利益时，要求形式鲜明；在夺取人民利益时，则要求不露内情。粮食，是人民生命的主宰；货币，是人民的交易手段。先王就是善于利用流通手段来控制主宰人民生命的粮食，所以就把百姓力量完全使用起来了。"

【原文】

管子曰："泉雨五尺，其君必辱①；食称之国必亡，待五谷者众也。故树木之胜霜露者，不受令于天，家足其所者，不从圣人。故夺然后予，高然后下，喜然后怒，天下可举。"

【注释】

①泉雨五尺，其君必辱：好雨入地五尺，国君就说话不灵。

【译文】

管仲说:"好雨入地五尺,国君就说话不灵;吃食足够的国家,反而必亡。这都是因为手里备有余粮的人多起来了。所以,不怕霜露的树木,不受天的摆布,自家能满足需求的人们,不肯服从君主。所以,先夺取而后给予,先提高物价而后降低,先使百姓不满然后再使之喜悦,天下事就好办了。"

【原文】

桓公曰:"强本节用,可以为存①乎?"管子对曰,"可以为益愈,而未足以为存也。昔者纪氏之国,强本节用者,其五谷丰满而不能理也,四流②而归于天下。若是,则纪氏其强本节用,适足以使其民谷尽而不能理,为天下虏。是以其国亡而身无所处。故可以益愈,而不足以为存。故善为国者,天下下,我高;天下轻,我重;天下多,我寡。然后可以朝天下。"

【注释】

①存:指生存。②四流:流散四方。

【译文】

桓公说:"加强农业,节约开支,就可以使国家不亡么?"管仲回答说:"可以使经济情况更好些,而不能保证不亡。从前,纪氏的国家就是加强农业节约开支的,但粮食丰富而不能经营管理,粮食便流散四方而归于天下各国。这样,纪氏虽加强农业节约开支,但不能经营管理,恰恰使他的百姓粮食外流净尽而成为天下的俘虏。因而他自己也因国亡而无处容身。所以说只能使经济情况更好些,而不能保证不亡。所以善于主持国家的,总是在各国物价降低时,我则使它提高;各国轻视此种商品时,我则重视;各国市场供过于求时,我则通过囤积使之供不应求。这然后就可以统率天下了。"

【原文】

桓公曰:"寡人欲毋杀一士,毋顿一戟,而辟方都①二,为之有道乎?"管子对曰:"泾水十二空,汶、渊、洙、浩满,三之於。乃请以令使九月种麦,日至②日获,则时雨未下而利农事矣。"桓公曰:"诺。"令以九月种麦，日至而获。量其艾，一收之积中方都二。故此所谓善因天时，辨于地利而辟方都之道也。

【注释】

①方都：大都。②日至：夏至。

【译文】

桓公说："我要求不死一人，不动一戟而开凿大蓄水池两个，有办法做到么？"管仲回答说："把小水按地形高下加以控制，汶、渊、洙、浩诸水的水量即可增加三倍。于是请下令九月种麦，翌年夏至收割。这样，在时雨未到之前，就有利于农事灌溉了。"桓公说："可以。"便下令九月种麦，翌年夏至收割。计算收获数量，一年收成的积蓄就等于大蓄水池两个。所以这就是所谓善用天时，明察地利而开凿大蓄水池的方法。

【原文】

管子入复桓公曰："终岁之租金四万二千金，请以一朝素①赏军士。"桓公曰："诺。"以令至鼓期②于泰舟之野期军士。桓公乃即坛而立，宁戚、鲍叔、隰朋、易牙，宾须无皆差肩而立。管子执枹而揖军士曰："谁能陷陈破众者，赐之百金。"三问不对。有一人秉剑而前，问曰："几何人之众也？"管子曰："千人之众。""千人之众，臣能陷之。"赐之百金。管子又曰："兵接弩张，谁能得卒长者，赐之百金。"问曰："几何人卒之长也？"管子曰："千人之长。""千人之长，臣能得之。"赐之百金。管子又曰："谁能听旌旗之所指，而得执将③首者，赐之千金。"言能得者垒千人，赐之人千金。其余言能外斩首者，赐之人十金。一朝素赏，四万二千金廓然虚。桓公惕然④太息曰："吾曷以识此？"管子对曰："君勿患。且使外为名于其内，乡为功于其亲，家为德于其妻子。若此，则士必争名报德，无北之意矣。吾举兵而攻，破其军，并其地，则非特四万二千金之利也。"五子曰："善。"桓公曰："诺。"乃诫大将曰："百人之长，必为之朝礼；千人之长，必拜而送之，降两级。其有亲戚者，必遗之酒四石，肉四鼎；其无亲戚者，必遗其妻子酒三石，肉三鼎。"行教半岁，父教其子，兄教其弟，妻谏其夫，曰："见其若此其厚，而不死列陈，可以反于乡乎？"桓公终举兵攻莱，战于莒必市里。鼓旗未相望，众少未相知，而莱人大遁。故遂破其军，兼其地，而虏其将。故未列⑤地而封，未出金而赏，破莱军，并其地，擒其君。此素赏之计也。

【注释】

①素：无功而赏。②至鼓期：召集鼓旗。③执将：主将。④惕然：惊惧的样子。⑤列：同"裂"。

【译文】

管仲向桓公报告说："全年的租税金额有四万二千斤黄金，请在一天内全部预赏给战士。"桓公说："可以。"便下令准备鼓旗于泰州之野召集军队战士。桓公站在台上，宁戚、鲍叔、隰朋、易牙、宾须无都依次挨肩而立。管仲拿着鼓槌向战士拱手为礼说："谁能陷阵攻破敌众，赏黄金百斤。"三次发问无人回答。有一战士执剑向前询问说："多少敌众呢？"管仲说："千人之众。""千人之众，我可以攻破。"于是赏给他一百斤黄金。然后管仲又发问说："在兵接弩张的交战当中，谁能擒获敌军的卒长，赏黄金百斤。"下面又询问说："是多少人的卒长呢？"管仲说："一千人的卒长。""千人的卒长，我可以擒到。"于是赏给他一百斤黄金。管仲又发问说："谁能按旌旗所指的方向，而得到敌军大将的首级，赏黄金千斤。"回答可以得到的共有十人，每人都赏给一千斤黄金。其余凡自说能够在外杀敌的，都赏给每人黄金十斤。一早上的"预赏"，四万二千斤黄金都用光了。桓公忧惧地叹息说："我怎能理解这项措施呢？"管仲回答说："君上不必忧虑。让战士在外荣显于乡里，在内报功于双亲，在家树德于妻子，这样，他们必然要争取名声，图报君德，没有败退之心了。我们举兵作战，能够攻破敌军，占领敌人土地，那就不只限于四万二千金的利益了。"五人都说："好。"桓公也接着说："可以。"于是又告诫军中大将们说："凡统领百人的军官拜见你们时，一定要按访问的礼节相待；统领千人的军官拜见你们时，一定要下阶两级拜而送之。他们有父母的，一定要赏给酒四石、肉四鼎。没有父母的，一定要赏给妻子酒三石，肉三鼎。"这个办法实行才半年，百姓中父亲告诉儿子，兄长告诉弟弟，妻子劝告丈夫，说："国家待我们如此优厚，若不死战于前线，还可以回到乡里来么？"桓公终于举兵攻伐莱国，作战于莒地的必市里。结果旗鼓还没有互相看到，军队多少还没有互相了解，莱国军队就大败而逃。于是便破其军队，占其土地而虏其将领。因此，还没有等到拿出土地封赏，也没有等到拿出黄金行赏，便攻破了莱国的队伍，吞并了莱国的土地，擒获了他们的国君。这便是预先行赏的计策。

【原文】

桓公曰："曲防之战，民多假贷而给上事者。寡人欲为之出赂①，为之奈何？"管子对曰："请以令，令富商蓄贾百符而一马，无有者取于公家。若此，则马必坐长而百倍其本矣。是公家之马不离其牧皂②，而曲防之战赂足矣。"

【注释】

①出赂：指出钱偿还贷款。②牧皂：指养马槽。

【译文】

桓公说："曲防战役时，百姓有很多借债来供给国家军费的，我想替他们出钱偿还，该怎么办呢？"管仲回答说："请您下令：令富商蓄贾凡握有百张债券的献马一匹，无马者可以向国家购买。这样，马价一定自然上涨到百倍之多。这也就是说，国家的马匹还没有离开马槽，曲防战役的费用就足够偿还了。"

【原文】

桓公问于管子曰："崇弟、蒋弟①，丁、惠之功世，吾岁罔，寡人不得籍斗升焉，去。菹菜、咸卤、斥泽、山间堟壏不为用之壤，寡人不得籍斗升焉，去一。列稼缘封十五里之原，强耕而自以为落，其民寡人不得籍斗升焉。则是寡人之国，五分而不能操其二，是有万乘之号而无千乘之用也。以是与天子提衡，争秩于诸侯，为之有道乎？"管子对曰："唯籍于号令为可耳。"桓公曰，"行事奈何？"管于对曰："请以令发师置屯籍农，十钟之家不行，百钟之家不行，千钟之家不行。行者不能百之一，千之十，而囷窌之数皆见于上矣。君案囷窌之数，令之曰：'国贫而用不足，请以平价取之子，皆案囷窌②而不能挹损③焉。'君直币之轻重以决其数，使无券契之责，则积藏囷窌之粟皆归于君矣。故九州无敌，竟上无患。"令曰④："罢师归农，无所用之。"管子曰："天下有兵，则积藏之粟足以备其粮；天下无兵，则以赐贫氓，若此则菹菜、咸卤、斥泽、山间堰壏不为用之壤无不发草：此之谓籍于号令。"

【注释】

①崇弟、蒋弟：假托的姓氏。②囷窌：圆仓和藏谷的地窖。③把损：指加减，谓所存之数。④令曰：译文从"公曰"。

【译文】

桓公问管仲说："崇弟、蒋弟、丁、惠等四家功臣的后裔，我是全年得不到他们什么东西的，不能征收一斗一升的租税，这项收入要除掉。荒草地、盐碱地、盐碱水泽及高低不平的山地，我也不能征收到一斗一升。这项收入又要除掉。庄稼布满在边境十五里的平原上，但这是一些人强行耕种而自建的村落，对他们我也不能征收到一斗一升。这就是说，我的国家，五分收入还不能掌握二分，简直是有万乘之国的名，而没有千乘之国的实。以这样的条件同天子并驾齐驱，同诸侯争夺地位，有什么办法吗？"管仲回答说："只有在号令上想办法才行。"桓公说："做法如何？"管仲回答说："请下令派遣军队去边疆屯田务农，但规定家存十钟粮食的可以不去，家存百钟粮食的可以不去，家存千钟的更可以不去。这样，去的人不会有百分之一或千分之十，而各家粮仓的存粮数字则全部被国家知道了。君上再根据各家的数字发令说：'朝廷困难而财用不足，要按照平价向你们征购粮食。你们要按照粮仓的数字完全售出而不得减少。'然后，君上按照所值货币的多少来算清钱数付款，使国家不再拖欠购粮单据上的债务。这就使各家粮仓积藏的存粮全部归于国君了。这样，就可以做到九州无敌，国境安全无患。"桓公说："罢兵归农，这些粮食岂不没有用处么？"管仲说："一旦天下发生战争，则贮备的粮食可以作为军粮；天下无事，则用来帮助贫困的百姓，这样，荒草地、盐碱地、盐碱水泽以及高低不平的山地，就没有不开辟耕种的了。这些做法叫作在号令上谋取国家收入。"

【原文】

管子曰："滕鲁之粟釜百①，则使吾国之粟釜千；滕鲁之粟四流而归我、若下深谷者。非岁凶而民饥也，辟②之以号令，引之以徐疾，施平其归我若流水。"

【注释】

①釜百：一釜百钱。②辟：招引。

【译文】

管仲说："滕国和鲁国的粮食每釜一百钱，假如把我国粮价提高为每釜一千钱，滕、鲁的粮食就将从四面向我国流入，有如水向深谷里面流一样。这并不是因为我们有灾荒而百姓饥饿，而是运用了号令来招引，利用供求缓急来引导，粮食就不断地像流水一样来到我国了。"

【原文】

桓公曰："吾欲杀正商贾①之利而益农夫之事，为此有道乎？"管子对曰："粟重而万物轻，粟轻而万物重，两者不衡立。故杀正商贾之利而益农夫之事，则请重粟之价金三百。若是则田野大辟，而农夫劝其事矣。"桓公曰："重之有道乎？"管子对曰："请以令与大夫城藏，使卿、诸侯藏千钟，令大夫藏五百钟，列大夫藏百钟，富商蓄贾藏五十钟，内可以为国委②，外可以益农夫之事。"桓公曰："善。"下令卿诸侯令大夫城藏。农夫辟其五谷，三倍其贾。则正商失其事，而农夫有百倍之利矣。

【注释】

①杀正商贾：削减商人赢利。②委：堆积。

【译文】

桓公说："我想削减商人赢利而帮助农民生产，有办法么？"管仲回答说："粮价高，其他物资的价格就低；粮价低，其他物资的价格就高。两者升降的趋势相反。所以要削减商人赢利而帮助农民生产，就请把每釜粮食的价格提高三百钱。如此则荒地广为开垦，农夫也努力耕种了。"桓公说："提高粮价用什么方法？"管仲回答说："请命令大夫们都来存粮，规定卿和附庸诸侯贮藏一千钟，令大夫贮藏五百钟，列大夫贮藏百钟，富商蓄贾贮藏五十钟。内可以作为国家的贮备，外可以帮助农民的生产。"桓公说："好。"便下令卿诸侯、令大夫等人贮藏粮食。农民们大种五谷，粮价提高三倍，专事经商的商人几乎亏本，而农民得有百倍的赢利。

【原文】

桓公问于管子曰："衡①有数乎？"管子对曰："衡无数也。衡者使物一高一下，不得常固。"桓公曰："然则衡数不可调耶？"管子对曰："不可调。调则澄②，澄则常，常则高下不贰，高下不贰，则万物不可得而使固。"桓公曰："然则何以守时？"管子对曰："夫岁有四秋，而分有四时③。故曰：农事且作，请以什伍农夫赋耜铁，此之谓春之秋。大夏且至，丝纩之所作，此之谓夏之秋。而大秋成，五谷之所会，此之谓秋之秋。大冬营室中，女事纺绩缉缕之所作也，此之谓冬之秋。故岁有四秋，而分有四时。已有四者之序，发号出令，物之轻重相什而相伯。故物不得而常固。故曰衡无数。"

【注释】

①衡：平衡供求关系。②澄：静止。③分有四时：分别属于四个季节。

【译文】

桓公问管仲说："平衡供求有定数么？"管仲回答说："平衡供求没有定数。平衡供求，就是要使物价有高有低，不经常固定在一个数字上。"桓公说："那么，平衡供求的数字就不能调整划一了么？"管仲回答说："不能调整划一，调整划一就静止了，静止则没有变化，没有变化则物价升降没有差别，没有差别各种商品都不能被我们掌握利用了。"桓公说："那么，怎样掌握物价升降的时机？"管仲回答说："一年有四个取得收益的时机，分在四季。就是说，农事刚开始时，让农民按什、伍互相担保，向他们预售农具，这叫作春天的时机。大夏将到，是织丝绸做丝絮的时节，这叫作夏天的时机。而到了大秋，是五谷收获的时节，这叫作秋天的时机。大冬在室内劳动，是妇女纺织的时节，这叫作冬天的时机。所以，一年有四个取得收益时机，恰好分在四季，既然了解这四时的顺序，就可以运用国家号令，使物价有十倍、百倍的升降。所以，物价不能经常固定于一点。所以说，不同时期的平衡供求没有定数。"

【原文】

桓公曰，"皮、干、筋、角、竹、箭、羽、毛、齿、革不足，为此有道乎？"管子曰："惟曲衡之数为可耳。"桓公曰，"行事奈何？"管子对曰："请以令为诸侯之商贾立客舍，一乘者有食，三乘者有刍菽①，五乘者有伍养②。天下之商贾归齐若流水。"

【注释】

①刍菽：喂牲口的饲料。②养：指供役使的人。

【译文】

桓公说："我国缺少皮、骨、筋、角、竹箭、羽毛、象牙和皮革等项商品，有办法解决么？"管仲回答说："只有多方收购的办法才行。"桓公说："具体做法如何？"管仲回答说："请下令为各诸侯国的商人建立招待客栈，规定拥有四马所驾一车的商人，免费吃饭；有十二匹马三辆车的商人，还外加供应牲口草料；有二十匹马所驾五辆大车的商人，还给他配备五个服务人员。天下各国的商人就会像流水一样聚到齐国来。"

轻重丁第四十一

【题解】

　　这是本书专论轻重问题的第四篇专文，共分为各自独立的十五节。第一节阐述石璧生产。第二节阐述菁茅生产。第三节阐述为四方人民偿还高利贷债务的计谋。第四节阐述莱人失利于周人的原因。第五节阐述用齐东丰收救助齐西水灾的方法。第六节阐述避免商贾得利的方法。第七节阐述威慑天下诸侯的计策。第八节阐述利用天灾索取天下财物的计策。第九节阐述用惩罚手段使功臣之家实行仁义的政策。第十节阐述用表彰方法使放高利贷者放弃债权的计谋。第十一节阐述使农民逐渐富裕的政策。第十二节阐述使百姓专门务农的计谋。第十三节阐述使百姓普遍藏粮的计谋。第十四节阐述控制农事开始的时机。第十五节阐述如何解决齐国土地贫乏的矛盾。

【原文】

　　桓公曰："寡人欲西朝天子而贺献不足，为此有数乎？"管子对曰："请以令城阴里，使其墙三重而门九袭。因使玉人刻石而为璧，尺者万泉①，八寸者八千，七寸者七千，珪②中四千，瑗中五百。"璧之数已具，管子西见天子曰："弊邑之君欲率诸侯而朝先王之庙，观于周室。请以令使天下诸侯朝先王之庙，观于周室者，不得不以彤弓石璧。不以彤弓石璧者，不得入朝。"天子许之曰："诺。"号令于天下。天下诸侯载黄金、珠玉、五谷、文采、布泉输齐以收石璧。石璧流而之天下，天下财物流而之齐。故国八岁而无籍，阴里之谋也。

【注释】

　　①万泉：万钱。②珪：瑞信之物。

【译文】

桓公说："我想西行朝拜天子而贺献费用不足，解决这个问题有办法么？"管仲回答说："请下令在阴里筑城，要求有三层城墙，九道城门。利用此项工程使玉匠把齐国产的菑石雕刻成石璧，一尺的定价为一万钱，八寸的定为八千，七寸的定为七千，石珪值四千，石瑗值五百。"石璧如数完成后，管仲就西行朝见天子说："敝国之君想率领诸侯来朝拜先王宗庙，观礼于周室。请发布命令，要求天下诸侯凡来朝拜先王宗庙并观礼于周室的，都必须带上彤弓和石璧。不带彤弓石璧者不准入朝。"周天子答应说："可以这样做。"便向天下各地发出了号令。天下诸侯都运载着黄金、珠玉、粮食、彩绢和布帛到齐国来购买石璧。齐国的石璧由此流通于天下，天下的财物归于齐国。所以，齐国八年没有征收赋税，就是这个阴里之谋的作用。

【原文】

桓公曰："天子之养不足，号令赋于天下则不信①诸侯，为此有道乎？"管子对曰："江淮之间，有一茅而三脊䓣至其本，名之曰菁茅。请使天子之吏环封而守之。夫天子则封于太山，禅于梁父。号令天下诸侯曰：'诸从天子封于太山、禅于梁父者，必抱菁茅一束以为禅籍。不如令者不得从。'"天子下诸侯载其黄金，争秩②而走。江淮之菁茅坐长而十倍，其贾一束而百金。故天子三日即位③，天下之金四流而归周若流水。故周天子七年不求贺献者，菁茅之谋也。

【注释】

①信：信服。②争秩：指争先恐后。③即位：就座，不肯离席。

【译文】

桓公说："周天子财用不足，凡下令向各国征收，都不得诸侯响应，解决这个问题有办法么？"管仲回答说："长江、淮河之间，出一种三条脊梗直贯到根部的茅草，名叫'菁茅'。请使周天子的官吏把菁茅产地的四周封禁并看守起来。天子总是要在泰山祭天，在梁父山祭地的。可以向天下诸侯下令说：'凡随从天子在泰山祭天、在梁父山祭地的，都必须携带一捆菁茅作为祭祀之用的垫席。不按照命令行事的不得随从前往。'"天下诸侯便都载运着黄金争先恐后地奔走求购。江淮的菁茅价格上涨十倍，一捆可以卖到百金。所以周天子在朝中仅仅三天，天下的黄金就从四面八方像流水一样聚来。因此，周天子七年没有索取诸侯的贡品，就是这个菁茅之谋的作用。

【原文】

桓公曰："寡人多务，令衡籍吾国之富商、蓄贾、称贷家，以利吾贫萌、农夫，不失其本事。反此①有道乎？"管子对曰："唯反之以号令为可耳。"桓公说："行事奈何？"管子对曰："请使宾胥无驰而南，隰朋驰而北，宁戚驰而东，鲍叔驰而西。四子之行定，夷吾请号令，谓四子曰：'子皆为我君视四方称贷之间，其受息之氓几何千家，以报吾。'"鲍叔驰而西，反报曰："西方之氓者，带济负河②，菹泽之萌也。渔猎取薪蒸而为食。其称贷之家多者千钟，少者六、七百钟。其出之，钟也一钟。其受息之萌九百余家。"宾胥无驰而南。反报曰："南方之萌者，山居谷处，登降之萌③也。上斫轮轴，下采杼栗，田猎而为食。其称贷之家多者千万，少者六、七百万。其出之，中伯伍也。其受息之萌八百余家。"宁戚驰而东，反报曰："东方之萌，带山负海，若处，上断福，渔猎之萌也。治葛缕而为食。其称贷之家柬丁、惠、高、国，多者五千钟，少者三千钟。其出之，中钟五釜也。其受息之萌八、九百家。"隰朋驰而北。反报曰："北方之萌者，衍处负海，煮泲水为盐，梁济取鱼④之萌也。薪食。其称贷之家多者千万，少者六、七百万。其出之，中伯二十也。受息之氓九百余家。凡称贷之家出泉三千万，出粟三数千万钟。受子息民三万家。"四子已报，管子曰："不弃我君之有萌，中一国而五君之正也，然欲国之无贫，兵之无弱，安可得哉？"桓公曰："为此有道乎？"管子曰："惟反之以号令为可。请以令贺献者皆以镂枝兰鼓，则必坐长什倍其本矣，君之栈台之职亦坐长什倍。请以令召称贷之家，君因酌之酒，太宰行觞。桓公举衣而问⑤曰：'寡人多务，令衡籍吾国。闻子之假贷吾贫萌，使有以终其上令。寡人有镂枝兰鼓，其贾中纯万泉也。愿以为吾贫萌决其子息之数，使无券契之责。'称贷之家皆齐首而稽颡曰：'君之忧萌至于此！请再拜以献堂下。'桓公曰：'不可。子使吾萌春有以倳耜，夏有以决芸。寡人之德子无所宠，若此而不受，寡人不得于心。'故称贷之家皆再拜受。所出栈台之职，未能三千纯也，而决四方子息之数，使无券契之责。四方之萌闻之，父教其子，兄教其弟曰：'夫垦田发务，上之所急，可以无庶乎？君之忧我至于此！'此之谓反准⑥。"

【注释】

①反此：与此相反。②带济负河：依托河水，背靠黄河。③登降之萌：山居须登，谷处须降。④梁济取鱼：指梁于济水中以捕其鱼也。⑤举衣而问：指摄衣起立而问，表示尊敬宾客之意。⑥反准：返回平准，指提高物价以偿还民债之意。

【译文】

桓公说："我需要办理的事情很多，只好派官向富商蓄贾和高利贷者征收赋税，来帮助贫民和农夫维持农事。但若改变这种办法，还有别的出路么？"管仲回答说："只有运用号令来改变这种办法才行。"桓公说："具体做法如何？"管仲回答说："请把宾须无派到南方，隰朋派到北方，宁戚到东方，鲍叔到西方。四人的派遣一定下来，我就对他们宣布号令说：'你们都去为国君调查四方各放贷地区的情况，调查那里负债的人有多少千家，回来向我报告。'"鲍叔驰到了西方，回来报告说："西部的百姓，是住在济水周围、大海附近、草泽之地的百姓。他们以渔猎打柴为生。那里的高利贷者多的放债有千钟粮食，少的有六、七百钟。他们放债，借出一钟粮食收利一钟。那里借债的贫民有九百多家。"宾须无驰车去了南方，回来报告说："南方的百姓，是住在山上谷中、登山下谷的百姓。他们以砍伐木材，采摘橡栗，从事狩猎为生。那里的高利贷者多的放债有一千万，少的有六、七百万。他们放债，利息相当百分之五十。那里借债的贫民有八百多家。"宁戚驰车去了东方，回来报告说；"东方的百姓，是居山靠海，地处山谷，上山伐木，并从事渔猎的百姓。他们以纺织葛藤粗线为生。那里的高利贷者有丁、惠、高、国四家，多的放债有五千钟粮食，少的有三千钟。他们放债，是借出一钟粮食，收到五釜。那里借债的贫民有八、九百家。"隰朋驰车到了北方，回来报告说："北方的百姓，是住在水泽一带和大海附近，从事煮盐或在济水捕鱼的百姓。他们也依靠打柴为生。那里的高利贷者，多的放债有一千万，少的有六、七百万。他们放债，利息相当百分之二十。那里借债的贫民有九百多家。"上述所有高利贷者，共放债三千万钱，三千万钟左右的粮食。借债贫民三千多家。四位大臣报告完毕，管仲说："想不到我国的百姓在一个国家中而有五个国君的征敛，这样还想国家不穷，军队不弱，怎么可能呢？"桓公说："有办法解决么？"管仲说："只有运用号令来改变这种情况才行。请命令前来朝拜贺献的，都须献来织有'镰枝兰鼓'花纹的美锦，美锦的价格就一定上涨十倍。君上在栈台所藏的同类美锦，也会涨价十倍。再请下令召见高利贷者，由君上设宴招待。太宰敬酒后，桓公便提衣起立而问大家：'我需要办理的事情很多，只好派官在国内收税。听说诸位曾把钱、粮借给贫民，使他们得以完成纳税任务。我藏有'镰枝兰鼓'花纹的美锦，每正价值万钱，我想用它来为贫民们偿还本息，使他们免除债务负担。'高利贷者都将俯首下拜说：'君上如此关怀百姓，请允许我们把债券捐献于堂下就是了。'桓公再说：'那可不行。诸位使我国贫民春得以耕，夏得以耘，我感谢你们，无所奖励，这点东西都不肯收，我心不安。'这样，高利贷者们都会再拜而接受了。国家拿出栈台的织锦还不到三千纯，便清偿了四方贫民的本息，免除了他们的债务。四方贫民听到后，一定会父告其子，兄告其弟说：'种田除草，是君主的迫切要求，我们还可以不用心么？'国君对我们的关怀一至于此！'这套办法就叫作'反准'的措施。"

【原文】

管子曰："昔者癸度①居人之国，必四面望于天下②，天下高亦高。天下高我独下，必失其国于天下。"桓公曰："此若言曷谓也？"管子对曰："昔莱人善染。练茈之于莱纯锱，绢绶之于莱亦纯锱也。其周中十金。莱人知之，闻纂茈空。周且敛马，作见于莱人操之，莱有推马。是自莱失纂茈而反准于马也。故可因者因之，乘者乘之，此因天下以制天下。此之谓国准③。"

【注释】

①癸度：假托的人名。②四面望于天下：指随时注意国内及国际之经济情况。③国准：指国际贸易平衡。

【译文】

管仲说："从前癸度到一个国家，一定要从四面八方调查外国情况，天下各国物价高，本国也应高。如果各国物价高而本国独低，必然被天下各国把本国吞掉。"桓公说："这话是什么意思呢？"管仲回答说："从前莱国擅长染色工艺，紫色的绢在莱国的价钱一纯只值一锱金子，紫青色的丝绦也是一纯值一锱金子。而在周地则价值十斤黄金。莱国商人知道后，很快把紫绢紫丝收购一空。周国却拿出票据作为抵押，从莱国商人手里把紫绢收购起来，莱国商人只握有等于货币的票据。这是莱国自己失掉了收集起来的紫绢，而只好用票据收回钱币了。因此，可以利用就要利用，可以掌握就要掌握，这就是周人利用天下来控制天下的情况。这也叫作国家的平准措施。"

【原文】

桓公曰："齐西水潦而民饥，齐东丰庸①而粜贱，欲以东之贱被西之贵，为之有道乎？"管子对曰："今齐西之粟釜百泉，则鏂二十也。齐东之粟釜十泉，则鏂二钱也。请以令籍人三十泉，得以五谷菽粟决其籍。若此，则齐西出三斗而决其籍，齐东出三釜而决其籍。然则釜十之粟皆实子仓廪，西之民饥者得食，寒者得衣；无本者予之陈，无种者予之新。若此，则东西之相被，远近之准平矣。"

【注释】

① 庸：指丰富而足用。

【译文】

桓公说："齐国西部发生水灾而人民饥荒，齐国东部五谷丰足而粮价低廉。想用东部低廉的粮食来补助西部昂贵的粮食，有办法吗？"管仲回答说："现在西部的粮价每釜百钱，每鏂就是二十钱。东部的粮食每釜十钱，每鏂只是二钱。请下令向每一口人征税三十钱，并要用粮食来缴纳。这样，齐国西部每人出粮三斗就可以完成，齐国东部则要拿出三釜。那么，一釜仅卖十钱的齐东粮食就全都进入您的粮仓了。西部的百姓也就可以饥者得食，寒者得衣，无本者国家贷予陈粮，无种者国家贷予新粮了。这样，东西两地得以相互补助，远近各方也就得到调节了。"

【原文】

桓公曰："衡数吾已得闻之矣，请问国准。"管子对曰："孟春且至，沟渎阮而不遂，溪谷报上之水不安于藏，内毁室屋，坏墙垣，外伤田野，残禾稼。故君谨守泉金之谢物，且为之举。大夏，帷盖衣幕①之奉不给，谨守泉布②之谢物，且为之举。大秋，甲兵求缮，弓弩求弦，谨守丝麻之谢物，且为之举。大冬，任甲兵，粮食不给，黄金之赏不足，谨守五谷黄金之谢物，且为之举。已守其谢，富商蓄贾不得如故。此之谓国准。"

【注释】

①帷盖衣幕：都指军用品，乃是女工所织。②泉布：译文从"帛布"。

【译文】

桓公说："平衡供求的理财方法我已经知道了，请问关于国家的平准措施。"管仲回答说："初春一到，沟渠堵塞不通，溪谷堤坝里的水泛滥成灾，内则毁坏房屋、墙垣，外则损害田地、庄稼。因此，国家应注意百姓为上交水利费用而抛卖的物资，并把它收购起来。夏季，兵车的帷盖衣幕供应不足。国家应注意百姓为上交布帛而抛卖的物资，并把它收购起来。秋季，盔甲兵器要修缮，弓弩要上弦。国家要注意百姓为上交丝麻而抛卖的物资，并把它收购起来。冬季，雇人做盔甲兵器，粮食供应不足，黄金赏赐不足，国家应注意百姓为上交粮食、黄金而抛卖的物资，并把它收购起来。国家把这些物资掌握起来以后，富商蓄贾就无法施其故伎了。这就是国家的平准措施。"

【原文】

龙斗于马谓之阳，牛山之阴。管子入复于桓公曰："天使使者临君之郊，请使大夫初饬，左右玄服，天之使者乎！"天下闻之曰："神哉，齐桓公！天使使者临其郊。"不待举兵，而朝者八诸侯，此乘天威而动天下之道也。故智者役使鬼神，而愚者信之。

【译文】

龙在马渎南面、牛山北面搏斗。管仲向桓公报告说："上天派使者来到城郊，请让大夫穿上黑服，左右随员也穿上黑服，去迎接天使好了！"天下各国听到以后说："神哉，齐桓公，上天都派使者来到他的城郊！"还没有等到齐国动兵，来朝者就有八国诸侯。这就是利用天威来震动天下各国的办法。可见，智者可以役使鬼神而使愚者信服。

【原文】

桓公终神①，管子入复桓公曰："地重，投之哉兆，国有恸。风重，投之哉兆。国有枪星，其君必辱；国有彗星，必有流血。浮丘之战，彗之所出，必服天下之仇。今彗星见于齐之分，请以令朝功臣世家，号令于国中曰：'彗星出，寡人恐服天下之仇。请有五谷菽粟、布帛文采者，皆勿敢左右②。国且有大事，请以平贾取之。'功臣之家、人民百姓皆献其谷菽粟泉金，归③其财物，以佐君之大事。此谓乘天菑而求民邻财之道也。"

【注释】

①终神：指祭神完毕。②勿敢左右：指不得自由买卖。③归：同"馈"。

【译文】

桓公祭神完毕，管仲向桓公报告说："地震是瘟疫的先兆。国家会发生不幸。发生风暴，也是瘟疫的先兆。国家若出现枪星，其国君必将受辱；若出现彗星，必然有流血之事。浮丘战役，彗星就曾出现，因而必须对付天下的敌人。现在彗星又出现在齐国地界，请下令召集功臣世家，并向全国发布号令说：'现在彗星出现，我恐怕又要出兵对付天下的仇敌，存有五谷寂米、布帛彩绢的人家，都不得私自处理。国家将有战事，要按照平价由国家收购。'功臣之家和居民百姓都把他们的粮食、钱币与黄金呈献出来，无偿提供他们的财物来支援国家大事。这乃是利用天的灾异求取民财的办法。"

【原文】

桓公曰："大夫多并①其财而不出，腐朽五谷而不散。"管子对曰："请以令召城阳大夫而请之。"桓公曰："何哉？"管子对曰："'城阳大夫，壁宠②被絺绤③，鹅鹜含余，齐钟鼓之声，吹笙簧，同姓不入④，伯叔父母、远近兄弟皆寒而不得衣，饥而不得食。子欲尽忠于寡人，能乎？故子毋复见寡人。'灭其位，杜其门而不出。"功臣之家，皆争发其积藏，出其资财，以予其远近兄弟。以为未足，又收国中之贫病、孤独、老不能自食之萌，皆与得⑤焉。故桓公推仁立义，功臣之家，兄弟相戚，骨肉相亲，国无饥民。此之谓缪数。

【注释】

①并：藏也。②嬖宠：指宠妾。③缔绤：精致的丝绸。④同姓不入：同一族姓之人也不能参加。⑤与得：指分得资财。

【译文】

桓公说："许多大夫都隐藏他们的财物而不肯提供出来，粮食烂了也不肯散给贫民。"管仲回答说："请下令召见城阳大夫并对他进行谴责。"桓公说："怎样对他谴责呢？"管仲回答说："这样讲：'城阳大夫，你姬妾穿着高贵的衣服，鹅鸭有吃不完的剩食，鸣钟击鼓，吹笙奏簧，同姓进不了你的家门，伯叔父母远近兄弟也都寒不得衣，饥不得食。你这样还能尽忠于我么？你再也不要来见我了。'然后免掉他的爵位，封禁门户不许他外出。"这样一来，功臣之家都争着动用积蓄，拿出财物来救济远近兄弟。这还感到不够，又收养国内的贫、病、孤、独、老年等不能自给的人，使之得有生计。所以，桓公推仁行义，功臣世家也就兄弟关心，骨肉亲爱，国内没有饥饿的人民了。这就叫作"缪数"。

【原文】

桓公曰："峥丘之战，民多称贷，负子息，以给上之急，度上之求。寡人欲复业产，此何以洽？"管子对曰："惟缪数①为可耳。"桓公曰："诺。"令左右州曰，"表称贷之家，皆垩②白其门而高其闾。"州通之师③执折箓曰："君且使使者。"桓公使八使者式璧而聘之，以给盐菜之用。称贷之家皆齐首稽颡而问曰："何以得此也？"使者曰："君令曰：'寡人闻之《诗》曰：恺悌④君子，民之父母也。寡人有峥丘之战，吾闻子假贷吾贫萌，使有以给寡人之急，度寡人之求，使吾萌春有以倳耜，夏有以决芸，而给上事，子之力也。是以式璧而聘子，以给盐菜之用。故子中民之父母也。'"称贷之家皆折其券而削其书，发其积藏，出其财物，以赈贫病。分其故赍，故国中大给，峥丘之谋也。此之谓缪数。

【注释】

①缪数：巧诈的方法。②垩：粉刷。③通之师：以事汇报于乡师。④恺悌：和乐平易的样子。

【译文】

桓公说："峥丘那次战役，许多百姓都借债负息，以此来满足国家的急需，交上国家的摊派。我想恢复他们的生产，这应当如何解决？"管仲回答说："只有实行'缪数'才可以。"桓公说："好。"便命令左右各州说："要表彰那些放债的人家，把他们的大门一律粉刷，把他们的里门一律加高。"州长又报告乡师并拿着放债人的名册说："国君将派遣使者下来拜问。"桓公果然派八名使者送来玉璧来聘问，谦说给一点微薄的零用。放债者俯首叩头而询问说："我们为什么得此厚礼呢？"使者说："君令这样讲：'寡人听到《诗经》说：和易近人的君子，是人民的父母。寡人曾遇到峥丘的战役，听说你们借债给贫民，让他满足了我的急用，交上了我的摊派。使我的贫民春能种，夏能耘，而供给国家需要，这是你们的功绩。所以带着各种玉璧来送给你们，作为微薄的零用。你们真是等于百姓的父母了。'"放债的人家都就此毁掉了债券和借债文书，献出他们的积蓄，拿出他们的财物，赈济贫病百姓。分散了他们积累的资财，因此全国大大丰足起来，这都是峥丘之谋的作用。这个也叫作"缪数"。

【原文】

桓公曰："四郊之民贫，商贾之民富，寡人欲杀①商贾之民以益四郊之民，为之奈何？"管子对曰："请以令决瓌洛之水，通之杭庄之间。"桓公曰："诺。"行令未能一岁，而郊之民殷然②益富，商贸之民廓然③益贫。桓公召管子而问曰："此其故何也？"管子对曰："瓌洛之水通之杭庄之间，则屠酤④之汁肥流水，则蚊虻巨雄、翡燕小鸟皆归之，宜昏饮，此水上之乐也。贾人蓄物而卖为雠，买为取，市未央毕⑤，而委舍其守列，投蚊蛇巨雄；新冠五尺，请挟弹怀丸游水上，弹翡燕小鸟，被于暮。故贱卖而贵买，四郊之民卖贱，何为不富哉？商贾之人，何为不贫乎？"桓公曰："善。"

【注释】

①杀：削减。②殷然：满盈的样子。③廓然：空寂貌。④屠酤：屠户和酒家。⑤市未央毕：指买卖尚未完成半数。

【译文】

桓公说:"四境的农民穷,商人富,我想要削减商人财利以增补农民,应该怎么办?"管仲回答说:"请下令疏通洼地积水,使它流进两条大街的中间地区。"桓公说:"可以。"行令不到一年,农民果然逐步富裕起来,商人果然逐步贫穷了。桓公召见管仲询问说:"这是什么原因呢?"管仲回答说:"疏通洼地的积水,使它流进两条大街中间,屠户和酒馆的油水就都流到水里来,蚊母鸟那样的大鸟和弱燕那样的小鸟全都飞集此处,宜于黄昏饮酒,这是一种水上的行乐。商人带着货物,销售则急于脱手,收购则急于买进,买卖未完而提早结束,离开货摊,捕捉蚊母之类的大鸟去了。刚成年的青年,也都争先恐后地挟弹怀丸往来于水上,弹打翡翠、燕子一类小鸟,直到夜晚方休。因此就出现商人贱卖贵买的局面。农民则相应卖贵而买贱,怎能不富呢?商人又怎能不穷呢?"桓公说:"好。"

【原文】

桓公曰:"五衢之民,衰然①多衣弊而屦穿,寡人欲使帛、布、丝、纩之贾贱,为之有道乎?"管子曰:"请以令沐途旁之树枝,使无尺寸之阴。"桓公曰:"诺。"行令未能一岁,五衢之民皆多衣帛完屦。桓公召管子而问曰:"此其何故也?"管子对曰:"途旁之树,未沐之时,五衢之民,男女相好往来之市者,罢市,相睹树下,谈语终日不归。男女当壮②,扶辇推舆,相睹树下,戏笑超距,终日不归。父兄相睹树下,论议玄语③,终日不归。是以田不发,五谷不播,桑麻不种,玺缕不治。内严一家而三不归,则帛、布、丝、纩之贾安得不贵?"桓公曰:"善。"

【注释】

①衰然:指贫困。②当壮:指丁壮。③玄语:说话不切实际。

【译文】

桓公说:"五方百姓太穷,多是衣敝而鞋破,我想使帛、布、丝、絮的价钱低下来,有办法么?"管仲说:"请下令把路旁树枝剪去,要使它没有尺寸的树荫。"桓公说:"可以。"行令不到一年,所有五方百姓多数是身穿帛衣而鞋子完好。桓公召见管仲询问说："这是什么原因呢？"管仲回答说："当路旁树枝未剪时，五方百姓中，男女相好往来赶集的人们，散市后相会于树荫之下，闲谈而终日不归。壮年男女推车的，相会于树荫之下，游戏舞蹈而终日不归。父老兄弟相会于树荫之下，议论玄虚而终日不归。因此造成土地不开发，五谷不播种，桑麻不种植，丝线也无人纺织。从内部看，一个家庭就有此"三个不归"的情况，帛、布、丝、絮的价钱怎能不贵呢？"桓公说："讲得好。"

【原文】

桓公曰："粜贱，寡人恐五谷之归于诸侯，寡人欲为百姓万民藏之，为此有道乎？"管子曰："今者夷吾过市，有新成囷京者二家，君请式璧而聘之。"桓公曰："诺。"行令半岁，万民闻之，舍其作业而为囷京以藏菽粟五谷者过半。桓公问管子曰："此其何故也？"管子曰："成囷京者二家，君式璧而聘之，名显于国中，国中莫不闻。是民上则无功显名于百姓也，功立而名成；下则实其囷京，上以给上为君。一举而名实俱在也，民何为也？"

【译文】

桓公说："粮价贱，我怕粮食外流到其他诸侯国去，我要使百姓万民储备粮食，有办法么？"管仲说："今天我路过市区，看到有两家新建了粮仓，请君上分别送上玉璧礼问之。"桓公说："可以。"行令半年，万民听说以后，有半数以上的人家都放弃了日常事务而建仓存粮。桓公问管仲说："这是什么原因呢？"管仲说："新建粮仓的两户人家，君上分别送上玉璧礼问之，名扬国中，国中无人不知。这两家对国君而言，并无功劳而扬名全国，一下子功立名成；对个人而言，又存了粮食，也可以交纳国家。一举而名实兼得，人们何乐而不为呢？"

【原文】

桓公问管子曰："请问王数之守终始，可得闻乎？"管子曰："正月之朝①，谷始也；日至百日，黍秋之始也；九月敛实，平麦之始也。

【注释】

①正月之朝：正月上旬。

【译文】

桓公问管仲说："请问王者的理财政策都应控制哪些最早的时机，这一点可以告诉我么？"管仲说："一是正月上旬，种谷的开始时期；二是冬至后百日，种黍稷的开始时期；三是九月收秋，种大麦的开始时期。"

【原文】

管子问于桓公："敢问齐方于几何里？"桓公曰："方五百里。"管子曰："阴雍①、长城之地，其于齐国三分之一，非谷之所生也。海庄、龙夏，其于齐国四分之一也；朝夕外之，所漧②齐地者五分之一，非谷之所生也。然则吾非托食之主耶？"桓公遽然③起曰："然则为之奈何？"管子对曰："动之以言，溃之以辞，可以为国基。且君币籍而务，则贾人独操国趣；君谷籍而务，则农人独操国固。君动言操辞，左右之流，君独因之，物之始吾已见之矣，物之终吾已见之矣，物之贾吾已见之矣。"管子曰："长城之阳，鲁也；长城之阴，齐也。三败，杀君二重臣定社稷者，吾此皆以孤突之地④封者也。故山地者山也，水地者泽也，薪刍之所生者斥也。"公曰："托食之主及吾地，亦有道乎？"管子对曰："守其三原。"公曰："何谓三原？"管子对曰："君守布，则籍于麻，十倍其贾，布五十倍其贾，此数也⑤。君以织籍，籍于系。未为系籍，系抚织，再十倍其贾。如此，则云五谷之籍。是故籍于布则抚之系，籍于谷则抚之山，籍于六畜则抚之术，籍于物之终始而善御以言。"公曰："善。"

【注释】

①阴雍：指平阴。②漧：海水淹没的地带。③遽然：惶遽之貌。④孤突之地：指孤立突出之貌。⑤此数也：此乃一定之理。

【译文】

管仲问桓公说："齐国的国土有多少里？"桓公："方五百里。"管仲说：" 平阴堤防及长城占地，有齐地三分之一，不是产粮的地方。海庄、龙夏一带的山地，有四分之一；海潮围绕、海水淹滞的土地，有五分之一，也不是产粮的地方。那么，我们还不是一个寄食于别国的君主么？"桓公惶恐地站起来说："那么该怎么办？"管仲回答说："掌握调节经济的号令，也可以作为国家的基础。君上若专务征收货币，富商就会操纵金融；若专务征收粮食，地主就会操纵粮食。但君上依靠号令，使左右四方的商品流通由政府掌握，那么，商品的生产我们就早已了解，商品的消费我们也早已了解，从而商品的价格我们也就早已了如指掌了。"管仲又接着说："长城以南是鲁国，长城以北是齐国。在过去两国的不断冲突中，齐国战败，杀了二位重臣来安定社稷，还要把交界上孤立突出的地盘让给鲁国。所以齐国山地还依旧是山，水地还依旧是水，满是柴草的土地还依旧是盐碱地而已。"桓公说："一个是解决'寄食之主'的问题，一个是土地被削问题，对此还有什么办法么？"管仲回答说："要掌握三个来源。"桓公说："何谓三个来源？"管仲回答说："掌握布品，就要先在原料麻上取收入，麻价十倍，布价就可能五十倍，这是理财之法。在丝织品上取收入，就要先在细丝上着手。甚至在细丝未成之前就谋取，再去抓丝织成品，就可以得到原价二十倍的收入。这样，就不必征收粮食税了。因此，在布上取收入就着手于原料麻，在粮食上取收入就着手于养桑蚕的山，在六畜上取收入就着手于养殖六畜的郊野。取得收入于财物生产与消耗阶段，再加上善于运用号令就行了。"桓公说："好。"

【原文】

管子曰："以国一籍臣，右守布万两。而右麻籍四十倍其贾，术布五十倍其贾。公以重布决诸侯贾，如此而有二十齐之故。是故轻轶于贾谷制畜者，则物轶于四时之辅。善为国者，守其国之财，汤之以高下，注之以徐疾，一可以为百。未尝籍求于民，而使用若河海，终则有始。此谓守物而御天下也。"公曰："然则无可以为有乎？贫可以为富乎？"管子对曰："物之生未有刑，而王霸立其功焉。是故以人求人，则人重矣；以数①求物，则物重矣。"公曰："此若言何谓也？"管子对曰："举国而一则无赀，举国而十则有百。然则吾将以徐疾御之，若左之授右，若右之授左，是以外内不踦②，终身无咎。王霸之不求于人而求之终始，四时之高下，令之徐疾而已矣。源泉有竭，鬼神有歇，守物之终始，身不竭。此谓源究③。"

【注释】

①数：指轻重之策。②蹠：屈也。③源究：追究本源。

【译文】

管子说："君主掌握万两布匹，如果在麻价上取得的收入达到四十倍，在布价上取得的收入达到五十倍，公以贵价之布出口，减去同外国交换的商品价格，这样，还比从前齐国的收入增加二十倍。善治国者，掌握本国的财物，用物价高低来刺激，用号令缓急来参与调节，就是可以做到一变百的。他并没有向人民求索，而用财如取之于大河大海，终而复始地供应不绝。这就叫作掌握物资而驾驭天下了。"桓公说："那么，无可以变化为有么？贫穷可以变化为富么？"管仲回答说："在物资尚未生产成形的时候，王霸之君就应当展开工作了。所以，用'以人求人'的方法取得收入，人的抵制就成为重要问题；用'以数求物'的方法取得收入，物的价格便成为重要问题了。"桓公说："这话应如何解释？"管子回答说："举国的物价若完全一致，则没有财利可图；举国的物价若相差为十，则将有百倍利润。那样，我们将运用号令缓急来加以驾驭，如左手转到右手，右手再转到左手，外内没有局限，终身没有赔累。王霸之君，就是不直接求索于人，而求索于物资生产的最开始阶段，掌握好四时物价的高低与号令缓急就是了。泉源有枯竭的时候，鬼神有停歇的时候，唯有'守物之终始'的事业，是终身用之不尽的。这叫作追究物资的本源。"

轻重戊第四十二

【题解】

　　这篇是论述轻重问题的第五篇专文，共分为各自独立的七节。第一节阐述三皇五帝各有其轻重之策。第二节阐述诱导鲁梁放弃农织而最终征服鲁梁。第三节阐述用剪除道旁树枝从而使百姓致富。第四节阐述诱导莱国弃农打柴而最终征服"莱、莒"。第五节阐述诱导楚国弃农猎而最终征服楚国。第六节阐述诱导代国弃农求取狐白之皮而最终征服代国。第七节阐述诱导衡山国弃农制造兵器而最终征服衡山。

【原文】

　　桓公问于管子曰："轻重安施？"管子对曰："自理国虙戏以来，未有不以轻重而能成其王者也。"公曰："何谓？"管子对曰："虙戏作，造六峜，以迎阴阳，作九九之数以合天道，而天下化①之。神农作，树五谷淇山之阳，九州之民乃知谷食，而天下化之。黄帝作，钻燧生火，以熟荤臊，民食之无兹胔之病②，而天下化之。黄帝之王，童山竭泽。有虞之王，烧曾薮，斩群害，以为民利，封土为社，置木为闾，始民知礼也。当是其时，民无愠恶不服，而天下化之。夏人之王，外凿二十虻，韰十七湛，疏三江，凿五湖，道四泾之水，以商九州之高，以治九薮，民乃知城郭、门闾、室屋之筑，而天下化之。殷人之王，立皂牢，服牛马，以为民利，而天下化之。周人之王，循六峜，合阴阳，而天下化之。"公曰："然则当世之王者何行而可？"管子对曰："并用而勿俱尽也。"公曰："何谓？"管子对曰："帝王之道备矣，不可加也。公其行义而已矣。"公曰："其行义奈何？"管子对曰："天子幼弱，诸侯亢强，聘享不上。公其弱强继绝，率诸侯以起周室之祀。"公曰："善。"

【注释】

①化：归化。②兹胃之病：指食物中毒。

【译文】

桓公问管仲说："轻重之术是怎样施行的？"管仲回答说："自从伏羲氏治国以来，没有一个不是靠轻重之术成王业的。"桓公说："这话怎么讲？"管仲回答说："伏羲执政，创造六爻八卦来预测阴阳，发明九九算法来印证天道，从而使天下归化。神农氏执政，在淇山南部种植五谷，九州百姓才懂得食用粮食，从而使天下归化。燧人氏当政，钻木取火，以烧熟肉食，百姓免除了生食中毒之病，从而使天下归化。黄帝时代，实行了伐光山林、枯竭水泽的政策。虞舜时代，实行了火烧增薮，消除群害。为民兴利的政策，并且建立了土神社庙，里巷门闾，开始让人民知礼。这两个朝代，人们没有怨恨、凶恶和抗拒，从而天下也归化了。夏代，开凿二十条河流，疏浚十七条淤塞河道，疏三江，凿五湖，引四泾之水，以测度九州高地，防治九条大泽，让人们懂得城郭、里巷、房屋的建筑，从而使天下归化。殷代，修立栅圈，驯养牛马，以为人民兴利，从而使天下归化。周代，遵循六爻八卦，印证阴阳发展，从而使天下归化。"桓公说："那么，当今的王者应当怎样做才好？"管仲回答说："都可以用，但不可全盘照搬。"桓公说："这怎么讲？"管仲回答说："上述帝王之道都已具备，不必增加。您只需按情况行其所宜就是了。"桓公说："如何行其所宜？"管仲回答说："现在天子幼弱，诸侯过于强大，不向天子遣使进贡。您应当削弱强大的诸侯，延续被灭绝的小国，率领天下诸侯来复兴周天子的王室。"桓公说："好。"

【原文】

桓公曰："鲁梁之于齐也，千谷也，蜂螫①也，齿之有唇也。今吾欲下鲁梁，何行而可？"管子对曰："鲁梁之民俗为绨。公服绨，令左右服之，民从而服之。公因令齐勿敢为，必仰②于鲁梁，则是鲁梁释其农事而作绨矣。"桓公曰："诺。"即为服于泰山之阳，十日而服之。管子告鲁梁之贾人曰："子为我致绨千匹，赐子金三百斤；什至而金三千斤。"则是鲁梁不赋于民，财用足也。鲁梁之君闻之，则教其民为绨。十三月，而管子令人之鲁梁，鲁梁郭中之民道路扬尘，十步不相见，绁繻而踵相随，车毂齰，骑连伍而行。管子曰："鲁梁可下矣。"公曰，"奈何？"管子对曰："公宜服帛，率民去绨。闭关，毋与鲁梁通使。"公曰："诺。"后十月，管子令人之鲁梁，鲁梁之民饿馁相及，应声之正③，无以给上。鲁梁之君即令其民去绨修农。谷不可以三月而得，鲁梁之人籴十百，齐粜十钱。二十四月，鲁梁之民归齐者十分之六；三年，鲁梁之君请服。

【注释】

①蜂螫：指鲁梁两国常为齐患也。②仰：仰仗，依靠。③应声之正：指平时收的正常赋税。

【译文】

桓公说："鲁国、梁国对于我们齐国，就像田边上的庄稼，蜂身上的尾螫，牙外面的嘴唇一样。现在我想攻占鲁梁两国，怎样进行才好？"管仲回答说："鲁、梁两国的百姓，从来以织绨为业。您就带头穿绵绨的衣服，令左右近臣也穿，百姓也就会跟着穿。您还要下令齐国不准织绨，必须依靠鲁、梁二国。这样，鲁梁二国就将放弃农业而去织绨了。"桓公说："可以。"就在泰山之南做起绨服，十天做好就穿上了。管仲还对鲁、梁二国的商人说："你们给我贩来绨一千匹，我给你们三百斤金；贩来万匹，给三千斤。"这样，鲁、梁二国即使不向百姓征税，财用也充足了。鲁、梁二国国君听到这个消息，就要求他们的百姓织绨。十三个月以后，管仲派人到鲁、梁探听。两国城市人口之多使路上尘土飞扬，十步内都互相看不清楚，走路的摩肩接踵，坐车的车轮相碰，骑马的列队而行。管仲说："可以拿下鲁、梁二国了。"桓公说："该怎么办？"管仲回答说："您应当改穿帛料衣服。带领百姓不再穿绨。还要封闭关卡，与鲁、梁断绝经济往来。"桓公说："可以。"十个月后，管仲又派人探听，看到鲁梁的百姓不断地陷于饥饿，连朝廷的正常赋税都交不起。两国国君命令百姓停止织绨而务农，但粮食却不能在三个月内就生产出来，鲁、梁的百姓买粮每石要花上千钱，齐国粮价才每石十钱。两年后，鲁、梁的百姓有十分之六投奔齐国。三年后，鲁、梁的国君也都归顺齐国了。

【原文】

桓公问管子曰:"民饥而无食,寒而无衣,应声之正无以给上,室屋漏而不居①,墙垣坏而不筑,为之奈何?"管子对曰:"沐涂②树之枝也。"桓公曰:"诺。"令谓左右伯③沐涂树之枝。左右伯受沐,涂树之枝阔。其④年,民被白布,清中而浊,应声之正有以给上,室屋漏者得居,墙垣坏者得筑。公召管子问曰,"此何故也?"管子对曰,"齐者,夷莱之国也。一树而百乘息其下者,以其不捎也。众鸟居其上,丁壮者胡丸操弹居其下,终日不归。父老拊枝而论,终日不归。归市亦惰倪,终日不归。今吾沐涂树之枝,日中无尺寸之阴,出入者长时,行者疾走,父老归而治生,丁壮者归而薄业。彼臣归其三不归,此以乡不资⑤也。"

【注释】

①居:译文从"治"。②涂:同"途"。③左右伯:指齐国兵卒中的官长。④其:指一周年。⑤不资:指不赡。

【译文】

桓公问管仲说:"人民饥而无食,寒而无衣,正常赋税无力交纳,房屋漏雨不能修,墙垣颓坏不能砌,该怎么办呢?"管仲回答说:"请剪掉路旁树上的树枝。"桓公说;"可以。"使命令左右伯剪除路旁树枝。左右伯遵命剪除后,路旁树上的枝叶稀疏了。过了一年,百姓穿上了帛服,吃到了粮食,交上了正常赋税,破屋得到修理,坏墙也得到补砌。桓公问管仲说:"这是什么原因呢?"管仲回答说;"齐国,原是莱地的国家。常在一棵大树下休息上百乘的车,是因为树枝不剪可以乘凉。许多飞鸟在树上,青壮年拿弹弓在树下打鸟,而终日不归。父老们敲打树枝高谈阔论,也是终日不归。赶集散市的人也懒惰思睡。而终日不归。现在我把树上的枝叶剪掉,中午没有尺寸的树荫,往返者珍惜时光了,过路者快速赶路了,父老回家干活,青壮年也回家勤于本业了。我之所以要纠正这个'三不归'的问题,正是因为百姓从前被它弄得衣食不继的缘故。"

【原文】

桓公问于管子曰："莱、莒与柴田相并，为之奈何？"管子对曰："莱、莒之山生柴，君其率白徒之卒①，铸庄山之金以为币，重莱之柴贾。"莱君闻之，告左右曰："金币者，人之所重也。柴者，吾国之奇②出也。以吾国之奇出，尽齐之重宝，则齐可并也。"莱即释其耕农而治柴。管子即令隰朋反③农。二年，桓公止柴④。莱、莒之籴三百七十，齐粜十钱，莱、莒之民降齐者十分之七。二十八月，莱、莒之君请服。

【注释】

①白徒之卒：未经训练的士兵。②奇：余下。③反：同"返"。④止柴：指停止从莱购柴。

【译文】

桓公问管仲说："莱、莒两国砍柴与农业同时并举，该怎样对付他们？"管仲回答说："莱、莒两国的山上盛产柴薪，您可率新征士兵炼庄山之铜铸币，提高莱国的柴薪价格。"莱国国君得知此事后，对左右近臣说："钱币，是谁都重视的。柴薪是我国的特产，用我国特产换尽齐国的钱币，就可以吞并齐国。"莱国随即弃农业而专事打柴。管仲则命令隰朋撤回士兵种地。过了两年，桓公停止购柴。莱、莒的粮价高达每石三百七十钱，齐国才每石十钱，莱、莒两国的百姓十分之七投降齐国。二十八个月后，莱、莒两国的国君也都请降了。

【原文】

桓公问于管子曰："楚者，山东之强国也，其人民习战斗之道①。举兵伐之，恐力不能过。兵弊于楚，功不成于周，为之奈何？"管子对曰："即以战斗之道与之矣。"公曰："何谓也？"管子对曰："公贵买其鹿。"桓公即为百里之城②，使人之楚买生鹿。楚生鹿当一而八万。管子即令桓公与民通轻重，藏谷什之六。令左司马伯公③将白徒而铸钱于庄山，令中大夫王邑载钱二千万，求生鹿于楚。楚王闻之，告其相曰："彼金钱，人之所重也，国之所以存，明王之所以赏有功。禽兽者，群害也，明王之所弃逐也。今齐以其重宝贵买吾群害，则是楚之福也，天且以齐私楚也。子告吾民急求生鹿，以尽齐之宝。"楚人即释其耕农而田鹿。管子告楚之贾人曰："子为我致生鹿二十，赐子金百斤，什至而金千斤也。"则是楚不赋于民而财用足也。楚之男子居外，女子居涂。隰朋教民藏粟五倍，楚以生鹿藏钱五倍。管子曰："楚可下矣。"公曰："奈何？"管子对曰："楚钱五倍，其君且自得而修谷。钱五倍，是楚强也。"桓公曰："诺。"因令人闭关，不与楚通使。楚王果自得④而修谷，谷不可三月而得也，楚籴四百，齐因令人载粟处芊之南，楚人降齐者十分之四。三年而楚服。

【注释】

①战斗之道：指经济上的斗争。②城：指筑有围墙的区域。③伯公：假托的人名。④自得：自鸣得意。

【译文】

桓公问管仲说："楚，是山以东的强国，其人民习于战斗之道。出兵攻伐它，恐怕实力不能取胜。兵败于楚国，又不能为周天子立功，为之奈何？"管仲回答说："就用战斗的方法来对付它。"桓公说："这怎么讲？"管仲回答说："您可用高价收购楚国的生鹿。"桓公便营建了百里鹿苑，派人到楚国购买生鹿。楚国的鹿价是一头八万钱。管仲首先让桓公通过民间买卖贮藏了国内粮食的十分之六。其次派左司马伯公率民夫到庄山铸币，然后派中大夫王邑带上二千万钱到楚国收购生鹿。楚王得知后，向丞相说："钱币是谁都重视的，国家靠它维持，明主靠它赏赐功臣。禽兽，不过是一群害物，是明君所不肯要的。现在齐国用贵宝高价收买我们的害兽，真是楚国的福分，上天简直是把齐国送给楚国了。请您通告百姓尽快猎取生鹿，换取齐国的全部财宝。"楚国百姓便都放弃农业而从事猎鹿。管仲还对楚国商人说："您给我贩来生鹿二十头，就给您黄金百斤；加十倍，则给您黄金千斤。"这样楚国即使不向百姓征税，财用也充足了。楚国的男人为猎鹿而住在野外，妇女为猎鹿而住在路上。结果是隰朋让齐国百姓将藏粮增加五倍，楚国则因卖出生鹿将存钱增加了五倍。管仲说："这回可以取下楚国了。"桓公说："怎么办？"管仲回答说："楚存钱增加五倍，楚王将以自得的心情经营农业，因为钱增五倍，代表他的胜利。"桓公说："不错。"于是派人封闭关卡，不再与楚国通使。楚王果然以自鸣得意的心情开始经营农业，但粮食不是三个月内就能生产出来的，楚国粮食高达每石四百钱。齐国便派人运粮到芊地的南部出卖，楚人投降齐国的有十分之四。经过三年时间，楚国就降服了。

【原文】

桓公问于管子曰："代国之出，何有？"管子对曰："代之出，狐白之皮①，公其贵买之。"管子曰："狐白应阴阳之变，六月而壹见。公贵买之，代人忘其难得，喜其贵买，必相率而求之。则是齐金钱不必出，代民必去其本而居山林之中。离枝闻之，必侵其北。离枝侵其北，代必归于齐。公因②令齐载金钱而往。"桓公曰，"诺。"即令中大夫王师北③将人徒，载金钱之代谷之上，求狐白之皮。代王闻之，即告其相曰："代之所以弱于离枝者，以无金钱也。今齐乃以金钱求狐白之皮，是代之福也。子急令民求狐白之皮以致齐之币，寡人将以来离枝之民。"代人果去其本，处山林之中，求狐白之皮。二十四月而不得一。离枝闻之，则侵其北。代王闻之，大恐，则将其士卒葆于代谷之上。离枝遂侵其北，王即将其士卒愿以下齐。齐未亡一钱币，修使三年而代服。

【注释】

①狐白之皮：集狐狸腋下白毛而制成。②公因：译文从"公其"。③王师北：假托的人名。

【译文】

桓公问管仲说："代国有什么出产？"管仲回答说："代国的出产，有一种狐白的皮张，您可用高价去收购。"管仲又说："狐白之皮适应寒暑变化，六个月才出现一次。您以高价收购，代国人忘其难得，喜其高价，一定会纷纷猎取。这样，齐国还没有真正出钱，代国百姓就一定会放弃农业而进到深山去猎狐。离枝国听到消息，必然入侵代国北部，离枝侵其北，代国必将归降于齐国。您可就此派人带钱去收购好了。"桓公说："可以。"便派中大夫王师北带着人拿着钱到代谷地区，收购这狐白的皮张。代王听到后，马上对他宰相说："代国之所以比离枝国弱，就是因为无钱。现在齐国出钱收购我们狐白的皮张，是代国的福气。您火速命令百姓搞到此皮，以换取齐国钱币，我将用这笔钱招来离枝国的百姓。"代国人果然因此而放下农业，走进山林，搜求狐白的皮张。但时过两年也没有凑成一张，离枝国听到以后，就侵入代国的北部。代王知道后，大为恐慌，就率领士卒保卫代谷地区。离枝侵占了代国北部领土，代王只好率领士兵自愿归服齐国。齐国没有花去一个钱，仅仅派使臣交往三年，代国就降服了。

【原文】

桓公问于管子曰："吾欲制衡山之术，为之奈何？"管子对曰："公其令人贵买衡山之械器①而卖之。燕、代必从公而买之，秦、赵闻之，必与公争之。衡山之械器必倍其贾，天下争之，衡山械器必什倍以上。"公曰："诺。"因令人之衡山求买械器，不敢辩其贵贾。齐修械器于衡山十月，燕、代闻之，果令人之衡山求买械器，燕、代修三月，秦国闻之，果令人之衡山求买械器。衡山之君告其相曰，"天下争吾械器，令其买再什以上。"衡山之民释其本，而修械器之巧。齐即令隰朋漕粟于赵。赵籴十五，隰朋取之石五十。天下闻之，载粟而之齐。齐修械器十七月，修粜五月，即闭关不与衡山通使。燕、代、秦、赵即引其使而归。衡山械器尽，鲁削衡山之南，齐削衡山之北。内自量无械器以应二敌，即奉国而归齐矣。

【注释】

①械器：专指兵器。

【译文】

桓公问管仲说："我要找一个控制衡山国的办法，应怎样进行？"管仲回答说："您可派人出高价收购衡山国的兵器进行转卖。这样，燕国和代国一定跟着您去买，秦国和赵国听说后，一定同您争着买。衡山兵器必然涨价一倍。若造成天下争购的局面，衡山兵器必然涨价十倍以上。"桓公说："可以。"便派人到衡山大量收购兵器，不同他们讨价还价。齐国在衡山收购兵器十个月以后，燕、代两国听说，果然也派人去买。燕、代两国开展这项工作三个月以后，秦国听说，果然也派人去买。衡山国君告诉宰相说："天下各国都争购我国兵器，可使价钱提高二十倍以上。"衡山国的百姓于是都放弃农业，而去发展制造兵器的工艺。齐国则派隰朋到赵国购运粮食，赵国粮价每石十五钱，隰朋按每石五十钱收购。天下各国知道后，都运粮到齐国来卖。齐国用十七个月的时间收购兵器，用五个月的时间收购粮食，然后就封闭关卡，断绝与衡山国的往来。燕、代、秦、赵四国也从衡山召回了使者。衡山国的兵器已经卖光，鲁国侵占了他的南部，齐国侵占了他的北部。他自量没有兵器招架两大敌国，便奉国而降齐了。

轻重己第四十三

【题解】

本篇是全书专论轻重问题的第六篇专文，主要阐述一年四季天子应推行的政令，包括祭祀、农事等方面，共分为十节。第一节总论四时生万物，君当"因而理之"。第二节至第九节分别阐述天子的春令、夏令、秋令和冬令。第十节为总结，阐述不守时令的害处。全篇章法严整，与前四篇轻重专论不同。

【原文】

清神生心，心生规，规生矩，矩生方，方生正，正生历，历生四时，四时生万物。圣人因而理之，道遍矣。

【译文】

精神产生心，心产生规，规产生矩，矩产生方位，方位产生正中，正中产生时历，时历产生四时，四时产生万物。圣人根据四时产生万物的状态加以调理，治世之道也就完备起来了。

【原文】

以冬日至始，数四十六日，冬尽而春始。天子东出其国四十六里而坛，服青而絻青，搢玉总，带玉监，朝诸侯卿大夫列士，循于百姓，号曰祭日，牺牲以鱼。发号出令曰："生而勿杀，赏而勿罚，罪狱勿断，以待期年[1]。"教民樵室钻燧，墐[2]灶泄井，所以寿民也。耟、耒、耨、怀、铚、铦、义、橿、权渠、繂秆，所以御春夏之事也，必具。教民为酒食，所以为孝敬也。民生而无父母谓之孤子；无妻无子，谓之老鳏；无夫无子，谓之老寡。此三人者，皆就官而众，可事者不可事者，食如言而勿遗。多者为功，寡者为罪[3]，是以路无行乞者也。路有行乞者，则相之罪也。天子之春令也。

【注释】

①期年：冬也，汉行刑尽冬月止。②墐：用泥涂。③多者为功，寡者为罪：多收养者有功，少者有罪。

【译文】

从冬至算起，数四十六天，冬尽而春始。此时天子向东出其国都四十六里而立坛，穿青衣，戴青冕，插玉笏，带玉鉴，朝会诸侯卿大夫列士，周示于百姓，号称祭日，祭品用鱼。天子发令说："此时节应生而不应杀，应赏而不应罚，罪狱不必判决，以待年终再定。"此时应当教百姓薰烤室屋，钻木取火，涂修新灶，掏井换水，这都是为了使人民健康。耟、宋、耨、怀、铩、铫、乂、橿、护渠等各种农家用具，都是用于春耕夏耘的，必须备好。还要教百姓置办酒食设宴，是为了表示孝敬尊长。民之无父无母者，叫作孤子；无妻无子者，叫作老鳏；无夫无子者，叫作老寡。这三种人，都应依靠官府生活。无论能做事或不能做事，都应按其自报的条件进行供养而不可遗弃。官府多收养者有功，少者有罪。所以，路上就没有乞食的。如有乞食者，就要归罪于宰相了。这是天子春天的政令。

【原文】

以冬日至始，数九十二日，谓之春至。天子东出其国九十二里而坛，朝诸侯卿大夫列士，循于百姓，号曰祭星，十日之内，室无处女，路无行人。苟不树艺①者，谓之贼人；下作之地，上作之天，谓之不服之民；处里为下陈，处师为下通，谓之役夫。三不树而主使之。天子之春令也。

【注释】

①不树艺：指不从事农桑。

【译文】

从冬至算起，数九十二天，叫作春至。此时，天子向东出国都九十二里而立祭坛，朝会诸侯大夫列士，周示于百姓，号称祭星。要求十日内全体下田，做到"家中无妇女，路上无行人"。如有不事耕作者，称之为贼人；耕作不勤，只依靠天地恩赐者，称之为不服之民；在里中劳动最差，在军中战绩最差者，称之为役夫。这三种不努力耕作的人都应由主管官吏强制使役之。这也是天子春天的政令。

【原文】

以春日至始，数四十六日，春尽而夏始。天子服黄而静处，朝诸侯、卿、大夫、列士，循于百姓，发号出令曰："毋聚大众，毋行大火，毋断大木，诛大臣，毋斩大山，毋戮①大衍。灭三大而国有害也。"天子之夏禁也。

【注释】

① 戮：同"燎"，焚烧。

【译文】

从春分算起，数四十六天，春尽而夏始。天子应当穿黄而居静，朝会诸侯卿大夫列士，周示于百姓，发出号令说："不可聚会众人，不可引发大火，不可砍伐大木，不可开掘大山，不可伐大泽。破坏大木、大山、大泽是于国有害的。这是天子夏天的禁令。

【原文】

以春日至始，数九十二日，谓之夏至，而麦熟。天子祀于太宗，其盛以麦。麦者，谷之始也。宗者，族之始也。同族者人，殊族者处，皆齐。大材，出祭王母。天子之所以主始而忌讳也。

【译文】

从春分算起，数九十二天，叫作夏至，而此时新麦成熟。天子此时应祭祀太宗，其祭品即用新麦。因为麦，是粮食中最早生的；宗，是家族中最原始的。同族者可以入场致祭，异族者止步，但不论同族异族应当共同斋戒。以大牲致祭，同时要祭祀祖母。这是天子为了尊重血缘之始和追思死去的先人而进行的。

【原文】

以夏日至始，数四十六日，夏尽而秋始，而黍①熟。天子祀于太祖，其盛以黍。黍者，谷之美者也；祖者，国之重者也。大功者太祖，小功者小祖，无功者无祖。无功者皆称其位而立沃，有功者观于外。祖者所以功祭②也，非所以戚祭③也。天子之所以异贵贱而赏有功也。

【注释】

①黍：黄米。②功祭：因功入祭。③戚祭：因是亲戚而祭。

【译文】

从夏至算起，数四十六天，夏尽而秋始，而此时新黍成熟。天子此时应祭祀太祖，祭品即用新黍。因为黍，是粮食中最佳美的；祖，是国家中最重要的。大功者大庙，小功者小庙，无功者无庙。有功的参祭者皆按其职位站立行宴食礼，无功者观礼于庙外。祭祖，是因功而祭，不是因亲而祭。这是天子为了区别贵贱而赏赐有功进行的。

【原文】

以夏日至始，数九十二日，谓之秋至。秋至而禾熟。天子祀于太惢，西出其国百三十八里而坛，服白而絻白，搢玉总，带锡监，吹埙箎之风，凿动金石之音，朝诸侯卿大夫列士，循于百姓，号曰祭月，牺牲以彘。发号出令："罚而勿赏，夺而勿予；罪狱诛而勿生，终岁之罪，毋有所赦。作衍牛马之实，在野者王。"天子之秋计也。

【译文】

从夏至算起，数九十二天，叫作秋分，而此时新粟成熟。天子此时应祭祀太郊，向西出国都一百三十八里而立祭坛，穿白衣，戴白冕，插玉笏，带锡鉴，吹奏埙箎的乐曲，打奏钟磬的音律，朝会诸侯卿大夫列士，周示于百姓，号称祭月，祭品用猪。发出号令说："此时节行罚而不行赏，夺取而不赐予，因罪入狱、判处死刑的人不可使之生，终年之罪犯不宽赦。此时节牛马之在野放牧者，必然兴旺。这是天子秋天的大计。

【原文】

以秋日至始，数四十六日，秋尽而冬始。天子服黑絻黑而静处，朝诸侯、卿、大夫、列士，循于百姓，发号出令曰："毋行大火，毋斩大山，毋塞大水，毋犯天之隆①。"天子之冬禁也。

【注释】

①隆：尊也。

【译文】

从秋分算起，数四十六天，秋尽而冬始。天子穿黑戴黑而居处宜静，朝会诸侯卿大夫列士，周示于百姓，发出号令说："不可引发大火，不可开掘大山，不可堵塞大水，不可侵犯天的尊严。"这是天子冬天的禁令。

【原文】

以秋日至始，数九十二日，天子北出九十二里而坛，服黑而絻黑，朝诸侯卿大夫列士，号曰发繇。趣①山人断伐，具械器；趣菹人薪藿苇，足蓄积。三月之后，皆以其所有易其所无，谓之大通三月之蓄。

【注释】

①趣：督促。

【译文】

从秋分算起，数九十二天，天子向北出国都九十二里而立坛，穿黑衣而戴黑冕，朝会诸侯卿大夫列士，号称祭辰。此时节要促使山村百姓砍伐木材，备足械器；促使菹泽之地的居民樵采柴薪，储备充足。三个月以后，让他们以其所有，换其所无，这叫作流通三个月以来所贮备的物资。

【原文】

凡在趣耕而不耕，民以不令，不耕之害也。宜芸而不芸，百草皆存，民以仅存①，不芸之害也。宜获而不获，风雨将作，五谷以削，士民零落②，不获之害也。宜藏而不藏，雾气阳阳，宜死者生，宜蛰者鸣，不藏之害也。张耜当弩，铫耨③当剑戟，获渠当胁䡊，蓑笠当挟橹，故耕械具则战械备矣。

【注释】

①仅存：勉强维持生活。②零落：指战士与百姓将饥饿而死。③铫耨：大锄小锄。

【译文】

凡有督促春耕而不进行耕作的地方，百姓的境况恶劣不佳，这就是不耕之害。应进行夏耘而不耘草的地方，百草皆存，老百姓仅可勉强维持生活，这是不耘之害。应进行秋收而不收获的地方，风雨一来，五谷减收，百姓死亡丧败，这是不收之害。应进行冬藏而不及时藏闭的地方，那就阳气外泄而不雾，宜死者反而活着，宜蛰居者反而鸣叫起来，这就是不藏之害了。还应当让农民以耜为弓弩，以锄为剑戟，以蓑衣充当胁甲，以草笠充当盾牌，这样，农具完备则征战器械也都完备了。

中华传统文化核心读本书目

【处世经典】

《论语全集》
享有"半部《论语》治天下"美誉的儒家圣典
传世悠久的中国人修身养性安身立命的智慧箴言

《大学全集》
阐述诚意正心修身的儒家道德名篇
构建齐家治国平天下体系的重要典籍

《中庸全集》
倡导诚敬忠恕之道修养心性的平民哲学
讲求至仁至善经世致用的儒家经典

《孟子全集》
论理雄辩气势充沛的语录体哲学巨著
深刻影响中华民族精神与性格的儒家经典

《礼记精粹》
首倡中庸之道与修齐治平的儒家经典
研究中国古代社会情况、典章制度的必读之书

《道德经全集》
中国历史上最伟大的哲学名著,被誉为"万经之王"
影响中国思想文化史数千年的道家经典

中华传统文化核心读本书目

《菜根谭全集》
旷古稀世的中国人修身养性的奇珍宝训
集儒释道三家智慧安顿身心的处世哲学

《曾国藩家书精粹》
风靡华夏近两百年的教子圣典
影响数代国人身心的处世之道

《挺经全集》
曾国藩生前的一部"压案之作"
总结为人为官成功秘诀的处世哲学

《孝经全集》
倡导以"孝"立身治国的伦理名篇
世人奉为准则的中华孝文化经典

【成功谋略】

《孙子兵法全集》
中国现存最早的兵书,享有"兵学圣典"之誉
浓缩大战略、大智慧,是全球公认的成功宝典

《三十六计全集》
历代军事家政治家企业家潜心研读之作
中华智圣的谋略经典,风靡全球的制胜宝鉴

中华传统文化核心读本书目

《鬼谷子全集》
风靡华夏两千多年的谋略学巨著
成大事谋大略者必读的旷世奇书

《韩非子精粹》
法术势相结合的先秦法家集大成之作
蕴涵君主道德修养与政治策略的帝王宝典

《管子精粹》
融合先秦时期诸家思想的恢弘之作
解密政治家齐家治国平天下的大经大法

《贞观政要全集》
彰显大唐盛世政通人和的政论性史书
阐述治国安民知人善任的管理学经典

《尚书全集》
中国现存最早的政治文献汇编类史书
帝王将相视为经时济世的哲学经典

《周易全集》
八八六十四卦，上测天下测地中测人事
睥睨三千余年，被后世尊为"群经之首"

中华传统文化核心读本书目

《素书全集》
阐发修身处世治国统军之法的神秘谋略奇书
以道家为宗集儒法兵思想于一体的智慧圣典

《智囊精粹》
比通鉴有生活，比通鉴有血肉，堪称平民版通鉴
修身可借鉴，齐家可借鉴，古今智慧尽收此囊中

【文史精华】

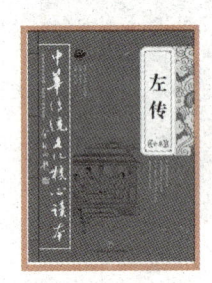

《左传全集》
中国现存的第一部叙事详细的编年体史书
在"春秋三传"中影响最大，被誉为"文史双巨著"

《史记·本纪精粹》
中国第一部贯通古今、网罗百代的纪传体通史
享有"史家之绝唱，无韵之离骚"赞誉的史学典范

《庄子全集》
道家圣典，兼具思想性与启发性的哲学宝库
汪洋恣肆的传世奇书，中国寓言文学的鼻祖

《容斋随笔精粹》
宋代最具学术价值的三大笔记体著作之一
历史学家公认的研究宋代历史必读之书

中华传统文化核心读本书目

《世说新语精粹》
记言则玄远冷隽，记行则高简瑰奇
名士的教科书，志人小说的代表作

《古文观止精粹》
囊括古文精华，代表我国古代散文的最高水准
与《唐诗三百首》并称中国传统文学通俗读物之双璧

《诗经全集》
中国第一部具有浓郁现实主义风格的诗歌总集
被称为"纯文学之祖"，开启中国数千年来文学之先河

《山海经全集》
内容怪诞包罗万象，位列上古三大奇书之首
山怪水怪物怪，实为先秦神话地理开山之作

《黄帝内经精粹》
中国现存最早、地位最高的中医理论巨著
讲求天人合一、辨证论治的"医之始祖"

《百喻经全集》
古印度原生民间故事之中国本土化版本
大乘法中少数平民化大众化的佛教经典